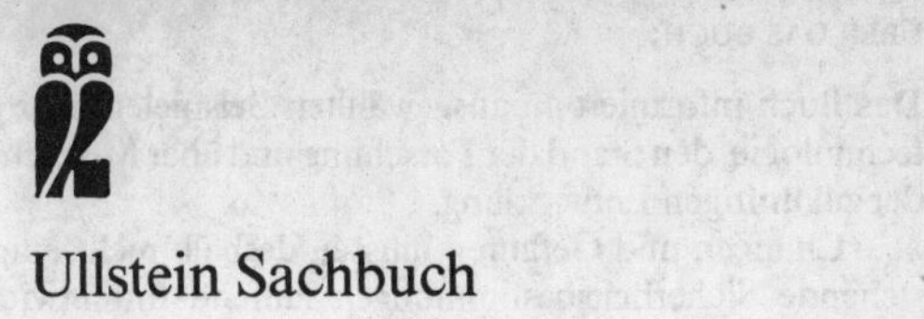
Ullstein Sachbuch

D1726433

ÜBER DAS BUCH:

Das Buch informiert an ausgewählten Beispielen über die klassische Biotechnologie, den Stand der Forschung und über Möglichkeiten und Risiken der zukünftigen Entwicklung.
»... Chancen und Gefahren müssen deshalb rechtzeitig bewertet und bestehende Sicherheitsbestimmungen laufend fortentwickelt werden. Dies darf nicht allein Aufgabe für Spezialisten sein ... Hierzu bedarf es nicht unbedingt großer Detailkenntnisse. Ein grundlegendes Verständnis der Zusammenhänge zwischen modernen Methoden wie Gen- und Hybridomtechnik und der langen Tradition biotechnologischer Verfahrensweisen ist jedoch unabdingbar.
Ich hoffe, daß dieses spannend geschriebene Buch, das ohne Fachausdrükke extreme Standpunkte aufzeigt und gleichzeitig versucht zu vermitteln, der öffentlichen Diskussion neue Anstöße gibt.«
(Dr. Heinz Riesenhuber, Bundesminister für Forschung und Technologie)

DER AUTOR:

Claus Conzelmann, geboren 1959 in Albstadt, ist Wissenschaftsjournalist. Nach seiner Ausbildung bei einer Tageszeitung studierte er in Tübingen Biologie. Er kombinierte beide Ausbildungswege und arbeitet seit mehreren Jahren als ständiger Mitarbeiter für die Zeitschrift *Bild der Wissenschaft*. Inzwischen lebt er in England. Dort schreibt der Diplom-Biologe für *New Scientist* und forscht am Institut für Biochemie und angewandte Molekularbiologie der Universität Manchester.

Claus Conzelmann

Die neue Genesis

Biotechnologie verändert die Welt

Mit 18 Abbildungen

Ullstein Sachbuch

Ullstein Sachbuch
Ullstein Buch Nr. 34579
im Verlag Ullstein GmbH,
Frankfurt/M – Berlin

Ungekürzte Ausgabe

Umschlagentwurf:
Christiane Rauert
Unter Verwendung eines Fotos
von Stefan C. Müller, Theo Plesser,
Benno Hess, Max-Planck-Institut
für Ernährungsphysiologie, Dortmund

Printed in Germany 1989
Druck und Verarbeitung:
Ebner Ulm
ISBN 3 548 34579 4

Mai 1989

CIP-Titelaufnahme
der Deutschen Bibliothek

Conzelmann, Claus:
Die neue Genesis: Biotechnologie
verändert die Welt / Claus Conzelmann. –
Ungekürzte Ausg. – Frankfurt/M; Berlin:
Ullstein, 1989
(Ullstein-Buch; Nr. 34579:
Ullstein-Sachbuch)
ISBN 3-548-34579-4
NE: GT

Inhalt

Vorwort von Dr. Heinz Riesenhuber,
Bundesminister für Forschung und Technologie 7

Kapitel 1: Das älteste Gewerbe der Welt
Was ist Biotechnologie? 9
Kapitel 2: Auf der Suche nach neuen Stoffen
Am Anfang steht das Screening 20
Kapitel 3: Hochleistungssport
Mikroben werden auf Ertrag getrimmt 41
Kapitel 4: Revolution in den Bauplänen des Lebens
Gentechnik bringt die Biotechnologen in Schwung 49
Kapitel 5: Und sie wurden ein Fleisch
Impfstoffe und monoklonale Antikörper 66
Kapitel 6: Bildschirm-Biologen
Mikrobiologie und Mikroelektronik feiern Hochzeit 80
Kapitel 7: Viehfutter und Schokoplätzchen
Es müssen ja nicht nur Bakterien sein 97
Kapitel 8: Pack die Mikroben in den Tank
Ist Bioalkohol die beste Erdölalternative? 110
Kapitel 9: Das Gute ins Töpfchen
Vom Labor in die Technik 133
Kapitel 10: Asche zu Asche, Staub zu Staub
Rohstoffe aus giftigen Abfällen 145

Kapitel 11: Der Pilz und die Pille
Biologie und Chemie arbeiten Hand in Hand 162
Kapitel 12: Der Geist aus der Flasche
Biotechnologie auf der grünen Wiese 185
Kapitel 13: Wirtschaftswissenschaft
Die Biologen verlassen den Elfenbeinturm 205
Kapitel 14: Ver-rückte Gene
Gefahren, Möglichkeiten, Grenzen 214
Nachwort des Autors 230
Personen- und Sachregister 232
Bildnachweis 240

Vorwort

In den vergangenen zehn Jahren hat die Biotechnologie stark an Bedeutung gewonnen. Die neuen Erkenntnisse aus der Grundlagenforschung werden immer schneller mit bewährten Technologien verknüpft und in kommerzielle Verfahren und Produkte umgesetzt.

Die Biotechnologie ist ein vergleichsweise sanfter Weg in die Zukunft. Sie bildet deshalb einen Schwerpunkt in der Forschungspolitik der Bundesregierung. Das Ziel ist, aus der Biotechnologie die Technik von morgen entstehen zu lassen – eine Technik, die auf natürlichen Vorgängen aufbaut.

Wir bewegen uns dabei auf einem schmalen Grat. Einerseits gilt es, die Entwicklung der modernen Biotechnologie nicht zu verschlafen, uns nicht von den Amerikanern und Japanern in dieser Zukunftstechnologie abhängen zu lassen. Andererseits dürfen wir die Bedenken der Bevölkerung, die sich gegen einige Teilbereiche dieser Entwicklung richten, nicht einfach beiseite schieben.

Jede Forschung in diesem sensiblen Bereich muß sich die Frage gefallen lassen, ob sie dazu dient, Leben zu bewahren, zu schützen, zu heilen und die äußeren Bedingungen des Lebens zu fördern. Ethik und Sicherheitstechnik werden vor eine neue Herausforderung gestellt.

Chancen und Gefahren müssen deshalb rechtzeitig bewertet und bestehende Sicherheitsbestimmungen laufend fortentwickelt werden. Dies darf nicht allein Aufgabe für Spezialisten sein. Möglichst viele Menschen sollten beurteilen können, ob der zu erwartende Nutzen in einem angemessenen und verantwortbaren Verhältnis zu den möglichen Risiken steht. Hierzu bedarf es nicht unbedingt großer Detailkenntnisse. Ein grundlegendes Verständnis der Zusammenhänge zwischen modernen Methoden wie Gen- und Hybridomtechnik und der langen Tradition biotechnologischer Verfahrensweisen ist jedoch unabdingbar.

Ich hoffe, daß dieses spannend geschriebene Buch, das ohne Fachausdrücke extreme Standpunkte aufzeigt und gleichzeitig versucht zu vermitteln, der öffentlichen Diskussion neue Anstöße gibt.

Dr. Heinz Riesenhuber
Bundesminister für Forschung und Technologie

Kapitel 1:
Das älteste Gewerbe der Welt

Was ist Biotechnologie?

Unterschätze niemals die Macht der Mikroben!
(Jackson Foster, amerikanischer Biotechnologe)

Biotechnologie ist keine Ja-Nein-Technologie. Jeder ist von ihr betroffen, jeder profitiert davon. Und das seit Jahrtausenden. Ob er Bier trinkt, Käse ißt oder Antibiotika schluckt. Denn Biotechnologie ist das älteste Gewerbe der Welt – zumindest auf dem Produktionssektor. Sie hat in den vergangenen zehn Jahren bedeutende Fortschritte gemacht. Neue Methoden lassen alte Techniken aus der Vor-Öl-Ära wieder wirtschaftlich werden. In der Industrie beginnt eine Rückbesinnung auf biologische Verfahren. Biotechnologische Firmen und Abteilungen schießen wie Pilze aus dem Boden. Die »Neue Biologie« eröffnet zugleich Möglichkeiten, die noch vor wenigen Jahren undenkbar waren. Und heute Undenkbares wird vielleicht schon in wenigen Jahren Wirklichkeit sein. Bereits heute gibt es Mikroben nach Maß, auch Tiere und Pflanzen werden gezielt umgebaut. Kommt nun auch bald der Mensch von der Stange?

Die Frage kann also gar nicht lauten: »Biotechnologie: ja oder nein?«, sondern nur: »Biotechnologie: wie viel und wie weit?« Wo ist die Grenze zu ziehen zwischen Natur und Technologie mit möglicherweise schädigenden Nebenwirkungen? Soll man die Milch zum Beispiel einfach in einem Kübel gerinnen lassen, bis sich Käse bildet? Die Folge könnte sein, daß sich die falschen Mikroorganismen auf die Milch stürzen. Die Milch wäre entweder verdorben oder sogar giftig. So etwas kommt bei der natürlichen Käsereifung immer wieder vor, denn die Natur ist unberechenbar. Darf man also die natürlichen Mikroorganismen – gewachsen in natürlichem Käse – herauspicken, sie dann züchten und die Milch gezielt mit diesen Kulturen beimpfen, damit die falschen Bakterien keine Chance mehr haben? Das ist zwar weniger Natur, bringt aber hygienisch bessere Produkte und ist auch wirtschaftlicher. Darf man nun weitergehen und Bakterien und Pilze gezielt züchten oder gar deren Erbgut so manipulieren, daß sie völlig neue Käsesorten produzieren? Darf man sie so verändern, daß sie in wirtschaftlichen Mengen Antibiotika bilden, die jährlich Millionen von Menschen das Leben retten? Oder darf man schließlich mit Hilfe von Mikroorganismen Gensonden bauen, die schon im dritten Schwangerschaftsmonat feststellen können, ob das ungeborene Kind ein schweres Erbleiden oder verminderte Intelligenz hat mit der Folge, daß die Eltern darüber entscheiden können, welches Kind noch gebärenswert ist: Die einen wollen sich vielleicht nur ein mongoloides Kind ersparen, die anderen lehnen aber auch ein Rothaariges ab?

Die Sensationsmeldungen über die »biologische Revolution« stammen häufig aus den Werbeabteilungen amerikanischer Genfirmen. Sie müssen sich ihre Geldgeber bei Laune halten. Doch die Wirklichkeit sieht nüchterner aus. Ein biotechnologischer Prozeß besteht nicht nur aus der erfolgreichen Übertragung eines Bauplanstükkes von einem Lebewesen in ein anderes. Biotechnologie schließt vielmehr alle Arbeiten mit ein, die erforderlich sind, um aus diesem Laborerfolg auch tatsächlich einen wirtschaftlich sinnvollen Prozeß zu machen. Dennoch: Biotechnologische Produkte im engeren Sinne, also ohne Abwasserreinigung und Nahrungs- oder Genußmittel, erzielen derzeit bereits einen Jahresumsatz von etwa 50 Milliarden Mark. Der Weltmarkt für solche Erzeugnisse wächst jährlich um mindestens 10 Prozent. In Japan plant derzeit jedes zweite biotechnologische Unternehmen neue Anlagen oder die Erweiterung bestehender Kapazitäten. Bis zum Jahr 2000 wollen die Japaner ihren Umsatz mit Bioprodukten um das 170fache steigern.

Was aber ist eigentlich »Biotechnologie«? Darüber streiten sich die Experten, seit irgend jemand irgendwann einmal diesen Begriff erfunden hat. Ihre Wurzeln liegen jedoch in der Fermentationsindustrie, die mit dem Bierbrauen schon vor Jahrtausenden begonnen hat und in der ersten Hälfte dieses Jahrhunderts mit der Herstellung von

Alkoholen, Vitaminen, Enzymen, Feinchemikalien und Antibiotika neuen Auftrieb erhielt. »Fermentation« kommt von dem lateinischen Begriff »fervere«, der soviel bedeutet wie »brodeln, gären«. Das Brodeln und Gären stammt von Mikroorganismen, die in einem Bottich irgendwelche Stoffe fressen und sie dann wieder in veränderter Form ausscheiden. Die einfachste Form einer solchen Fermentation ist die alkoholische Gärung. Mikroorganismen, in der Regel Hefen, fressen Zucker und scheiden ihn als Alkohol wieder aus. Sie zerlegen den Zucker in Alkohol und Kohlendioxid und gewinnen dabei Energie. Genauso, wie wir Menschen Nahrung verdauen und sie in kleine Stücke zerlegen. Wir Menschen nutzen die Nahrung allerdings wesentlich besser. Deshalb ist das, was bei uns herauskommt, für eine weitere Verwendung weniger gut geeignet.

Die Mikroben sind also keine so guten Futterverwerter und überlassen uns daher Stoffe, die wir gut gebrauchen können. Vermutlich schon seit Menschengedenken. Bier zum Beispiel wird wahrscheinlich bereits gebraut, seit die Menschen begannen, Getreide anzupflanzen. Die ersten Überlieferungen stammen aus dem Zweistromland zwischen Euphrat und Tigris. Dort stellten die Sumerer bereits vor 6000 Jahren ein Getränk her, das Alkohol enthielt und deshalb berauschend war. Kanalgräbern und Landarbeitern standen täglich fünf Liter zu, Frauen erhielten zwei bis drei Liter. Allerdings schmeckte das Bier des Altertums völlig anders als unser heutiges Bier. Denn die Beimischung von Hopfen wurde erst im 13. Jahrhundert in Deutschland erfunden. Doch wahrscheinlich würzten schon die Babylonier ihren Gerstensaft mit süßen Beeren und wohlschmekkenden Kräutern. Sie entwickelten bereits eine fast industriell anmutende Brautechnik mit gewerblichen Brauereien und gelernten Brauern. Denn im Gegensatz zur einfacheren Vergärung von Früchten zu Wein erforderte die Bierherstellung von Anfang an ein gewisses Maß technologischer Kenntnisse.

Die babylonischen Exportbiere – es gab bereits im Jahre 3000 v. Chr. über 20 verschiedene Sorten – gelangten allmählich nach Ägypten. Dort erkannten die Herrscher rasch die wirtschaftlichen und sozialen Auswirkungen dieser neuen Technologie und erklärten das Bierbrauen bald zum Staatsmonopol. Auch die Griechen und Römer lernten die Kunst des Bierbrauens. Doch wird behauptet, daß sie nie besonders wild darauf gewesen seien. Sie bevorzugten – und bevorzugen heute noch – ein anderes biotechnologisches Produkt, den Wein. In Spanien dagegen fiel die Brautechnik auf fruchtbareren Boden. Dort entwickelte sie sich bald zu einer Hochtechnologie, die Mönchen vorbehalten blieb. Die Ordensmannen waren es denn auch, die für eine europaweite Verbreitung dieses anregenden Getränks sorgten. Doch auch im Norden muß es bereits eine lange Brautradition gegeben haben. Eine der bedeutendsten Ausgrabungen der Bronzezeit in Dänemark brachte die Gebeine eines Mädchens zum Vorschein, dem ein Krug Bier mit auf seine Reise in die Ewigkeit gegeben worden war. Analysen zeigten übrigens, daß dieses Bier mit Honig und Moormyrten gewürzt war. Auch Wacholder, Schafgarbe und Wermut waren übliche Kräuter, die den Geschmack des Bieres verfeinern sollten.

Damit war allerdings ab 1516 Schluß. Zumindest in Bayern. Denn dort verkündete Herzog Wilhelm IV. das Reinheitsgebot, das in der Bundesrepublik Deutschland noch bis heute Gültigkeit besitzt. Es schreibt vor, daß das Bier nur aus den vier Grundstoffen Wasser, Gerste, Malz und Hefe gebraut werden darf. Bier muß damals allerdings ein sehr viel schwächeres Getränk gewesen sein als heute. Am Hofe des Dänenkönigs Christian IV. soll es nämlich durchaus normal gewesen sein, acht bis zwölf Krüge täglich zu trinken. Dies entspricht 40 Flaschen heutiger Größe – allerdings denjenigen mit 0,33 Liter Inhalt; das macht aber immerhin noch 13 Liter.

Die moderne Brautechnik begann erst Mitte des 19. Jahrhunderts. Damals erkannte der französische Chemiker Louis Pasteur, daß sowohl die Fermentation als auch die Fäulnis auf der Tätigkeit von Mikroben beruhen. Von französischen Winzern und Brauern hatte er den Auftrag erhalten, die »Krankheiten« des Weines und des Bieres zu studieren. Als einer der ersten Auftragsforscher fand er heraus, daß für die Säurebildung in alkoholischen Getränken ein Bakterium verantwortlich ist, das später Acetobacter aceti getauft wurde: »Essigerzeuger«. Diese Entdeckung führte zur Einführung kontinuierlicher Verfahren zur Essigherstellung mit Hilfe von Essigsäurebakterien, die an Buchenspänen festhingen. Beide Techniken werden derzeit von der modernen Biotechnologie aufgegriffen und auf viele andere Verfahren angewendet. Auch Pasteurs berühmter Ausspruch ist heute aktueller denn je: »Es gibt keine angewandte Wissenschaft, es gibt lediglich Anwendungen von Wissenschaft.«

Damit stehen wir jedoch wieder vor der Frage: Was ist Biotechnologie? Die Herstellung von Bier, Wein, Käse und Essig allein kann es ja wohl nicht sein. Denn Biotechnologie wird heute überall als Zukunftstechnologie dargestellt. Die meisten Regierungen nennen sie in einem Atemzug mit Mikroelektronik, Robotertechnik und Informationstechnologie als eine der Schlüsselindustrien und setzen entsprechende Schwerpunkte in ihrer Forschungsförderung. Die Bundesregierung verfünffachte in der Dekade von 1974 bis 1984 ihren Biotechnologieetat. In der mittelfristigen Finanzplanung ist ein Förderprogramm »Angewandte Biologie und Biotechnologie« beschlossene Sache, das diese neue alte Wissenschaft noch stärker unterstützt. Die 132 Millionen Mark Fördermittel des Jahres 1985 sollen bis 1989 verdoppelt werden. Weshalb?

In der »Neuen«, der molekularen Biologie hat in den vergangenen zehn bis zwanzig Jahren eine Revolution stattgefunden. Zwei grundlegend neue Verfahren wurden entdeckt: die Gentechnologie und die Herstellung monoklonaler Antikörper. Seit langem bekannte Phänomene wurden plötzlich verstanden. Mehr und mehr können Biotechnologen nun den ungezielten Schuß mit der Schrotflinte durch gezielte Eingriffe ersetzen. Die spektakulären Erfolge der Geningenieure führten allerdings dazu, daß in der Öffentlichkeit häufig Biotechnologie mit Gentechnologie gleichgesetzt wird. Dies ist wenig verwunderlich. Ähnlich, wie es die Weltraumfahrt in den sechziger Jahren geschafft hat, Menschen in das Weltall und auf den Mond zu befördern, ermöglichte die Gentechnologie die Züchtung völlig neuartiger Organismen, die zum Beispiel völlig neuartige Medikamente herstellen können.

Mit Hilfe der Gentechnologie ist es möglich, einem Bakterium den Befehl zur Herstellung eines bestimmten Stoffes zu erteilen. Doch damit allein hat man noch kein fertiges Produkt. Das Verfahren muß erst noch in einen großtechnischen Maßstab umgesetzt werden, die einzelnen Verfahrensschritte müssen verbessert werden, neue Bioreaktoren müssen entworfen und konstruiert werden, und schließlich muß der gewünschte Stoff aus einer Fülle anderer Stoffe herausgefischt und gereinigt werden. Erst alle diese vielen verschiedenen Arbeiten zusammen ergeben das, was wir heutzutage als »Biotechnologie« bezeichnen. Sie ist wie kaum ein anderer Wissensbereich auf die harmonische Kooperation von Spezialisten der unterschiedlichsten Fachgebiete angewiesen. Die Technologieschübe der beiden vergangenen Jahrzehnte schufen also keine neue Industrie, sondern erweckten die bereits vorhandene Fermentationsindustrie aus ihrem Dornröschenschlaf und erweiterten ihre Möglichkeiten um ein Vielfaches. Trotz ihres enormen Einflusses auf diesen Prozeß sollte man die Gentechnologie zunehmend als das begreifen lernen, was sie in Wirklichkeit ist: ein sehr nützliches Handwerkszeug der Biotechnologie. Die Erfindung der neuen biologischen Verfahren fiel zugleich in eine Zeit gesellschaftlicher Entwicklungen, in der deutlich wurde, wie wichtig eine bessere Nutzung erneuerbarer Rohstoffe, die Wiederverwertung von Abfall und der Schutz der Umwelt sind. Ebenso schuf ein weltweit verbessertes Gesundheitssystem die Voraussetzung für die Entwicklung ganz neuer Medikamente.

Wie sooft, wenn etwas Neues entsteht, streiten sich die Eltern um den richtigen Namen für das Kind. Keine leichte Aufgabe, reicht doch die Spanne der Biotechnologie von der Abwasserreinigung bis zur Krebstherapie. Auf der einen Seite müssen Milliarden Liter verschmutztes Wasser mit möglichst billigen Methoden gereinigt werden. Auf der anderen Seite sind hochspezifische Produkte gefragt, die vielleicht nur für eine einzige Krebsart entwickelt werden und von denen Bruchteile eines Gramms ausreichen, um den Weltbedarf zu decken. Der erste Bereich ist ein typischer Vertreter der »Großes-Volumen-kleiner-Preis-Biotechnologie«, der andere gerade das Gegenteil. Den beiden Seiten ließen sich bis vor kurzem auch ganz bestimmte Aufgaben zuordnen: die »abbauende« Biotechnologie für Abwasser, Abgase und verseuchte Böden – die »aufbauende« Biotechnologie zur Herstellung von verschiedensten Substanzen, angefangen bei Feinchemikalien bis hin zu Arzneimitteln.

Aber inzwischen vermischt sich die Grenze zusehends: es gibt inzwischen Massenprodukte wie das Würzmittel Glutamat, das zu einem Kilopreis von ein paar Mark in Mengen von mehreren hunderttausend Tonnen produziert wird, und auf der anderen Seite spezielle Abbauleistungen im Labormaßstab, zum Beispiel für die Giftstoffe Dioxin und PCB. Außerdem gibt es noch eine ganze Palette von Zwischenformen. Ein plastisches Beispiel: die Reinigung von Abwässern der Zuckerindustrie mit gleichzeitiger Alkoholproduktion. Beide Vorgänge, die Vernichtung der Schmutzstoffe und die Herstellung von Alkohol, wären für sich allein betrachtet unwirtschaftlich. Aber die Kombination beider Teile macht dieses biotechnologische Verfahren konkurrenzfähig.

Es fällt auf, daß manche Leute ständig nur von Bio- oder Gentechnologie reden, andere dagegen die -logie konsequent meiden und nur von Biotechnik oder Gentechnik sprechen. Dabei scheinen die -logen eher befürwortend, die -iker dagegen eher eine ablehnende Einstellung zu haben, selbst wenn sie über ein und dasselbe Thema reden. Schaut man in den Duden, so läßt sich für die Benutzung der unterschiedlichen Begriffe tatsächlich eine Erklärung finden. Technologie ist demnach die »Lehre von der Umwandlung von Rohstoffen in Fertigprodukte«. Unter Technik dagegen versteht der Duden »die zusammenfassende Bezeichnung für die Ingenieurwissenschaften, die durch Kenntnis der Naturgesetze und deren Anwendung Stoffe und Kräfte nutzbar machen«. Vereinfacht ausgedrückt: Sobald Technologie angewandt wird, ist sie Technik. Die Technologen sehen also eher den wissenschaftlichen Aspekt, die Techniker die Anwendung beziehungsweise die Kritiker die Mißbrauchsmöglichkeiten der Anwendung. Eine Institution hat dieses Dilemma elegant gelöst. Sie nennt sich »Internationale Organisation für Biotechnologie und Biotechnik«. In den meisten offiziellen Definitionen sieht dies allerdings etwas anders aus. Dort wird die -logie stets mit der Anwendung in Verbindung gebracht.

Doch zurück von der Semantik zum Inhalt der Biotechnologie. Was umfaßt die Biotechnologie? Ist Tier- und Pflanzenzucht auch Biotechnologie? Eine Arbeitsgruppe der Organisation für wirtschaftliche Zusammenarbeit und Entwicklung (OECD) formulierte zum Beispiel so: »Biotechnologie ist die Anwendung wissenschaftlicher und technischer Grundsätze auf die Verarbeitung von Werkstoffen durch biologische Substanzen, um Güter und Dienstleistungen zu liefern.« Bei dieser Definition stellt sich schon die Frage: Was ist biologisch? Sind aus Lebewesen isolierte und in einer chemischen Reaktionskette eingesetzte Enzyme noch biologisch? Wenn ja, sind auch künstlich erzeugte, am Reißbrett entworfene Enzyme noch biologisch?

Den schwierigen Begriff definierte bislang am anschaulichsten die 1978 gegründete Europäische Förderation für Biotechnologie (EFB), die Dachorganisation von nationalen Biotechnologieverbänden aus 18 europäischen Ländern: »Biotechnologie ist das Zusammenspiel von Biochemie, Mikrobiologie und Ingenieurwissenschaften mit dem Ziel, die technische Anwendung des Potentials der Mikroorganismen, Zell- und Gewebekulturen sowie Teilen davon zu erreichen.« Auch diese Beschreibung ist unvollkommen. Denn was wäre die moderne Biotechnologie ohne Genetiker, Chemiker, Mathematiker, Pflanzenphysiologen und viele andere Spezialisten? Trotzdem lassen sich daraus einige klare Schlußfolgerungen ziehen. Biotechnologie ist nach dieser inzwischen weitgehend akzeptierten Definition keine eigene Wissenschaftsdisziplin, sondern das Ergebnis der Zusammenarbeit verschiedener Fachleute. Es gibt also strenggenommen gar nicht *den* Biotechnologen. Ein Biotechnologe ist vielmehr jeder, der sein spezielles Fachwissen in den Dienst der Biotechnologie stellt. Die meisten Experten lehnen deshalb auch spezielle Ausbildungsgänge für Biotechnologen ab. Statt dessen fordern sie eine solide Grundausbildung in einer der Disziplinen mit anschließender Spezialisierung auf biotechnologische Aspekte. Dieses Zusammenspiel der Experten ist sehr wichtig. Trotzdem gibt es zunehmend auch einen Bedarf an Generalisten, die sich in verschiedenen Teilgebieten hinreichend gut auskennen, um auch die Verbindungen zwischen den Disziplinen herstellen zu können. Reine Experten ohne koordinierendes Wissenschaftsmanagement laufen leicht Gefahr, ihren Blickwinkel zu sehr einzuengen.

Nach der EFB-Definition zählt Tier- und Pflanzenzucht nicht zum Gebiet der Biotechnologie. Allerdings mit einigen bedeutsamen Ausnahmen. Die Manipulation von Zell- oder Gewebekulturen gehört eindeutig dazu. Wenn aus diesen Kulturen wieder intakte Tiere und Pflanzen gezüchtet werden, dann sind dies eindeutig biotechnologische Produkte. Die Anwendung in der Medizin ist ein Grenzfall, der auch mit dieser Definiton nicht eindeutig gelöst wird. Ist es eine »technische« Anwendung, wenn Samen- und Eizelle in einem Reagenzglas künstlich miteinander verschmolzen werden und der befruchtete Embryo nach einigen Zellteilungen in den Mutterleib zurückverpflanzt wird? Solche Verfahren sollten unter dem Stichwort »Reproduktionstechnik«, »Fortpflanzungsmedizin« oder im weitesten Sinne auch »biomedizinische Technik« von der Biotechnologie ausgeklammert werden, auch wenn sich hier und da Überschneidungen ergeben mögen.

Dagegen liefern biotechnische Verfahren durchaus Produkte, deren Einsatz auch im medizinischen Bereich bedenkliche Entwicklungen nach sich ziehen kann. Ein Beispiel sind die Gensonden, die im letzten Kapitel beschrieben werden.

Bislang sind viele biotechnologische Prozesse zwar grundsätzlich möglich, aber unter den gegenwärtigen Bedingungen, vor allem wegen des immer noch niedrigen Ölpreises, nicht wirtschaftlich. Hinzu kommt, daß ein chemosynthetischer Prozeß nicht einfach auf einen biosynthetischen umgestellt werden kann. Hierzu sind vielmehr enorme Investitionen nötig, die nicht getätigt werden, solange die alten Anlagen noch funktionieren. Trotzdem erwarten zahlreiche Experten, daß steigende Rohstoffpreise, aber vor allem eine weitere Optimierung biotechnologischer Prozesse in den kommenden Jahren die chemischen Verfahren zunehmend ergänzen und ersetzen werden. Das Büro für Technologiebewertung des amerikanischen Kongresses schätzt, daß in den nächsten beiden Jahrzehnten 100 Chemikalien biotechnologisch wirtschaftlicher hergestellt werden können als mit den bisher üblichen chemischen Methoden.

Die Biotechnologie ist also ein langatmiges Geschäft, das keine kurzfristigen Gewinne einbringt. Diese Erkenntnis hat in den USA nach anfänglicher Euphorie zunächst zu Enttäuschungen geführt – vor allem für manchen Börsenmakler. Aber derzeit entwickelt sich ein zweiter Boom, bei dem man gelernt hat, zu warten und nicht in kurzer Zeit zuviel zu verlangen. Zu einem ähnlichen Schluß gelangt auch Prof. Daniel Thomas, Vorsitzender einer OECD-Expertengruppe: »Die Biotechnologie hat eine große Zukunft, sie unterliegt jedoch vielen Sachzwängen. Sie wird bestimmte Probleme lösen, doch kein universelles Allheilmittel sein. Die zur Zeit bearbeiteten Projekte werden sich zwangsläufig als kostspielig erweisen und in vielen Fällen keine raschen Erfolge bringen.«

Die Skepsis der frühen siebziger Jahre beginnt jedoch, nun gegen Ende der achtziger Jahre einer neuen Hoffnung zu weichen. Damals beschrieben aufrüttelnde Prognosen von den »Grenzen des Wachstums« die Endlichkeit der Welt und ihrer Rohstoffreserven. Die künstlich erzeugte Ölkrise macht dies jedermann drastisch deutlich. In der Tat: Wir zehren seit hundert Jahren von den gewaltigen Rohstoffen – vor allem Öl, Kohle und Erdgas –, die die Natur im Laufe von Jahrmillionen erschaffen hat. Diese Vorräte sind tatsächlich endlich. Mit Hilfe der Biotechnologie haben wir jedoch gelernt, nicht nur die in Form der fossilen Rohstoffe gespeicherte Sonnenenergie zu nutzen, sondern auch diejenige Energie, die uns in Form nachwachsender Rohstoffe zur Verfügung steht. Allerdings ist es heute in vielen Fällen noch weit billiger, die fossilen Reserven anzuzapfen als mit biotechnologischen Mitteln denjenigen Schatz zu nutzen, der uns allein zur Verfügung stünde: die hier und heute eingestrahlte Sonnenenergie.

Alle Wasser- und Landpflanzen zusammen nutzen nur wenige Prozent dieser gigantischen Energiequelle. Aber diese wenigen Prozent reichen, um daraus Jahr für Jahr 170 Milliarden Tonnen Wurzeln, Stengel, Holz, Blätter, Blüten und Früchte hervorzubringen. Diese Pflanzenmasse enthält einen Energiewert von 300 Billionen Megajoules. Die gesamte Weltbevölkerung verbraucht lediglich etwa 10 Prozent dieser Energiequelle, also 30 Billionen Megajoules. Den überwiegenden Teil davon, etwa 25 Billionen Megajoules, beziehen wir jedoch nicht aus diesem unerschöpflichen Reservoir, sondern aus fossilen Rohstoffen. Damit nutzen wir heute nur etwa 0,01 Prozent derjenigen Energie, die tagtäglich auf uns niederstrahlt. Wenn unsere Energiequellen Öl, Kohle und Erdgas eines Tages zur Neige gehen, werden wir mit Hilfe der Biotechnologie die Sonnenenergie direkt nutzen können – und daraus sowohl chemische Grundstoffe und Spezialitäten als auch flüssige und gasförmige Energieträger herstellen. Billiges Erdöl ist also das größte Hindernis auf dem Weg in eine biotechnologische Zukunft. Aber genauso gewiß, wie das Erdöl eines Tages verbraucht sein wird, steht uns eine tiefgreifende Veränderung unserer Lebenswelt bevor. Schon heute ist die Biotechnologie auf zwei Gebieten unschlagbar: der Herstellung hochwertiger Stoffe wie Arzneimittel und Biochemikalien sowie der Beseitigung unseres Zivilisationsmülls, vor allem Abwasser. Weitere Bereiche kommen täglich hinzu.

Wie entsteht nun ein biotechnologisches Verfahren? Welche Probleme, welche Gefahren treten auf? Wo hinkt die Forschung hinterher? Wo sind in den nächsten Jahren die größten Fortschritte zu erwarten? Zunächst benötigt man für einen neuen Prozeß ein neues Produkt, einen neuen Stoff. Die erste Aufgabe eines Biotechnologen besteht also darin, in der Welt der Mikroorganismen nach solchen Stoffen zu suchen (Kapitel 2). Hat er eine interessante Verbindung gefunden, so müssen das Bakterium, der Pilz, die pflanzliche oder tierische Zellkultur darauf getrimmt werden, sie in wirtschaftlichen Mengen zu produzieren (Kapitel 3). Mit den Methoden der Gentechnologie (Kapitel 4) und monoklonalen Antikörpertechnik (Kapitel 5) lassen sich inzwischen beide Vorgänge beschleunigen und ausweiten. Um die biologischen, biochemischen und physikalischen Vorgänge in einer Zellkultur verfolgen zu können, bedarf es geeigneter Meßverfahren und Computermodelle (Kapitel 6). Diese Erkenntnisse setzen Verfahrensingenieure in neue Reaktorkonstruktionen und -verfahren um (Kapitel 7). Dann folgt der Schritt aus dem Labor in die großtechnische Anwendung (Kapitel 8). Zum Schluß muß das Produkt von den Zellen abgetrennt und gereinigt werden (Kapitel 9). Aber auch die Reinigung selbst ist eine Stärke der Biotechnologie (Kapitel 10). Der neue Trend: Biologie und Chemie arbeiten immer stärker zusammen. Eine biochemische Industrie zeichnet sich ab (Kapitel 11). Gleichzeitig verändert sich die Landwirtschaft (Kapitel 12). Und in allen Bereichen tobt der Streit um Patente. Biologen rennen nicht mehr mit Schmetterlingsnetzen bunten Faltern hinterher, sondern verbrüdern sich mit Kapital und Wirtschaft (Kapitel 13). Sicherheitsaspekte führen hin zu Fragen der Ethik und zu Grenzgebieten der Biotechnologie (Kapitel 14).

Kapitel 2: Auf der Suche nach neuen Stoffen

Am Anfang steht das Screening

Der erste Schritt auf dem Weg zu einem neuen Produkt beginnt mit der Suche nach einem neuen Stoff. Bereits hier wird ein wesentlicher Unterschied zwischen der chemischen und biologischen Technik deutlich. Die Chemiker synthetisieren in ihren Labors neue, bislang in der Natur nicht vorkommende Substanzen. »Na, welche neue Verbindung hast du denn der Welt geschenkt?« lautet eine beliebte Frage bei Abschlußfeiern frischgebackener Chemiedoktoren. Jahr für Jahr bedenken die synthetisierenden Chemiker in staatlichen und industriellen Forschungslabors ihre Umwelt mit mehreren tausend neuen Substanzen. Die meisten sind zwar nicht zu gebrauchen, doch immerhin 500 bis 600 schaffen allein in der Europäischen Gemeinschaft den Sprung aus dem Labor in die großtechnische Produktion.

Hier beginnen die Schwierigkeiten, welche die chemische Industrie seit ihrer Entstehung begleiten: Die meisten von Chemikern erzeugten Stoffe gibt es in der Natur nicht. Es sind deshalb oft Stoffe, zu deren Herstellung Gewalt angewendet werden muß. Gewalt, das bedeutet so hohe Drücke und so hohe Temperaturen, wie sie selbst beim Ausbruch eines Vulkans nicht vorkommen. Verfahrensingenieure und Sicherheitstechniker haben diese extremen Bedingungen zwar immer besser in den Griff bekommen. Doch Katastrophen wie die verheerenden Explosionen in Seveso und Bhopal lassen sich nicht grundsätzlich ausschließen. In den USA kommt es laut einer amtlichen Studie im Durchschnitt täglich zu fünf Unfällen, bei denen giftige Chemikalien aus Betrieben entweichen. Die Dunkelziffer der nicht veröffentlichten und registrierten Unfälle wird sogar auf das Doppelte geschätzt. Die Chemie wird immer eine harte Technologie bleiben, weil sie der Natur Stoffe abtrotzt, die die Natur freiwillig nie hergeben würde.

Sind diese Stoffe erst einmal in die Umwelt gelangt, so kennt die Natur häufig keine Möglichkeiten, die ungebetenen Gäste wieder loszuwerden. Vor dem Zeitalter der Chemie hatte die Natur jeweils jahrtausendelang Zeit, sich auf die im Laufe der Evolution neu entstehenden Stoffe einzustellen und Strategien für ihren Abbau zu entwickeln. Denn die Kleinstlebewesen können lernen, grundsätzlich jeden Stoff abzubauen – wenn man ihnen nur genügend Zeit läßt. Diese Mikroorganismen sind so enorm fleißig, daß sie alle abgestorbenen Tier- und Pflanzenreste in ihre Bestandteile zersetzen und somit wieder die Voraussetzung für neues Leben schaffen. Allein die CO-2-Produktion aus abgestorbenen Pflanzen wird jährlich auf 92 Milliarden Tonnen geschätzt.

Doch seit die Chemie immer neue Stoffe in immer größeren Mengen in die Umwelt bringt, können die fleißigen Mikroben nicht mehr Schritt halten. Sie sind um ein Vielfaches überfordert. So kommt es, daß sich Stoffe wie das Schädlingsbekämpfungsmittel DDT im Fettgewebe selbst von Pinguinen am Südpol anreichern. Denn die Menschen bringen das DDT viel schneller in die Böden, als es die Bakterien verdauen können. Dasselbe gilt für PCB, TCDD, PCP . . . Die Liste ließe sich beliebig verlängern. Sie alle reichern sich überall in uns und um uns an. Die Folgen sind noch längst nicht absehbar. Doch heute schon raten manche Wissenschaftler den Müttern in besonders verseuchten Gebieten vom Stillen ab. Zu häufig schon fanden sie zu hohe Mengen bedenklicher Stoffe in der Muttermilch.

Gänzlich verschieden ist dagegen die Philosophie der Biotechnologen. Sie suchen neue Stoffe nicht im Kampf gegen die Natur, sondern in der Natur. »Denn in der Natur gibt es praktisch alles, man muß es nur suchen«, formuliert der Züricher Professor Armin Fiechter, einer der führenden Biotechnologen Europas. Mikroorganismen sind ungeheuer vielseitig. Sie leben in der Luft, im Boden, im Wasser und unter klimatischen Bedingungen, die von heißen Quellen und schwefelverseuchten Meeresvulkanen bis hin zu gefrorenem Wasser reichen. Die Stoffsuche in der Natur bietet eine ganze Reihe von Vorteilen. Die Mikroorganismen, tierischen und pflanzlichen Zellen benötigen weder hohe Drücke noch hohe Temperaturen für ihre Arbeit. Sie liefern ihre Produkte in der Regel zwischen 10 °C und 60 °C und meist bei normalem Luftdruck. Explosionen sind also von vornherein ausgeschlossen.

Und die Produkte, die sie liefern, sind im besten Sinne umweltfreundlich. Denn für jeden Stoff, den irgendein Lebewesen ausscheidet, findet sich schnell ein anderes, das diesen Stoff weiterverwerten kann. Das Prinzip vom Fressen und Gefressenwerden gilt also auch in der biochemischen Dimension. Ein besonders anschauliches Beispiel liefern die beiden Bakterienarten Desulfuromonas und Chlorobium. Das eine Bakterium wächst buchstäblich auf dem Kot des anderen: Desulfuromonas frißt Schwefel und scheidet Schwefelwasserstoff aus. Chlorobium dagegen schluckt den Schwefelwasserstoff und wandelt ihn mit Hilfe des Sonnenlichtes in Schwefel um. Co-Evolution nennen die Biologen so etwas. In der Natur wäscht stets eine Hand die andere. Biotechnologische Produkte können sich also in der Natur nicht anreichern. Sie werden nicht zu chemischen Zeitbomben.

Manchmal geraten die Biotechnologen jedoch in Konflikt mit dieser Eigenschaft. Viele Unternehmen arbeiten zur Zeit an der Entwicklung eines natürlichen Kunststoffes. Der Widerspruch dieser Wortkombination besteht nur scheinbar. Denn es gibt tatsächlich Naturprodukte – etwa die β-Hydroxybuttersäure –, die ebenso wie Kunststoffe zu langen Ketten polymerisieren und deshalb ähnliche Eigenschaften wie Kunststoffe besitzen. Der Vorteil, daß diese Polymerisate im Gegensatz zu vielen echten Kunststoffen biologisch abbaubar sind, darf natürlich nicht zu weit gehen. Denn wer will schon gerne ein Auto, dessen Stoßstange nach einem halben Jahr verfault?

Stoßstangen werden aber wohl in absehbarer Zeit auch nicht gerade die bevorzugten Absatzmärkte biologischer Kunststoffe sein. Dazu sind sie noch zu teuer. Dagegen sind sie für manche medizinischen Anwendungen wie geschaffen. Sich nach getaner Arbeit von selbst auflösende Operationsfäden, Knochenplatten und Knochennägel aus Biokunststoff werden gegenwärtig auf ihre Tauglichkeit untersucht. Für den Patienten liegen die Vorteile auf der Hand. Er muß nicht noch ein zweites Mal unters Messer, nur um Metallplatten aus seinen Knochen zu holen. Es hat sich darüber hinaus gezeigt, daß die natürlichen Polymere ähnliche Eigenschaften wie die Knochen selbst besitzen und deshalb das Wachstum der Knochen anregen und den Heilungsprozeß beschleunigen. Weitere Anwendungen sind denkbar bei der Verabreichung von Medikamenten, die, in mehrschichtigen Hüllen verpackt, ihre Wirkstoffe nach und nach und nicht auf einen Schlag abgeben würden. Statt »dreimal täglich« würde eine Tablette dann vielleicht für eine ganze Woche reichen. Ähnlich ließe sich auch in der Landwirtschaft verfahren. Die Landwirte düngen und spritzen die Pflanzen vor allem, solange sie noch jung und mit dem Schlepper gut erreichbar sind. Dabei werden meist mehr Chemikalien in den Boden gebracht, als die Pflanzen auf einmal aufnehmen können. Der Rest wird ausgewaschen und verschmutzt die Gewässer. Eine gezielte, bedarfsgerechte Abgabe könnte nicht nur Kosten sparen, sondern würde auch die Umwelt schonen.

Manche Mikroorganismen wie das Bakterium Alcaligenes eutrophus produzieren in einer Menge von bis zu 60 Prozent ihrer Trokkensubstanz den Stoff Polyhydroxybuttersäure (PHB). Er dient ihnen als Energielieferant für Mangelzeiten. Genauso, wie ein Mensch Fett einlagert. Diese Tatsache ist bereits seit den zwanziger Jahren bekannt. Auch die Versuche, aus diesem natürlichen Polymer einen industriell verwertbaren Kunststoff zu produzieren, haben eine lange Tradition. Allerdings scheiterten die Versuche immer wieder an den unbefriedigenden Eigenschaften der PHB. Sie war steifer und brüchiger als Polypropylen, demjenigen Kunststoff, der dem Naturpolymer am ähnlichsten ist. Wissenschaftlern der englischen Firma ICI gelang es jedoch vor ein paar Jahren, diese Nachteile zu überwinden. Sie entdeckten Bakterien, die nicht nur lange Ketten aus Hydroxybuttersäure bauten, sondern nach einem bestimmten Schema die verwandte Verbindung Hydroxyvaleriansäure (PHV) einfügten. Solche Copolymere zeigten plötzlich viel bessere Eigenschaften. Kristallinität und Schmelztemperatur waren verändert, so daß die Stoffe weniger steif und dafür zäher waren. Im Laufe der Zeit lernten die Biotechnologen bei ICI, die Anteile von PHB und PHV in den Organismen so zu verändern, daß sie die Eigenschaften der natürlichen Kunststoffe fast beliebig beeinflussen konnten. Auch die Abbaubarkeit ist kein Problem. Sie läßt sich je nach den gestellten Anforderungen in weiten Grenzen steuern.

»Biopol«, das ist keine Bezeichnung für eine neue biologische Polizei. So nennt die ICI ihr jüngstes Produkt. Der Name steht für »biologische Polymere«. Bislang wird Biopol erst in relativ geringen Mengen zu ziemlich hohen Preisen in einigen Versuchsanlagen produziert. Bevor die Firma in die Massenproduktion einsteigt, will sie erst die Märkte erkunden und den Herstellungsprozeß weiter verbessern. Denn ICI hat schon einmal mit einer mutigen Entscheidung ein biotechnologisches Verfahren im Riesenmaßstab aufgezogen, das – zumindest kurzfristig – den wirtschaftlichen Erfolg schuldig blieb (siehe Kapitel 8). Mit Biopol sollte dies jedoch nicht passieren. Denn dieser Stoff läßt sich wie jeder andere Kunststoff auf herkömmlichen Anlagen verarbeiten, spinnen, formen und blasen.

Die Suche nach solchen bislang unbekannten Stoffen bezeichnen die Biotechnologen als »Screening«. Die wörtliche Übersetzung dafür lautet »Sieben, Überprüfen« und beschreibt die Tätigkeit recht zutreffend. Die Wissenschaftler, in diesem Fall die Mikrobiologen, sammeln im Boden und im Wasser Pilze und Bakterien, trennen die einzelnen Arten voneinander und untersuchen sie dann auf ihre Fähigkeiten. Sucht man zum Beispiel ein neues Antibiotikum gegen Tuberkulose, so mischt man die krank machenden Tuberkelbakterien nacheinander mit möglichst vielen verschiedenen Bakterien- und Pilzarten und läßt sie zusammen wachsen. Mit etwas Glück stellt sich in der einen oder anderen Zucht eine Antibiose ein. Das heißt, das Wachstum des krankheitserregenden Bakteriums wird von einem Stoff gehemmt, den ein anderes Bakterium oder ein Pilz ausscheiden. Solche Stoffe nennt man Antibiotika. Die weitere Aufgabe der Biotechnologen besteht nun darin, diesen Mikroorganismus dazu zu bringen, daß er das neu gefundene Antibiotikum in großen Mengen produziert. Und zum Schluß muß dieser Stoff noch geputzt werden. Man muß ihn von anderen, unerwünschten Ausscheidungsprodukten so weit befreien, daß man ihn bedenkenlos als Tablette oder Saft schlucken kann.

Die erste Antibiose und damit das erste Antibiotikum wurde allerdings nicht durch eine gezielte Suche, sondern ganz zufällig entdeckt.

Im Jahre 1928 bemerkte der schottische Arzt und Bakteriologe Alexander Fleming eine Verunreinigung in einer Bakterienkolonie: Ein Schimmelpilz, wie man ihn von verdorbenem Brot oder alter Marmelade kennt, hatte sich in das Kulturgefäß geschlichen und dort ausgebreitet. Ein Mißgeschick, das vielen Forschern zuvor auch schon passiert ist und immer wieder vorkommt. Normalerweise wirft man solch eine infizierte Kultur weg. Denn die Mikrobiologen brauchen für ihre Versuche Reinkulturen, die nicht von anderen Organismen gestört werden dürfen. Doch Fleming beobachtete etwas Sonderbares. Um den Schimmelpilz herum hatte sich ein klarer Hof in dem sonst milchig-trüben Bakterienrasen gebildet. Der Pilz mußte also einen Stoff ausscheiden, der die Bakterien in ihrem Wachstum hemmt oder sie sogar abtötet, den Pilz selbst aber nicht beeinträchtigt. Da der Pilz »Penicillium notatum« hieß, nannte Fleming die noch unbekannte Substanz »Penicillin.«

Bis aus dieser Entdeckung aber ein verkäufliches Medikament wurde, vergingen mehr als zwölf Jahre. Erst im Kriegsjahr 1941 gelang es den beiden Engländern Howard Walter Florey und Ernst Boris Chain in Oxford, den Stoff aus dem Gemisch anderer Ausscheidungsprodukte des Pilzes in reiner Form zu isolieren. Schon wenige Monate später begann vor allem in den USA der Bau riesiger Anlagen zur Produktion des neuen Arzneimittels. Denn der Zweite Weltkrieg sorgte für einen riesigen Absatzmarkt. Damit hatte die segensreiche Ära der Antibiotika begonnen, und die Biotechnologie nahm in den folgenden Jahrzehnten einen gewaltigen Aufschwung. In einer der zahlreichen Rückschauen auf die Geschichte des Penicillins heißt es: »Dies war einer der größten Beiträge Englands für die Gesellschaft während des Kriegs.« Der Beitrag wurde auch vom Nobel-Komitee postwendend honoriert. Fleming, Florey und Chain erhielten schon 1945 die begehrte Auszeichnung.

Anfangs hatte die Chemie auch bei der Bekämpfung der Infektionskrankheiten die Nase vorn. Den ersten Erfolg erzielte der deutsche Forscher Paul Ehrlich im Jahre 1910 mit einer synthetischen Arsen-Benzol-Verbindung. Er konnte damit erfolgreich die Syphilis eindämmen. 25 Jahre später entdeckte dann der Bakteriologe Gerhard Domagk nach Analyse mehrerer tausend Farbstoffe die Heilwirkung der ebenfalls synthetisch hergestellten Sulfonamide. Dafür wurde er 1939 mit dem Nobelpreis ausgezeichnet. Heute dagegen gehören über 90 der rund 100 eingesetzen Chemotherapeutika zu der Klasse der Antibiotika und sind damit mikrobiellen Ursprungs. Nur etwa zehn Substanzen werden chemosynthetisch hergestellt. Allerdings gibt es eine große Zahl von Antibiotika, die die Chemiker noch etwas abändern, um deren Wirksamkeit zu erhöhen.

Auch heute noch, über ein halbes Jahrhundert nach Flemings Entdeckung, spielt der Zufall bei der Suche nach neuen biotechnologischen Stoffen ein bedeutende Rolle. So suchten etwa Mitarbeiter des Schweizer Pharmakonzerns Sandoz im Jahre 1969 ein neues Mittel gegen Pilzkrankheiten. Bis zu 10000 verschiedene Pilz- und Bakterienarten werden in solchen Screeningprogrammen getestet – eine Sisyphusarbeit. Weltweit finden dabei alle Forscher zusammen nur etwa 400 oder 500 neue Substanzen. Und von diesen 400 bis 500 schafft nur etwa 1 Prozent den Sprung in die Anwendung. Wenig Erfolg schien anfangs auch den Basler Forschern beschieden. Neben einigen anderen Stoffen fanden sie lediglich eine Substanz, die nur gegen einige wenige Pilze wirkte – und das auch noch sehr schlecht. Sie blieb deshalb zunächst unbeachtet.

Doch bei den Routinetests stellte sich heraus, daß dieses von dem Pilz Polypocladium produzierte Antibiotikum eine sehr geringe Toxizität besitzt, also kaum giftig ist. Damit erfüllte es wenigstens eine der beiden Anforderungen an ein neues Medikament: Es war zwar kaum wirksam, aber eben ungiftig. Deshalb beschlossen die Forscher, es in weiteren Experimenten zu testen.

Damals begann sich nämlich die Erkenntnis durchzusetzen, daß Stoffe, die man bei der Suche nach neuen Antibiotika gefunden hatte, auch pharmakologische Wirkungen haben können. Bakterielle Ausscheidungen können Mensch und Tier also nicht nur von Krankheitserregern befreien, sondern auch gezielt auf menschliche Organe wirken. Heute kennt man zum Beispiel solche Stoffe, die den Blutdruck oder den Cholesterinspiegel senken, allergische Reaktionen verhindern oder Überblähungen des Lungengewebes rückgängig machen. Immer bedeutsamer werden auch Cytostatika, Stoffe also, die die Zellteilung hemmen und speziell gegen Krebszellen eingesetzt werden.

Doch Ende der sechziger Jahre waren solche pharmakologischen

Wirkungen von Naturstoffen noch weitgehend unbekannt. Trotz anfänglicher Mißerfolge begannen aber einige Pharmafirmen, kleinere Screeningprogramme für pharmakologische Wirkungen aufzubauen. Drei Jahre nach Entdeckung der neuen Substanz zeichnete sich erstmals eine medizinische Sensation ab, deren Tragweite damals allerdings noch niemand vollständig überblicken konnte. Der Stoff mit der Laborbezeichnung 24-556 zeigte immunsuppressive Wirkung. Er unterdrückte also die immunologischen Abwehrmechanismen des Körpers. Dies allein wäre noch nichts Besonderes, denn Immunsuppressiva waren in der Medizin schon seit längerem im Einsatz. Sie verhindern die natürlichen Abstoßungsreaktionen zum Beispiel bei der Verpflanzung von Organen.

Das Neue daran war jedoch, daß dieser Stoff nicht wie seine Vorgänger blindlings alle Teile des Abwehrsystems ausschaltet, sondern sehr gezielt gegen die T-Helfer-Zellen wirkt. Die Blutbildung sowie die Makrophagen werden dagegen nicht angetastet. Dies ist entscheidend, denn die Makrophagen spielen im Körper die Rolle einer Grenzschutzpolizei, die krankheitserregende Eindringlinge wie Viren und Bakterien unschädlich macht. Lahmgelegt wird also vor allem dasjenige Abwehrsystem, das fremdes Gewebe erkennt und deshalb häufig die Arbeit von Chirurgen zunichte macht, die fremde Organe verpflanzen.

Vor der Entdeckung der heute als Ciclosporin bekannten Substanz mußten die Chirurgen deshalb zu Mitteln greifen, die das gesamte Abwehrsystem außer Gefecht setzten. Für die so behandelten Patienten konnte daher schon ein leichter Schnupfen tödlich sein. Mit Ciclosporin und einer ganzen Reihe noch verbesserter Abkömmlinge wird nur die Organabstoßung verhindert, die übrige Abwehr bleibt intakt. Seit Einführung dieser neuen Medikamentengeneration Anfang der achtziger Jahre ist die Zahl der Herz-, Nieren- und Lungentransplantationen sprunghaft angestiegen.

Vor allem bei der Entdeckung neuer Antibiotika ist in den vergangenen Jahren ein gewisser Stillstand eingetreten. Denn nach vierzigjähriger Suche nach neuen Antibiotika mit immer denselben oder zumindest ähnlichen Mitteln ist das Feld irgendwann einmal abgegrast, und man findet nur immer wieder dieselben Substanzen. Es ist natürlich sehr frustrierend, wenn ein Wissenschaftler nach zum Teil monatelanger Arbeit plötzlich merkt, daß er ein Antibiotikum gefunden hat, das schon längst im Handel ist. Bei der Suche nach Monobactamen, einer Gruppe mit dem Penicillin verwandter Antibiotika, fanden die Forscher unter sage und schreibe einer Million Bakterienstämmen ganze sieben Stück, die bislang unbekannte Monobactame produzierten. Deshalb haben verschiedene Forschergruppen neue Screeningstrategien entwickelt. Eine Möglichkeit ist das Ausweichen auf neue Gebiete. Ähnlich wie die Ölfirmen nach ihrem kostbaren Rohstoff zunächst nur auf dem Land bohrten und sich dann auf die schwierigere Suche im Meer begaben, suchen die Mikrobiologen inzwischen neue Stoffe in anderen Organismenklassen.

60 Prozent der bisher gefundenen Antibiotika werden von einer einzigen Bakteriengattung, den Streptomyceten, gebildet. Diese Gruppe ist also schon ziemlich stark ausgebeutet. In anderen Bereichen sieht es nicht viel besser aus. Denn allgemein herrscht in der angewandten Mikrobiologie das sogenannte »Escherichia-coli-Syndrom«. Escherichia coli oder kurz E. coli ist ein menschliches Darmbakterium, das normalerweise ganz harmlos ist. Es gibt jedoch Varianten davon, die leicht verändert sind und sich ebenfalls im Darm einnisten können. Heftiger Durchfall und Fieber sind dann noch die mildesten Krankheitsformen. Dieses Darmbakterium war es jedoch, mit dem die Mikrobiologen und Genetiker die ersten Versuche unternommen hatten. Warum gerade E. coli, weiß heute eigentlich keiner mehr so recht. Es ist relativ einfach gebaut, vermehrt sich schnell und läßt sich gut züchten. Diese Eigenschaften treffen jedoch auch auf viele andere Bakterien zu. Wahrscheinlich war es purer Zufall, daß sich die frühen Mikrobiologen gerade über dieses Objekt hergemacht hatten. Auf diesen ersten Untersuchungen bauten im Laufe der Jahre andere Wissenschaftler auf. Denn es ist leichter, ein Lebewesen zu studieren, über das man schon einiges weiß, als wieder ganz von vorn anzufangen. Kaum ein Wissenschaftler verspürte deshalb große Lust, wieder bei Null zu beginnen. So ergab es sich zwangsläufig, daß die Wissenschaft über E. coli fast alles weiß, über fast alle anderen Bakterien dagegen nichts. Die Natur ist jedoch so reich und verschwenderisch, daß es sich lohnt, über die üblichen Horizonte hinwegzuschauen. Dies mag zwar anfangs etwas mühsamer sein, wird dann aber meist mit um so schöneren Erfolgen belohnt: »In der Natur

gibt es vieles, man muß es nur suchen.« Natürlich wird die Suche um so erfolgreicher sein, wenn nicht alle immer nur an derselben Stelle suchen. Wahrscheinlich führte eine bessere Suche in manchen Fällen schneller und natürlicher zum Ziel als die Modebeschäftigung, sich mit gentechnologischen Methoden seine Mikroben nach Maß zu schneidern.

Einige zaghafte Bemühungen in dieser Richtung gibt es inzwischen. Die Suche ist nicht immer einfach. Denn gerade die interessantesten der von Biotechnologen neuentdeckten Mikroben bereiten die meisten Schwierigkeiten. So gibt es anaerobe Bakterien, die Sauerstoff auf den Tod nicht ausstehen können. Sie haben den Vorteil, daß man sie nicht mit aufwendigen Rührsystemen und Luftdüsen begasen muß. Andererseits ist die Untersuchung solcher Mikroben unter sauerstofffreien Zelten recht ungemütlich. Andere Sorten sind dagegen schon in die Welt der Technik eingeführt. Bakterien der Art Zymomonas mobilis etwa ersetzen mehr und mehr die Hefen bei der Produktion von technischem Alkohol. Sie sind trinkfester, vertragen also höhere Alkoholmengen, und wachsen auch schneller. Schon vor Jahren wurden sie aus dem Saft eines traditionellen mexikanischen Getränkes isoliert, das aus Agavensaft hergestellt wird. Auch wärmeliebende Bakterien und solche, die Salz vertragen oder Sonnenenergie nutzen, verdienen die Aufmerksamkeit der Mikrobiologen.

An der Universität Kaiserslautern ging Prof. Timm Anke Mitte der siebziger Jahre dazu über, in einer ganz anderen Organismenklasse zu stochern. Er suchte nach Antibiotika bei den höheren Pilzen statt bei Schimmelpilzen und fädigen Bakterien. Die Untersuchung von 1300 Stämmen aus 540 verschiedenen Pilzarten brachte innerhalb von fünf Jahren 16 neue Antibiotika. Eine ähnliche Strategie verfolgt auch die Arbeitsgruppe von Prof. Hans Reichenbach in der Gesellschaft für Biotechnologische Forschung (GBF) in Braunschweig, die auf ihrer Suche bei ausgefallenen Bakterienstämmen sehr erfolgreich war. Die Braunschweiger Mikrobiologen hatten sich vor allem auf Myxobakterien spezialisiert. Diese Gattung wurde zwar schon in der Frühzeit der Antibiotikaforschung als Produzent erkannt, doch dauerte es bis 1977, bevor die erste chemische Struktur eines Myxobakterien-Antibiotikums aufgeklärt war. Seither entdeckten die GBF-Forscher über 80 neue Antibiotika aus dieser Organismenklasse. Bei ihrer Arbeit haben sie allerdings mit zahlreichen Hindernissen zu kämpfen. Denn die schleimigen Myxobakterien lassen sich nur sehr schwer von anderen Bakterien trennen und produzieren im Vergleich zu den Streptomyceten wesentlich geringere Mengen Antibiotika.

Erfolgversprechend sind auch Versuche, an denjenigen Stellen nach antibiotischen Aktivitäten zu suchen, an denen ein Krankheitserreger normalerweise auftritt. Nach diesem Konzept isolierte eine kanadische Forschergruppe Bakterien aus dem Urogenitalbereich von Männern. In diesem Bereich sitzen bei Patienten, die an der Geschlechtskrankheit Gonorrhöe leiden, die krankheitsverursachenden Bakterien der Art Neisseria gonorrhoeae. Die Theorie: Bei manchen Menschen kommt es vielleicht nach einer Infektion mit Neisserien deshalb nicht zum Ausbruch der Krankheit, weil diese Menschen Bakterien beherbergen, die die Neisserien in Schach halten. Tatsächlich fand die Forschergruppe eine Reihe von Bakterien, die speziell gegen Neisserien gerichtete Antibiotika produzieren.

Eine noch ziemlich junge, aber schon sehr erfolgreiche Methode des Screenings ist die Suche nach speziellen Hemmstoffen für die verschiedensten Enzyme. Enzyme sind biologische Katalysatoren, die in den Zellen für den Stoffwechsel zuständig sind. Das heißt, sie bauen die Nährstoffe wie Arbeiter am Fließband in körpereigene Stoffe um und stellen auch die Produkte her, die wieder ausgeschieden werden. Viele Enzyme sind bei Mensch und Mikrobe völlig identisch, aber es gibt auch eine ganze Reihe von Enzymen, die jeweils nur in ganz bestimmten Organismen vorkommen. Das Prinzip eines Sreenings für Enzymhemmstoffe ist ziemlich einfach: Man isoliert ein Enzym, für das man einen Hemmstoff sucht, und bringt es in eine Reagenzglas. Zu diesem Enzym fügt man ein Substrat, also eine Substanz, die das Enzym in eine andere Substanz umwandelt. Im Idealfall läßt sich diese Umwandlung direkt beobachten. Zum Beispiel durch eine Farbänderung. Ist dies nicht der Fall, so kann das Produkt entweder mit einem weiteren Enzym umgesetzt werden und ist dann sichtbar, oder es wird an einen anderen Stoff gekoppelt, der dann irgendwie meßbar ist.

Zu dieser Mischung aus Enzym und Substrat gibt der Wissenschaftler einige Tropfen einer Fermentationsbrühe, in der die von den Mikroorganismen ausgeschiedenen Substanzen enthalten sind. Befindet sich in dieser Brühe der gesuchte Enzymhemmer, so kann das Enzym das Substrat nicht mehr in das Produkt umwandeln, und die Farbreaktion bleibt aus. Allerdings kann so ein Test sehr aufwendig sein. Bis man den gesuchten Hemmstoff gefunden hat, müssen manchmal mehrere tausend Fermentationslösungen durchprobiert werden. Dies ist eine typische Aufgabe für japanische Wissenschaftler, die sich nicht zu schade sind, in oft stupider Kleinarbeit Tausende und aber Tausende von Tests der Reihe nach durchzuziehen. Es wundert deshalb auch nicht, daß fast jeden Monat irgendeine japanische Arbeitsgruppe über die Entdeckung eines neuen Enzymhemmstoffs berichtet. Prof. Hamao Umezawa, der große alte Mann der japanischen Biotechnologie, war es schließlich auch, der dieses so erfolgreiche Testprinzip vor etwa 20 Jahren in seinem traditionsreichen Institut für mikrobielle Biochemie eingeführt hatte. Allein seine Gruppe hat 70 der bislang rund 300 Enzymhemmer entdeckt.

Die Einsatzmöglichkeiten solcher Hemmstoffe sind fast unendlich groß, da nahezu alle Leistungen von Mikroben, Pflanzen, Tieren und Menschen irgendwie von Enzymen beeinflußt werden. »Wir haben erst an der Spitze eines riesigen Eisberges gekratzt«, formuliert Prof. Arnold Demain vom Massachusetts Institute of Technology (MIT) in Cambridge. Vor allem bei der Behandlung von Krebs und von immunologischen Krankheiten zeichnen sich gegenwärtig erste Erfolge ab. In klinischen Studien kurbelte zum Beispiel der Enzymhemmer Bestatin die geschwächte Immunabwehr bei Krebspatienten wieder an. Eine andere Verbindung, Forphenicin, regt die Bildung der für die Immunabwehr verantwortlichen antikörperbildenden Zellen an. Auch Enzymhemmer gegen Bluthochdruck, Magengeschwüre, Thrombosen und Fettsucht sind mittlerweile in der klinischen Prüfung oder bereits als Medikamente zugelassen. Einen großen Markt gefunden haben auch solche Enzyme, die die Widerstandskraft von Bakterien gegen Antibiotika austricksen. Je mehr Antibiotika verwendet werden, desto mehr Bakterien lernen, sich diesem Gift zu widersetzen. Sie produzieren dazu Enzyme, die das Antibiotikum spalten. Erhält ein Patient nun zusammen mit dem Antibiotikum einen entsprechenden Enzymblocker, so bleibt das Antibiotikum intakt, und die Bakterien werden geschlagen.

Für biotechnologisch gewonnene Krebsmedikamente besteht ein

großer Bedarf. Doch diese Mittel konnten bislang nur sehr unzureichend die Anforderungen erfüllen, die Ärzte und Patienten an sie stellen. Die auch als Cytostatika bezeichneten Präparate hemmen die Vermehrung von Zellen. Dabei unterscheiden sie allerdings nicht zwischen gutartigen und bösartigen Zellen. Bei länger dauernder Behandlung kommt es deshalb zu gravierenden Nebenwirkungen, von denen Haarausfall zwar die offensichtlichste, aber noch die harmloseste ist. Deshalb versuchen viele Wissenschaftlerteams vor allem in der Industrie, neue und bessere Cytostatika zu finden. In der Fülle der bereits eingesetzten Tests leuchtet ein ganz neues, originelles Screeningverfahren auf. Und das im wörtlichen Sinne. Mitarbeiter der amerikanischen Firma Cyanamid benutzen Photobakterien als Testorganismen. Die meisten bislang gefundenen Cytostatika wirken auf irgendeine Weise auf die Erbsubstanz, also auf die Baupläne der Zelle. Wenn diese Baupläne nur hinreichend zerstört werden, kann sich die Zelle nicht mehr teilen. Manche Photobakterien senden Licht aus, wenn sich irgendwelche Stoffe an ihre zelleigenen Baupläne heranmachen. Diese Eigenschaft nutzen die Wissenschaftler aus. Dazu füttern sie viele tausend Bakterienkolonien mit jeweils unterschiedlichen mikrobiellen Stoffwechselprodukten. Diejenigen Bakterien, die in einer Dunkelkammer aufleuchten, haben einen möglicherweise cytostatischen Stoff verschluckt. Die in diesem schnellen und einfachen Vortest gefundenen Substanzen werden dann im Tierversuch, vor allem an Mäusen, überprüft.

Dieser Innovationsschub im mikrobiologischen Screening war nur möglich, weil es Biochemikern in den letzten zehn bis zwanzig Jahren gelang, zahlreiche Krankheitsursachen auf ihrer molekularen Ebene zu entschlüsseln. In den meisten Fällen sind Enzyme irgendwie an diesen Krankheitsprozessen beteiligt. Kennt man das entsprechende Enzym, so ist der Weg frei für eine gezielte Suche nach dem Gegenmittel. Vor allem in der pharmazeutischen Industrie haben sich diese Enzymtests weitgehend durchgesetzt. Laut Dr. Peter Schindler, Naturstoffexperte der Frankfurter Hoechst AG, markieren diese Screeningstrategien »den Beginn einer neuen Ära in der Suche nach pharmakologisch aktiven Substanzen aus Mikroorganismen«. Aus der biochemischen Grundlagenforschung würden sich bereits neue Enzyme abzeichnen, die für das mikrobiologische Naturstoffscreening »eine in die Zukunft führende, hochinnovative Forschung erschließen«.

Auch die Konkurrenz in Leverkusen, die Bayer AG, setzt in ihrem Screeningprogramm auf die Enzyme und war bislang vor allem im Falle eines Glucosidase-Hemmers recht erfolgreich. Dabei verknüpften die Bayer-Forscher ein neues Therapieprinzip mit einer neuen Testmethode. Ausgangspunkt waren Diabetiker, bei denen die Krankheit noch nicht so stark ausgeprägt ist, daß sie Insulin spritzen müßten. Ihnen sollte mit neuen Medikamenten geholfen werden, die sie bequem als Tablette schlucken können. Die menschliche Nahrung besteht neben Fett und Eiweiß vor allem aus Kohlehydraten. Der größte Teil der Kohlehydrate, etwa 80 bis 90 Prozent, liegt in der Nahrung jedoch nicht als Traubenzucker vor, sondern in Form von Stärke und Rohrzucker. Stärke ist nichts anderes als lange Ketten aus einzelnen Traubenzuckermolekülen, und Rohrzucker besteht aus je einem Molekül Trauben- und Fruchtzucker. Der menschliche Körper kann diese zusammengesetzten Zuckereinheiten nicht direkt verwerten. Er muß sie erst mit Hilfe von Enzymen in einzelne Traubenzuckerteile spalten. Dieser Prozeß beginnt bereits im Mund. Denn Speichel enthält unter anderem einige stärkespaltende Enzyme. Kaut man Brot, das ja vor allem aus Stärke besteht, nur genügend lange, so schmeckt es bald süßlich. Die Arbeit dieser Enzyme läßt sich also mit eigenen Sinnen erfahren. Den Großteil der Arbeit übernehmen jedoch die Kollegen in der Dünndarmwand. Dort werden die Stärkeketten und Doppelzucker endgültig zerhackt und schließlich in die Blutbahn aufgenommen. Dort steigt nach der Mahlzeit der Gehalt an Traubenzucker oder Glucose, wie die Wissenschaftler sagen.

Damit der Zuckergehalt nicht ins Unermeßliche wächst, gibt es zelluläre Meßfühler, die die Glucosekonzentration ständig überwachen. Ist zuviel Zucker im Blut, so geben sie den Befehl an die Langerhansschen Inseln der Bauchspeicheldrüse, Insulin auszuschütten. Dieses Insulin bewirkt, daß vor allem Leberzellen den Zucker aus dem Blutstrom aufnehmen und für schlechtere Zeit in einer unlöslichen Form einlagern. Ist nach längeren Hungerperioden und bei großer körperlicher Anstrengung zuwenig Glucose im Blut, so wird Adrenalin ausgeschüttet, das die eingelagerten Reserven wieder mobilisiert. Das Problem bei »Zuckerkranken« ist, daß ihr Körper zuwenig Insulin produziert und der Blutstrom deshalb mit dem vielen Zucker nicht fertig wird. Eine Behandlungsmöglichkeit ist deshalb die Gabe von Insulin.

Die Enzymstrategie setzt jedoch bereits weiter vorne an, bei der Spaltung der Doppel- und Kettenzucker. Wenn es nämlich gelingt, die zuckerspaltenden Enzyme in Pension zu schicken, könnte erst gar kein Traubenzucker in die Blutbahn gelangen, und die Ausschüttung von Insulin wäre überhaupt nicht nötig. Tatsächlich gibt es inzwischen solche Glucosidase-Hemmer, die zwar die Glucosebildung nicht ganz verhindern, aber zumindest so stark verlangsamen, daß nicht mehr Glucose produziert wird, als der Körper verbraucht. Bei einem gezielten Screening nach solchen Enzymblockern fanden die Bayer-Forscher vor allem in der Bakteriengattung Actinoplanes eine ganze Reihe aktiver Substanzen. Dabei entdeckten sie sogar eine ganz neue Stoffklasse.

Wie so häufig bei Hemmstoffen zeigte sich auch hier ein ganz bestimmtes biochemisches Strategieprinzip. Die Hemmstoffe sind ganz ähnlich gebaut wie diejenigen Stoffe, deren Umwandlung sie verhindern sollen. Glucosidase-Hemmer sehen daher auf den ersten Blick aus wie »echte« Doppel- oder Mehrfachzucker. Einige Einzelheiten unterscheiden sich jedoch, so daß die Enzyme sie nicht spalten können. Statt dessen bleiben die Blocker fest an die Enzyme gebunden – die molekularen Zuckerspalter sind somit lahmgelegt. Der wirkungsvollste Enzymhemmer aus diesem Screening erhielt den Namen Acarbose und hat inzwischen alle klinischen Tests erfolgreich bestanden. Sobald die Zulassung vom Bundesgesundheitsamt vorliegt, wird ihn die Bayer AG als neues Medikament zur Behandlung von Diabetes mellitus auf den Markt bringen.

Völlig anders als die bisher erwähnten Suchsysteme funktioniert das Konzept des »chemischen Screenings«, das Prof. Hans Zähner an der Universität Tübingen entwickelt hat. Es ist nicht zielorientiert wie die biologischen Methoden, mit denen man nur solche Stoffe findet, deren Wirkung leicht erkennbar ist. Ciclosporin wurde nur deshalb entdeckt, weil es das Wachstum von Pilzen hemmte. Eingesetzt wird es aber heute nicht zur Pilzbekämpfung, sondern zur Unterdrückung von Immunreaktionen im menschlichen Körper. Hätte dieser Stoff nicht gegen Pilze gewirkt, so wäre er vielleicht gar nie gefunden worden. Hier setzt die Idee des chemischen Screenings an: Statt einen Stoff anhand seiner Wirkung zu suchen, versuchen die Tübinger Wissenschaftler, zunächst einmal neue Stoffe zu finden und diese erst hinterher auf ihre Wirkung zu testen. Statt bei einer Million Stämme sieben Bactame im biologischen Screening erbrachte die Suche bei nur 400 Stämmen 17 neue Verbindungen unterschiedlichster Stoffklassen. Dies zeigt auch die Grenzen der Leistungsfähigkeit und die Stärken der unterschiedlichen Systeme: Will man unbedingt Bactame, dann ist die zielgerichtete Suche überlegen, sucht man aber lediglich nach neuen Stoffen, ohne schon eine konkrete Anwendung im Hinterkopf zu haben, bewährt sich das chemische Screening.

Die zunächst ungerichtete, fast spielerische Suche nach neuen Substanzen weitet jedoch den Blick für neue Anwendungen biologischer Produkte. Ist eine neu isolierte Verbindung nicht gleich gegen Bakterien, Pilze, Krebszellen oder ähnlich Altbekanntes wirksam, so macht die Not erfinderisch. Bei dem Wunsch, für »seine« neue Substanz, die vielleicht sogar schon zum Patent angemeldet ist, auch eine Wirkung zu finden, entstehen häufig neue Testsysteme, die neue Einsatzgebiete eröffnen. Statt originelle Testsysteme zu entwickeln, vertrauen viele Industrieforscher lieber auf die Ochsentour der großen Zahl. Simple, immer wiederkehrende Arbeiten lassen sich nämlich leichter automatisieren. So halten nun auch computergesteuerte Industrieroboter Einzug in die Labors. Geräte, die vollautomatisch über eine Million Bakterienvarianten gleichzeitig kultivieren, sie den unterschiedlichsten Bedingungen aussetzen und deren Reaktionen mit Videokameras überwachen, sind keine Seltenheit mehr. Glücklicherweise können sich Universitätsinstitute solche Monstren nicht leisten. Dort verhilft nur Kreativität zum Erfolg.

Seit der Synthese der Sulfonamide und erst recht seit der Entdeckung des Penicillins kennt die Wissenschaft Wege, mit krankheitserregenden Bakterien fertig zu werden. Gegen nahezu jede der oft sehr verschiedenen Bakterien- und Pilzinfektionen gibt es heutzutage ein entsprechendes Antibiotikum. Rund 6000 Antibiotika sind inzwischen bekannt. Trotzdem ist die Antibiotikaforschung noch längst nicht am Ende. Denn die meisten von ihnen wirken nur schlecht oder sind sogar giftig. Industriell produziert werden deshalb lediglich etwa hundert. Es ist klar, daß es bei dieser Fülle schon bekannter Stoffe immer schwieriger wird, nicht nur neue, sondern auch bessere Verbindungen zu finden. Hinzu kommt, daß sich die Bakterien den gegen sie gerichteten Medikamenten immer wieder anpassen können. Sie entwickeln Abwehrstoffe, mit denen sie die Antibiotika zerstören oder bauen Barrieren in ihre Zellwand, die den Antibiotika den Zutritt verwehren. Die Strategien, mit diesen Problemen fertig zu werden, sind jedoch bekannt. Es ist lediglich eine Frage des Fleißes und der eingesetzten Mittel, ob die Biotechnologen im Rennen um den Patienten den Bakterien stets ein Stückchen voraus sind.

Dagegen kannte die Wissenschaft noch bis vor kurzem kein wirklich wirksames Mittel gegen Virusinfektionen. Viren sind eigentlich gar keine richtigen Lebewesen. Denn ihnen fehlt ein wesentliches Merkmal alles Lebendigen: die Fähigkeit zur selbständigen Vermehrung. Sie sind Parasiten und deshalb immer auf einen Wirt angewiesen, der ihnen die Baustoffe für die eigene Vermehrung liefert. Und genau das macht ihre Bekämpfung so schwierig. Denn sie benutzen bei der Invasion des Menschen dessen eigene biochemische Maschinerie. Will man die Viren stoppen, so muß man diese Maschinerie lahmlegen. Dies führt jedoch in aller Regel auch zu einer beträchtlichen Schädigung des infizierten Menschen. Der Teufel wird also mit dem Beelzebub ausgetrieben. Bei Bakterien ist dies grundverschieden. Sie besitzen eigene Stoffe, die in höheren Lebewesen nicht vorkommen. Antibiotika, die speziell solche bakterientypische Stoffe zerstören, schaden dem Menschen nur selten. Penicillin zum Beispiel zerschneidet das Murein, eine Schutzschicht aus Molekülen, die es nur bei Bakterien gibt.

Klassische Screeningmethoden führten in diesem Dilemma nicht viel weiter. Obwohl seit über 30 Jahren in verschiedenen Labors alle möglichen Substanzen auf ihre Wirkung gegen krankheitserregende Viren getestet werden, erwies sich lediglich ein Stoff als einigermaßen erfolgversprechend. Dieser Stoff, das Amantidin, wirkt jedoch nur auf Erreger der echten Grippe, Influenza A. Nicht einmal dessen Bruder, das Virus Influenza B, wird von Amantidin geschädigt. Erfolgreicher waren dagegen Methoden, bei denen die Wissenschaftler die Viren zunächst genau unter die Lupe genommen haben. Dabei erkannten sie, daß doch nicht alle biochemischen Abläufe mit denen der Wirtszelle identisch sind. So entdeckten die Forscher eine Reihe von Enzymen, die nur bei ganz bestimmten Viren vorkommen. Die Herstellung dieser Enzyme läßt sich zwar nicht unterbinden, denn dazu mißbraucht das Virus den Apparat der Wirtszelle. Allerdings sind seit 1977 einige Stoffe bekannt, die sich gezielt an diese Enzyme anlagern und sich nicht mehr von ihnen trennen. Damit kann das Enzym seine eigentliche Funktion nicht mehr ausüben, und der Infektionsablauf ist unterbrochen. Der berühmteste dieser Enyzmhemmer heißt Acyclovir und ist inzwischen in Form einer Salbe auf dem Markt. Acyclovir wirkt vor allem gegen Herpesviren, die zu Hautbläschen an den Lippen führen, sowie gegen die verwandten Varicella-Zoster-Viren, die Verursacher der Gürtelrose. Allerdings sollte dieses neue Medikament nicht bei jeder kleinen Beschwerde angewendet werden. Denn genauso wie Bakterien an Antibiotika können sich die Viren auch an Acyclovir anpassen. Sie brauchen dazu lediglich ihr Enzym so zu verändern, daß Acyclovir nicht mehr daran binden kann, und schon haben sie dem Patienten ein Schnippchen geschlagen.

Die verschiedenen Screeningmethoden förderten in den vergangenen 10 bis 15 Jahren solch eine Unmenge neue Substanzen zutage, daß die Suche nach neuen Antibiotika für medizinische Zwecke nur noch einen kleinen Teil der Arbeit von Biotechnologen ausmacht. Statt dessen konzentrieren sie sich auf Stoffe für Pflanzenschutz, Tierernährung, Lebensmittelkonservierung, Keimförderung bei Nutzpflanzen und vieles mehr.

Bei der Schädlingsbekämpfung gibt es grundsätzlich drei verschiedene biotechnologische Konzepte. Das erste unterscheidet sich im Prinzip kaum vom Konzept der Chemie: Ein chemisch definierter Stoff wird auf die Felder gesprüht. Der Unterschied besteht nur darin, daß die biotechnologischen Wirkstoffe von Mikroorganismen produziert werden und deshalb biologisch abbaubar und umweltverträglicher sind als ihre chemisch synthetisierten Konkurrenten. Ein Beispiel für solch einen Stoff ist das Nikkomycin. Aus Gründen des Umweltschutzes wäre es sinnvoll, solche Stoffe verstärkt in der Landwirtschaft und im Gartenbau einzusetzen. Sie sind aber zu den gegenwärtigen Marktbedingungen in Europa noch zuwenig konkurrenzfähig. Anders in Japan. Dort verbot die Regierung schon in den siebziger Jahren die Anwendung chemischer Schädlingsbekämpfungsmittel in all jenen Fällen, wo es biologische Alternativen gibt. In den dafür zuständigen Bundesministerien für Landwirtschaft und Inneres gibt man solch einer Regelung gegenwärtig wenig Chancen. Dagegen scheint das Forschungsministerium eher aufgeschlossen. Bleibt also den Biotechnologen vorläufig nur die Suche nach noch leistungsfähigeren biologischen Schädlingsbekämpfungsmitteln, die auch unter wirtschaftlichen Aspekten im Kampf gegen die Chemie eine Chance haben.

Die zweite Möglichkeit der biologischen Schädlingsbekämpfung, die in manchen Gegenden auch bereits mit Gewinn praktiziert wird, verwendet keine isolierten Substanzen, sondern ganze Zellen, die allerdings vor der Ausbringung auf die Felder abgetötet werden. Das wichtigste Beispiel hierfür ist Bacillus thuringiensis, ein Bakterium, das einen für bestimmte Insekten giftigen Stoff produziert. Dieser Stoff wird aber nicht ausgeschieden, die Insekten müssen deshalb die ganzen Bakterienzellen verschlucken. Der Insektendarm ist ein ausgezeichneter Rastplatz für die Bazillen. Dort finden sie genau die Nährstoffe, die sie lieben. Ihre Giftpartikel werden im Darm aufgelöst und entfalten dann ihre für die Insekten tödliche Wirkung. Inzwischen gibt es bereits über 400 zugelassene Präparate, die verschiedene Bacillustypen enthalten und gegen unterschiedliche Schadinsekten wirken. Meist werden sie von relativ kleinen Firmen hergestellt, da ihre Produktion nicht sonderlich kompliziert ist. Die Bacillustoxine sind für Menschen, Säugetiere und überhaupt für die nicht als Ziel bestimmte Tierwelt völlig harmlos. Allerdings haben sie den Nachteil, daß sie gegenüber dem Sonnenlicht sehr empfindlich sind und deshalb nur kurze Zeit wirken. Außerdem haben sich auch bereits einige Insekten an diese neue Waffe angepaßt. Vor allem dort, wo sie massiv eingesetzt wird wie etwa in Getreidespeichern.

Die Verwendung nicht abgetöteter, aktiver Mikroorganismen ist schließlich die dritte Strategie zur Bekämpfung von Schädlingen. Hier können vor allem Viren ihre Stärke unter Beweis stellen, die ansonsten in der Biotechnologie noch wenig Beachtung gefunden haben. Der biologische Unterschied zwischen Viren und Bakterien ist fast ebenso groß wie der Unterschied zwischen einem Bakterium und dem Menschen. Entsprechend gibt es Viren, die Bakterien befallen und krank machen, und solche, die Menschen befallen. Die meisten Kinderkrankheiten wie Masern, Mumps und Röteln gehen auf das Konto von Viren. Außerdem sind sie zum Beispiel für Grippe, Erkältungskrankheiten, Gelbsucht und Aids verantwortlich. Trotz all dieser ungesunden Eigenschaften gibt es aber auch Viren, die für den Menschen nützlich sind. Viren sind außerordentlich spezifisch, das heißt, sie stürzen sich nur auf ganz bestimmte Wirte. Ein Virus, das ein Bakterium befällt, wird zum Beispiel niemals einen Menschen attackieren, und ein Schweinevirus kann einer Pflanze nichts anhaben. Selbst innerhalb einer eng verwandten Tier- und Pflanzengruppe befallen manche Viren immer nur ganz bestimmte Arten.

Dies machen sich zum Beispiel Forscher des Instituts für biologische Schädlingsbekämpfung der Biologischen Bundesanstalt für Land- und Forstwirtschaft in Darmstadt zunutze. Sie züchten Viren, die gegen ganz bestimmte Schädlinge im Obstbau wirken. Eines dieser Viren vernichtet Apfelwicklerraupen, die in Apfelplantagen großen Schaden anrichten können. Diese Schädlinge werden bislang chemisch in Schach gehalten, vor allem mit Phosphorsäureestern und synthetischen Pyrethroiden. Diese Insektizide der zweiten und dritten Generation sind zwar nicht mehr so giftig wie ihre Vorläufer. »Aber sie stellen eine ökologische Katastrophe dar«, warnt Dr. Hans Steiner, ehemaliger Leiter der Abteilung für Integrierten Pflanzenschutz der Stuttgarter Landesanstalt für Pflanzenschutz und einer der Vorreiter auf diesem Gebiet. Denn im Handel sind fast nur breitenwirksame Präparate, die nicht nur den Apfelwickler, sondern auch seine natürlichen Gegenspieler und viele andere Nützlinge vernichten. Ihre Ausrottung zieht deshalb den verstärkten Einsatz chemischer Mittel gegen die übrigen Apfelschädlinge nach sich: ein gutes Geschäft für die Insektizidhersteller. Sie verkaufen in der Bundesrepublik jährlich rund 2000 Tonnen Insektenvertilger für 200 Millionen Mark.

Die Suche nach Bakterien und Viren zeigt, daß in einem Screeningprogramm nicht immer nur ein bestimmtes Produkt, ein bestimmter Stoff im Vordergrund stehen muß. Auch Mikroorganismen selbst können das Ziel der Suche sein. Eine originelle Methode zum Auffinden komplizierter Bakterienarten verwendet monoklonale Antikörper. Diese hochspezialisierten Spürhunde entstammen dem körpereigenen Abwehrsystem von Tieren. Sie werden inzwischen zur Suche nach Methanbakterien eingesetzt. Die Methanbakterien sind hauptverantwortlich für den Abbau von Abfall und Abwasser zu energiereichem Biogas. Allerdings sind sie nur sehr schwer zu handhaben. Die herkömmlichen Anreicherungsverfahren sind sehr zeitaufwendig, da die Methanbakterien nur langsam wachsen. Bislang mußte man diese Methanproduzenten erst wochenlang im Labor züchten, um die einzelnen Arten voneinander unterscheiden zu können. Dabei hatte sich die ursprüngliche Zusammensetzung oft schon verändert. Mit Hilfe monoklonaler Antikörper lassen sie sich nun bereits in ihrer natürlichen Umgebung aufspüren und voneinander trennen. Je mehr die Herstellung der Monoklonalen zum Routinegeschäft wird, desto mehr dürfte sich diese Methode auch auf andere Bakterienarten ausbreiten. Bislang kamen die monoklonalen Antikörper vorwiegend in der klinischen Diagnostik zum Einsatz. Denn auch dort muß ja eine Art Screening gemacht werden: die Bestimmung krankheitserregender Viren, Bakterien und Pilze. Antibiotika wirken nämlich nicht gegen jeden und alles. Voraussetzung für eine schonende und gezielte Therapie ist deshalb die genaue Kenntnis der Krankheitsverursacher.

Die Natur beherbergt ja auch eine unüberschaubare Vielfalt krankheitserregender Mikroorganismen. Doch wer um die noch größere Fülle nützlicher und willkommener Eigenschaften weiß, der kann sich eine Welt ohne Mikroben kaum vorstellen. Eine Gruppe deutscher Wissenschaftler aus Industrie und Hochschulen beklagte unlängst einen »beträchtlichen Mangel« auf dem Gebiet des Screenings. Sowohl die Suche nach neuen Organismen und Enzymen für Synthesen und Stoffumwandlungen als auch die Suche nach neuen biotechnologischen Wirkstoffen für Medizin und Landwirtschaft sei im Vergleich zu Japan und den USA hierzulande unterentwickelt. Von den im Jahre 1983 neuentdeckten 448 biologisch aktiven Naturstoffen aus Mikroorganismen stammten lediglich vier aus der Bundesrepublik Deutschland. Diese Basis sei zu schmal, um daraus bedeutsame biotechnologische Produkte in ausreichender Zahl entwikkeln zu können. Sie forderten deshalb eine gezielte, langfristig angelegte Förderung des bislang so vernachlässigten Forschungsgebietes.

Kapitel 3: Hochleistungssport

Mikroben werden auf Ertrag getrimmt

Manche Mikroorganismen fressen Zucker und scheiden Alkohol und Kohlendioxid aus. Dadurch gewinnen sie ihre Energie, davon leben sie. Nur einem glücklichen Umstand verdanken wir es, daß uns die Mikroben mit ihren Ausscheidungen helfen, beliebte Getränke herzustellen. In der modernen Biotechnologie ist dies jedoch anders. Nachdem im Screening ein neuer, erfolgversprechender Stoff gefunden wurde, folgt nun der nächste Schritt, die Stammverbesserung. Denn Mikroorganismen produzieren in der Natur meist nur sehr wenig von denjenigen Stoffen, die wir Menschen von ihnen haben wollen. Die Biotechnologen zwingen sie deshalb, mehr zu produzieren, als sie freiwillige bereit wären. Früher nahmen viele Wissenschaftler zwar an, daß Bakterien zum Beispiel deshalb Antibiotika ausscheiden, um sich damit Feinde vom Hals zu halten und so die Nährstoffe in der Umgebung für sich alleine zu haben. Dies trifft jedoch vermutlich nur in wenigen Fällen zu, denn die Antibiotika sind in der natürlichen Umgebung der Bakterien und Pilze selbst mit den empfindlichsten Meßgeräten nur selten nachweisbar. Sie werden erst unter den unnatürlichen Bedingung im Labor in nennenswerter Menge gebildet. Auch die Hypothese, so kompliziert gebaute Stoffe wie Antibiotika könnten Abfallprodukte des Stoffwechsels sein, ist nicht mehr haltbar.

Dagegen besticht die Theorie des Tübinger Mikrobiologieprofessors Hans Zähner, daß viele dieser Stoffe einfach ein Ergebnis des

»Spieltriebs der Natur« seien und meist noch gar keine bestimmte Funktion erfüllten. Warum soll also ein Stoff, den ein Bakterium nur deshalb herstellt, um zu sehen, ob er ihm vielleicht etwas nützt, gleich in riesigen Mengen ausgeschieden werden? Dies gilt um so mehr noch für Stoffe, die irgendwelche Zwischenglieder im biochemischen Stoffwechselgeschehen sind und von der Zelle für die Bildung eines anderen Stoffes gebraucht werden. Also muß der Biotechnologe Möglichkeiten finden, den Mikroorganismen mehr zu entlocken, als sie eigentlich hergeben wollen. Dies geschieht im einfachsten Fall dadurch, daß er die Umweltbedingungen genau auf die Bedürfnisse der Mikroben einstellt. Zu den Umweltbedingungen gehören Faktoren wie Belüftung, Temperatur, Durchmischung, Säuregehalt und vor allem die Nährstoffe. Allein durch Auswahl des richtigen Nahrungsangebots finden sich Mikroorganismen dazu bereit, ihren Ernährern bis zu hundert- oder gar tausendmal mehr der gesuchten Substanz zu liefern.

Prof. Armin Fiechter von der ETH Zürich beklagt, daß vor allem die systematische Entwicklung von optimalem Medien in der Vergangenheit zu stark vernachlässigt wurde. Statt dessen hätten sich die Wissenschaftler lieber auf Modethemen wie Gentechnologie und Verfahren zur Zellimmobilisierung gestürzt. Er erarbeitete deshalb die Grundlagen für eine rationale Prozeßentwicklung.

Die einfachste, aber auch unbefriedigendste Strategie zur Verbesserung der Nährmedien ist die Integralmethode. Dies bezeichnet etwas hochtrabend den Versuch, ausgehend von einem reichhaltig zusammengesetzten Medium einzelne Bestandteile wegzulassen und die Auswirkungen zu beobachten. In zahllosen Einzelexperimenten lernt so der Mikrobiologe nach und nach die Bedürfnisse seines Mikroorganismus besser kennen. Dieses Konzept ist allerdings sehr aufwendig und zeitraubend. Etwas sinnvoller ist es dagegen, zunächst einmal die Zellen sowie das von ihnen hergestellte Produkt auf ihre chemische Zusammensetzung zu untersuchen. Dadurch erhält man meist schon Hinweise darauf, welche Bestandteile in welcher Menge benötigt werden. Bakterien enthalten zum Beispiel doppelt soviel Stickstoff und Phosphor wie die meisten Pilze.

Ausgehend von diesen Informationen, bietet sich für die weitere Optimierung die »Puls-Shift-Technik« an. Sie ist im Grunde nichts anderes als die Integralmethode. Auch bei ihr versucht der Biotechnologe, über das Weglassen oder Hinzufügen von einzelnen Bestandteilen die Ansprüche der Zellen besser kennenzulernen. Allerdings macht er dies nicht in unzähligen und langwierigen Einzelversuchen, sondern in einem Chemostat. Das ist ein Bioreaktor, in den ständig neue Nährlösung nachfließt und gleichzeitig verbrauchte Flüssigkeit abgepumpt wird. Puls-Shift bedeutet, daß man die Medienzusammensetzung von Zeit zu Zeit ändert und die Auswirkungen auf die kontinuierliche Kultur beobachtet. So können in recht kurzer Zeit die besten Bedingungen herausgefunden werden.

Ein Weltmeister der Überproduktion ist das Corynebacterium glutamicum. Es scheidet über 100 g Glutaminsäure pro Liter Nährlösung aus. Mehr als 10 Prozent der von den Bakterien befreiten Kulturbrühe bestehen also aus dieser biotechnologischen Massenware. Unter natürlichen Bedingungen finden sich nicht einmal Spuren im Promillebereich. Solche Erfolge sind allerdings nicht allein den Physiologen zu verdanken, die den Mikroben ein günstiges Klima schaffen und sie optimal füttern. Dazu ist vielmehr eine intensive Zusammenarbeit mit Genetikern nötig, die in die Baupläne der Organismen eingreifen. Früher bedienten sie sich zu diesem Zweck vorwiegend der ziemlich unspezifischen und ungezielten Mutagenese. Sie ließen also Strahlen oder Stoffe auf die Mikroorganismen einwirken, die deren Erbgut wahllos veränderten. Unter Tausenden so behandelter Bakterien und Pilze wählten sie diejenigen aus, die mehr von den gewünschten Stoffen produzierten. Diese waren dann wiederum Ausgangspunkt für weitere Mutagenesen. Im Prinzip ist dies nichts anderes, als Tier- und Pflanzenzüchter schon seit Jahrtausenden praktizieren. Nur daß die Mikrobiologen ihre Objekte mit erbgutverändernden Mitteln behandeln und dadurch die Anzahl der Veränderungen gewaltig steigern können. Außerdem haben sie unter den sich schnell vermehrenden Mikroorganismen natürlich eine sehr viel größere Auswahl als beispielsweise Hundezüchter.

Zusätzlich zu dieser mühseligen und langweiligen Ochsentour haben Mikrobiologen in den vergangenen Jahren zahlreiche neue Tricks erfunden, um die Mikroorganismen zu Überproduzenten zu machen. Diese zunehmend anspruchsvolleren Verfahren lassen sich aber erst anwenden, wenn man schon einiges über den neuen Mikroorganismus weiß, vor allem über seinen Stoffwechsel. Stoffwechsel bedeutet nichts anderes als die Verarbeitung von Nahrung zu Körperbestandteilen und das Aussortieren nicht benötigter Stoffe. Dieser Vorgang ist äußerst komplex. Trotzdem ist das Zusammenspiel der verschiedenen Teile des Stoffwechsels so perfekt organisiert, daß normalerweise nichts zuviel und nichts zuwenig getan wird. Dies erreicht der Organismus – egal, ob Mensch oder Mikrobe – dadurch, daß das Endglied einer Produktionskette automatisch seine eigene Herstellung hemmt. Hat die Zelle also zum Beispiel genügend Material für die Zellwand gemacht, so schalten die Zellwandmoleküle ihre Kollegen, die sie produziert haben, einfach ab. Die »Kollegen« sind Enzyme, biochemische Arbeiter, die wie am Fließband Teil für Teil zusammensetzen und verändern, bis das Produkt, in unserem Beispiel die Zellwand, fertig ist. Die Enzyme erkennen die fertigen Produkte wie ein Schloß den dazu passenden Schlüssel. Wird der Schlüssel in das Schloß gesteckt, dann hat das Enzym Feierabend. Es arbeitet erst wieder weiter, wenn neue Schlüssel gebraucht werden.

Diesen energie- und rohstoffsparenden Regelmechanismus können die Mikrobiologen aber manchmal übertölpeln. Eine Möglichkeit ist die Selektion analogresistenter Mutanten. Das klingt zwar etwas kompliziert, ist aber im Grunde ganz einfach. Um im Bild zu bleiben: Genauso, wie in ein und dasselbe Schloß oft verschiedene Schlüssel passen, so erkennt auch ein Enzym Verbindungen, die ähnlich wie das Endprodukt aussehen. An einem Beispiel wird dies deutlich. Tryptophan etwa ist eine von mehreren Aminosäuren, die der menschliche Körper nicht selbst herstellen kann. Normalerweise nehmen wir mit der Nahrung genügend solcher Stoffe auf. Aber zum Beispiel frisch Operierte benötigen diese Aminosäuren in besonders großen Mengen. Sie werden deshalb an den »Tropf« gehängt. Die Infusionsflasche über dem Krankenbett enthält neben anderen wichtigen Bestandteilen vor allem Aminosäuren. Und ein Teil dieser Aminosäuren stammt aus Bakterien. Normalerweise benötigen auch die Bakterien ihre Aminosäuren selber. Füttert man sie aber mit analogen Verbindungen, im Falle des Tryptophans zum Beispiel mit dem ganz ähnlich gebauten Methyl-Trytophan, dann lagert sich dieses Methyl-Tryptophan an dasjenige Enzym an, das eigentlich Tryptophan herstellen sollte, und schaltet es damit ab. Die Zelle kann also kein Tryptophan mehr produzieren und geht deshalb zugrunde.

Ein einziger Liter Bakterienkultur enthält jedoch Milliarden und Abermilliarden von Zellen. Die Wahrscheinlichkeit ist daher groß, daß wenigstens eine dieser Zellen ein Enzym enthält, das etwas anders gebaut ist und deshalb das Methyl-Tryptophan nicht mehr erkennt. Diese Zelle kann also weiterhin Tryptophan herstellen und sich vermehren. Sie produziert jetzt sogar mehr Tryptophan als ihre Kollegen mit dem intakten Enzym. Denn das veränderte Enzym erkennt ja auch das echte Tryptophan nicht mehr und merkt daher nicht, wenn genügend davon vorhanden ist. Sie produziert also munter weiter. Die Regulation durch Rückkopplung ist außer Kraft gesetzt. Zum Wohle der Patienten, die am Tropf hängen.

Dieser Trick funktioniert nicht nur, wenn man es auf die Aminosäuren selbst abgesehen hat, sondern auch bei Substanzen, die aus ihnen aufgebaut sind. Ein Beipiel ist das Antibiotikum Pyrrolnitrin, das im wesentlichen aus Tryptophan besteht und von einem Bakterium namens Pseudomonas gebildet wird. Hier führte dieselbe Methode ebenfalls zur Überproduktion von Tryptophan. Allerdings wurde das Tryptophan nicht ausgeschieden, sondern floß in die Bildung des Pyrrolnitrins. Die so behandelten Bakterienstämme produzierten die dreifache Antibiotikamenge.

Ähnlich ging auch eine amerikanische Forschergruppe vor, deren Ziel es war, ein Bakterium namens Streptomyces dazu zu bringen, noch mehr vom dem Antikrebsmittel Daunorubicin zu produzieren. Daunorubicin ist ein roter Farbstoff und gehört zu der recht großen Klasse der Polyketide, Verbindungen, die aus einfachen organischen Säuren wie zum Beispiel Essigsäure bestehen. Die Verknüpfung dieser einfachen Bausteine zu den komplizierten Polyketiden wird von einem Stoff namens Cerulenin unterbunden. Folglich gaben die Wissenschaftler Cerulenin zu einer Kultur von Streptomyceten. Wie erwartet, produzierten die meisten Bakterien nun kein Daunorubicin mehr. Einige wenige Kulturen waren aber nach wie vor rot gefärbt – ein schnell erkennbares Zeichen für Daunorubicin. Was war geschehen?

Cerulenin hemmt die Daunorubicin-Bildung nicht vollständig,

sondern nur bis zu einem gewissen Grad. Allerdings wird normalerweise nur eine so geringe Menge gebildet, daß sie nicht ausreicht, um die Bakterien deutlich rot zu färben. Solche Mutanten, die zufällig in der Lage sind, mehr Daunorubicin herzustellen, überwinden diese Farbschwelle. Sie produzieren nämlich so viel mehr, daß es ihnen trotz des hemmenden Einflusses von Cerulenin gelingt, sich rot zu färben. Damit geben sie sich dem Mikrobiologen rasch zu erkennen und weisen sich als geeignete Kandidaten für eine verbesserte Polyketid-Produktion aus. Mit dem Einsatz spektrometrischer Verfahren läßt sich diese Methode noch verfeinern, weil man damit die Farbintensität bestimmen kann.

Bei solchen Stämmen mit verbesserter Antibiotikaproduktion tritt häufig ein weiteres Problem auf. Denn oft vergiften sich die Mikroben mit hohen Antibiotikadosen selbst. Aber auch für diesen Fall ersannen die Biotechnologen Abhilfe. Es gibt zum Beispiel eine ganze Reihe von Metallionen und bestimmten chemischen Verbindungen, die sich gleich einem Jagdflugzeug auf die Antibiotikamoleküle stürzen und diese einfach abfangen. Die Ionen binden dabei so fest an die Moleküle, daß diese ihre biologische Wirkung verlieren und die Produzentenzellen nicht mehr hindern, fleißig weiterzuproduzieren.

All diese Tricks enthalten aber noch einen Schritt aus den Urzeiten der Bakteriengenetik: die ungezielte Mutagenese, also die wahllose Veränderung des Erbgutes. Lediglich das Aussortieren geeigneter Varianten wurde zum Teil erheblich verbessert. Das höchste Ziel eines jeden Wissenschaftlers ist es jedoch, alle seine Schritte zu verstehen und in seine Experimente nach Belieben eingreifen zu können – ohne auf den Zufall angewiesen zu sein. Entscheidende Werkzeuge für die Verwirklichung dieses Ziels in der Biotechnologie liefern die modernen Methoden der Gentechnologie. Dieser jüngste Zweig innerhalb der biologischen Wissenschaften geriet in den vergangenen Jahren mehr und mehr in die Schlagzeilen. Völlig zu Recht, denn das gentechnologische Wissen erweiterte sich seit Mitte der siebziger Jahre in solch einem rasanten Tempo, daß selbst einer ihrer Mitbegründer, der amerikanische Nobelpreisträger Joshua Lederberg, »außer Atem gerät bei dem Versuch, mit den wissenschaftlichen und technologischen Entwicklungen Schritt zu halten«. Für ihn sei es schwer vorstellbar, daß es irgendein Problem in der Gentechnologie gäbe, für dessen Lösung man nicht ein sinnvolles Forschungsprojekt aufstellen könnte. Lederberg: »Es ist weniger die Frage ›Wie macht man's?‹, sondern ›Was macht man zuerst?‹.«

Gentechnoligische Methoden geben derzeit in der Tat nicht nur der Biotechnologie, sondern dem gesamten Spektrum biologischer Wissenschaften einen unvorstellbaren Aufschwung. Denn sie ermöglichen es, den Bauplan des Lebendigen direkt und gezielt zu verändern. Natürlich sind damit noch längst nicht alle Probleme gelöst und vom »Menschen nach Maß« sind wir noch ein gutes Stück entfernt. Der Teufel steckt auch hier im Detail. Doch die grundlegenden Fragen sind gelöst und warten in vielen Bereichen auf ihre Anwendung.

Ein wichtiges Gebiet für die Gentechnologie ist die mikrobielle Stammverbesserung, aber auf zahlreiche weitere Möglichkeiten werden wir im Verlauf dieses Buches immer wieder stoßen. Nehmen wir als Beispiel wieder die Herstellung eines Antibiotikums. Denn sie sind mit einem Jahresumsatz von etwa 25 Milliarden Mark die wirtschaftlich erfolgreichste Gruppe der Biotechnologie. Prof. Cornelis Hollenberg von der Universität Düsseldorf prophezeit: »Für neuentdeckte Antibiotika kann der Einsatz gentechnologischer Methoden die Einsparung einer dreißigjährigen Entwicklungszeit bedeuten.« Solange dauerte es etwa, bis Schimmelpilze dazu gebracht worden waren, statt Bruchteilen eines Tausendstel Gramms inzwischen 50 g Penicillin pro Liter zu bilden. Bei der ungezielten Mutagenese werden auch »gute« Teile des genetischen Bauplans getroffen und außer Funktion gesetzt. Vorteile in einer Richtung müssen deshalb häufig mit Nachteilen in einer anderen Richtung erkauft werden – nach dem Schneckenmotto »zwei Schritte vor und einer zurück«.

Bei einem gezielten gentechnischen Eingriff besteht dagegen die Möglichkeit, nur die schlechte Substanz auszutauschen und die gute zu erhalten. Das ist etwa wie bei einem neuen Motor, der plötzlich kaputtgeht. Wird er von einem zwar funktionierenden, aber alten Austauschmotor ersetzt, so wird der Besitzer nicht lange seine Freude daran haben. Denn bald wird ein anderes Teil zerschleißen. Hätte er dagegen bei dem neuen Motor nur das defekte Teil gegen ein Neues ausgetauscht, so wäre ihm dieser Kummer vermutlich erspart geblieben. Genauso, wie ein guter Mechaniker den Motor an der richtigen Stelle repariert, kann ein guter Gentechniker sein Bakterium an der richtigen Stelle verbessern.

Aber nicht nur die reine Steigerung der Ausbeute ist ein Problem. Denn viel von dem mühselig erzeugten Produkt kann bei der Reinigung verlorengehen. Denn meist produziert der Mikroorganismus nicht nur das gewünschte Antibiotikum, sondern auch noch eine Reihe sehr ähnlicher Verbindungen, die aber keine Wirkung zeigen. Sie sind bei den Biotechnologen besonders unbeliebt, da sie sich nur schwer von dem eigentlichen Produkt abtrennen lassen und deshalb einen hohen Reinigungsaufwand erfordern. Der in den Bauplänen der Zelle aufbewahrte Befehl zur Produktion dieser verschiedenen Stoffe ist aber relativ einfach und läßt sich leicht entfernen. Es ist vergleichbar mit dem Bau eines Autos auf einem Fließband: Die Enzyme setzen anfangs in einer gemeinsamen Produktionslinie Teil für Teil zusammen. Erst wenn die Autos fast fertig sind, trennen sich die Fertigungswege. Man könnte jedoch auch alle Autos gleich bauen. Ähnlich arbeiten die Gentechnologen, indem sie an der Verzweigungsstelle der Produktion einfach denjenigen Teil im Bauplan herausschneiden, der die Anweisungen zur Herstellung unerwünschter Stoffe enthält. In ähnlicher Weise können die Genetiker auch zusätzliche »Arbeitsplätze« schaffen, um damit etwa Engpässe in der Materialversorgung zu beseitigen.

Derzeit wird sogar versucht, Baupläne aus verschiedenen Bakterienarten so zu kombinieren, daß die Zellen daraus völlig neue Superantibiotika machen, die mehrere Eigenschaften in sich vereinigen. Dies ist noch Zukunftsmusik, denn Antibiotika sind recht komplizierte Verbindungen. Einfacher ist es dagegen, ganze Baupläne für bestimmte Einweißstoffe aus menschlichen Zellen herauszuschneiden und sie in Mikroorganismen hineinzupflanzen. Solche Bakterien und Pilze sind damit in der Lage, Dinge zu produzieren, die sie sich nie hätten träumen lassen. Zum Beispiel menschliche Hormone wie das Insulin. Damit haben wir aber bereits das eigentliche Aufgabengebiet der Stammverbesserung verlassen und betreten eines der faszinierendsten Gebiete unseres Jahrzehnts. Statt »manmodified«, vom Menschen veränderte Mikroorganismen, lautet die Devise »man-made microorganisms.«

Kapitel 4: Revolution in den Bauplänen des Lebens

Gentechnik bringt die Biotechnologen in Schwung

»Mikroorganismen können fast alles, man muß es nur finden.« So lautete eine These im zweiten Kapitel. Die Gentechnologen relativierten in den vergangenen zehn Jahren nun auch noch die Einschränkung »fast«. Ihr Postulat: »Die Mikroorganismen können alles, man muß es ihnen nur beibringen.« Zwar finden die Wissenschaftler in der Natur fast täglich Substanzen, die auf den menschlichen Körper wirken, seinen Blutdruck senken oder seine Abwehrkraft beeinflussen. Aber typisch menschliche Substanzen wie zum Beispiel Hormone können die Mikroorganismen von sich aus nicht herstellen. Da hilft auch kein noch so ausgeklügeltes Screeningprogramm. Die Baupläne aller Lebewesen sind jedoch stets in derselben Sprache geschrieben. Mit den Werkzeugen der Gentechnologen ist es deshalb möglich, die Artschranken zu überwinden und ein Stück aus einer menschlichen Bauchspeicheldrüsenzelle herauszuschneiden, das den Befehl zum Bau von Insulin trägt. Setzt man dieses Stück in geeigneter Form in eine Bakterienzelle, so befolgt sie diese Anweisung und produziert künftig den für Diabetiker so lebensnotwendigen Stoff.

Eine genaue Erklärung, wie Gentechnologie funktioniert, würde den Rahmen dieses Buches sprengen. Speziell an diesem Teilgebiet der Biotechnologie interessierte Leser sollten auf eine der zahlreichen allgemeinverständlichen Einführungen zurückgreifen. Nur so viel ist wichtig: Die gentechnologischen Arbeitsmethoden sind für die Biotechnologie ungefähr genauso wichtig wie die Mikrochips für die Elektrotechnik. Ohne genau zu wissen, wie Mikrochips arbeiten, benutzen wir täglich Geräte von der einfachen Haushaltsmaschine bis hin zum Computer, die ohne Mikrochips nicht möglich wären. Die Entwicklung der Mikrochips gab und gibt der Elektroindustrie immer wieder wesentliche Technologieschübe. Sie kann mit ihnen Dinge herstellen, die bis vor kurzem undenkbar waren oder einfach an zu hohen Kosten gescheitert sind. Genauso ist es mit der Gentechnologie. Sie ermöglicht ebenfalls zweierlei: die Verwirklichung einer Fülle neuer biotechnologischer Prozesse und die Verbesserung zum Teil schon jahrtausendealter Techniken wie das Bierbrauen und die Käsereifung. Das Prinzip der Gentechnologie ist jedoch sehr einfach und läßt sich auf einen kurzen Nenner bringen: Gene, die Baupläne der Lebewesen, werden zerschnitten und in neuer Form wieder zusammengefügt. Daher rührt auch der Begriff »neukombinierte« oder »rekombinierte« Erbsubstanz oder auch die Bezeichnung »Rekombinationstechniken«. Die Erbinformation wird also untereinander ausgetauscht und miteinander vermischt. Damit kann man zum Beispiel Bakterien dazu zwingen, typisch menschliche Stoffe herzustellen: Man muß ihnen nur die entsprechenden Teile des menschlichen Bauplans einpflanzen.

Von der Ära der Gentechnologie konnten die Biotechnologen lediglich kleinere und mittelgroße Moleküle herstellen. Nun gelingt es ihnen auch, große Mengen an Proteinen zu produzieren, jenen kompliziert gebauten Eiweißkörpern, aus denen Enzyme, Hormone sowie Regulator- und Abwehrstoffe bestehen. Sie bestimmen im Körper letztlich über das ganze Geschehen und entscheiden vielfach über gesund oder krank, über Leben oder Tod. »Menschliche Proteine für menschliche Krankheiten«, lautet deshalb das Konzept der neuen Medizin. Insulin war die erste Substanz aus dem menschlichen Körper, die auf diese Weise in Bakterien hergestellt worden ist. Sie ist eines von diesen schätzungsweise 100 000 Proteinen, aus denen unser Körper besteht und die mannigfache Funktionen steuern und ausführen. Ende 1985 waren etwa 900 Baupläne für solche Proteine bekannt und 250 in Mikrobenzellen übertragen.

Bislang sind allerdings nur ein paar Dutzend davon etwas genauer untersucht. Die Biochemiker haben erst an der Oberfläche eines riesigen Gebirges gekratzt, das ungeheure Schätze zum Verständnis unseres eigenen Körpers und zur Linderung zahlreicher Krankheiten birgt. Trotzdem lieferte die Grundlagenforschung schon mehr gentechnologisch hergestellte Stoffe als die Industrie in den nächsten fünf oder zehn Jahren großtechnisch produzieren kann. Deshalb kommt es mehr und mehr auf die richtige Auswahl an.

Bei einigen Stoffen mußten große Pharmakonzerne bereits die bittere Erfahrung machen, daß sie auf die falschen Pferde gesetzt haben. Dies ist eine Folge davon, daß sie anfangs den kleinen Genfirmen das Feld überlassen hatten und sich zunächst mit einer Zuschauerrolle begnügten. Doch das kam sie teuer zu stehen. Als es nämlich daran ging, die Entwicklungen der zunächst etwas belächelten Genklitschen in Lizenz zu übernehmen, fehlten Experten, die den Wert der angebotenen Prozesse hinreichend beurteilen konnten. So kam es, daß große Konzerne von kleinen Firmen über den Tisch gezogen wurden. Prof. Julian Davies, Expräsident der schweizerisch–amerikanischen Genfirma »Biogen«, bekennt: »Man macht die Stoffe, weil man sie machen kann, und nicht, weil dafür ein dringendes Bedürfnis besteht.« Als Beispiel nennt er das Wachstumshormon für Rinder, mit dem sich die Milch- und Fleischproduktion steigern läßt. Ein absurdes Unterfangen in der Europäischen Gemeinschaft mit ihren riesigen Überschüssen gerade an Milch und Fleisch.

Insulin war dagegen wohl deshalb die erste dieser Substanzen, die großtechnisch produziert wurde, weil dafür tatsächlich ein ungeheuer großer »Markt« besteht – allein in der Bundesrepublik Deutschland leiden rund 400 000 Menschen an Diabetes. Die Leiden dieser Zukkerkranken als »Markt« zu bezeichnen klingt zynisch, doch entspricht der Realität der Pharmawirtschaft. Sie setzt mit Insulin jährlich etwa eine Milliarde Mark um. Hinzu kommt, daß Diabetes vorwiegend eine Krankheit wohlhabender und damit zahlungskräftiger Patienten ist. Krankheiten, an denen weit mehr Menschen leiden, die aber das Pech haben, in der dritten Welt zu leben, sind eben kein so guter »Markt«.

Ein zweiter Grund für den Vorrang des Insulins war, daß die Medizin mit diesem Medikament schon viel Erfahrung hatte. Denn bereits vor der biotechnologischen Ära wurde ja 60 Jahre lang Insulin gewonnen. Früher benötigte man dazu riesige Mengen Bauchspeicheldrüsen aus Rindern und Schweinen. Dies war sehr aufwendig. Denn die Bauchspeicheldrüse eines Schweines reicht einem Diabetiker nur etwa drei Tage lang aus. Bei einer weltweit ständig steigenden Zahl von Diabetikern wurden Rinder und Schweine langsam knapp. 1978 gelang es den Mitarbeitern der damals noch jungen kalifornischen Firma »Genentech«, erstmals gentechnologisches Insulin herzustellen. Noch im selben Jahr erwarb der US-Konzern Eli Lilly die Lizenz und produziert das »Bakterieninsulin« seit 1982. In Deutschland wird Insulin immer noch traditionell aus Bauchspeicheldrüsen hergestellt. Der größte Produzent, die Firma Hoechst AG, hat aber inzwischen schon mit dem Bau der neuen gentechnologischen Anlage begonnen. Sie hinkt damit den amerikanischen Konkurrenten um etwa sieben Jahre hinterher. Allerdings, so betonen die Hoechster Forscher, sei ihr Verfahren schon wieder moderner und deshalb trotz des amerikanischen Vorsprungs konkurrenzfähig.

Ein zweites Produkt aus den Labors der Gentechnologen ist seit Oktober 1985 auf dem Markt und bereitet seither Zirkusdirektoren Kopfschmerzen. Wenn dieses Medikament weite Verbreitung finden sollte, müssen sie um ihren Nachwuchs fürchten. Denn dann drohen die Zwerge auszusterben. Bei dem neuen Produkt handelt es sich nämlich um menschliches Wachstumshormon. Bei gesunden Kindern wird dieses Hormon in der Hirnanhangdrüse gebildet und so lange in den Körper ausgeschüttet, bis dieser ausgewachsen ist. Bei zwergwüchsigen Personen dagegen ist die Bildung dieses Hormons gestört. Es kann aber künstlich als Medikament zugeführt werden und damit eine spätere soziale Benachteiligung dieser Kinder verhindern. Im Prinzip funktioniert das genauso wie mit dem Insulin bei Zuckerkranken. Zum Glück gibt es nur wesentlich weniger Menschen mit Zwergwuchs als mit Diabetes. Denn die Gewinnung des Wachstumshormons war bis vor kurzem noch sehr viel schwieriger als die Gewinnung von Insulin. Insulin aus Schweinen und Rindern ähnelt dem menschlichen so sehr, daß die meisten Diabetiker auch diesen, für ihren Körper fremden, Stoff gut vertragen. Anders ist die Situation beim Wachstumshormon. Hier funktioniert nur das »echte« menschliche Hormon. Deshalb mußte es bislang den Gehirnen menschlicher Leichen entnommen werden. Aber selbst dieser umständliche Weg war nicht unproblematisch. Denn bei der Isolierung des Hormons gelangten oft Verunreinigungen mit in das wachstumsfördernde Medikament. Meist war es eine bestimmte Sorte von Viren, die bei den Patienten schwere Störungen hervorrufen konnten. Der Verkauf und die Anwendung des natürlichen Hormons waren deshalb Anfang 1985 untersagt worden.

Diese Zeiten sind nun vorbei. Denn inzwischen läßt sich das mit dem menschlichen Hormon fast identische Produkt in beliebiger Menge biotechnologisch produzieren. Es ist nicht nur absolut frei von Viren, sondern zudem leichter, schneller und auch wesentlich billiger herzustellen. Die schwedische Firma Kabi Vitrum, bislang schon weltweit der größte Hersteller von Wachstumshormon, produziert in einem 450-Liter-Bioreaktor dieselbe Menge wie zuvor aus 60 000 Leichen. Dies entspricht ungefähr dem Bedarf der Bundesrepublik. Inzwischen hat die Firma sogar einen 1500-Liter-Reaktor in Betrieb genommen. Allerdings hat das biotechnologische Wachstumshormon bislang noch einen Haken. Denn es ist nicht ganz, sondern eben nur fast identisch mit dem natürlichen Hormon. Fast ein Drittel der bislang 300 damit behandelten Kinder bildeten Antikörper gegen das Hormon – ein Zeichen dafür, daß das Immunsystem dieser Kinder den Stoff als fremd erkennt und versucht, ihn wieder loszuwerden. Dies gelingt dem Immunsystem jedoch offensichtlich nicht. Das Hormon wirkt trotz der geringfügig veränderten Struktur. Die Nebenwirkungen sind allerdings bislang noch nicht abzusehen. Denn die zwergwüchsigen Kinder müssen oft mehr als zehn Jahre mit diesem Medikament behandelt werden. In dieser Zeit kann noch sehr viel passieren. Wissenschaftlern gelang es aber inzwischen, auch ein völlig identisches Präparat herzustellen, für das diese Einschränkung nicht mehr gilt. Es wird derzeit noch klinisch geprüft und soll voraussichtlich 1987 käuflich sein.

Dabei erhebt sich nun aber die Frage, welche Kinder das biotechnologische Hormon überhaupt erhalten sollen. Denn bislang stand nur so wenig natürliches Hormon zur Verfügung, daß lediglich Kinder mit sehr stark ausgeprägtem Minderwuchs behandelt wurden. Weltweit profitierten bereits 20 000 Zwergwüchsige von dieser Methode, davon allein die Hälfte in den USA, ein Land mit weniger als 5 Prozent der Weltbevölkerung. Wird es in Zukunft also nur noch Riesen geben? Außerdem gibt es viele Fälle, bei denen der Zwergwuchs gar nicht von einem Hormonmangel verursacht wird, sondern von schlechten sozialen Verhältnissen. Grass' Blechtrommler Oskar, der einfach nicht weiterwachsen will, ist keine bloße Phantasiefigur. Ihm würde das Hormon nichts nützen. Solche Kinder wachsen nur dann weiter, wenn sie die nötige Zuwendung erfahren.

In der Bundesrepublik Deutschland gibt es lediglich 400 Kinder mit einem gravierenden Mangel an natürlichem Wachstumshormon. Ein kleiner Markt also für die vier um diese Patientengruppe konkurrierenden Firmen. Sie spekulieren deshalb bereits auf weitere Anwendungsgebiete wie etwa die Wundheilung oder den Knochenschwund im Alter. »Das Hormon könnte sich als richtiger Jungbrunnen herausstellen«, schwärmt schon heute Prof. Jürgen Bierich, Chef der Tübinger Kinderklinik. Nachdem es nun genügend reines Hormon gibt, lassen die entsprechenden Forschungsarbeiten sicher nicht mehr lange auf sich warten.

Für eine ähnlich kleine Gruppe von Patienten gilt inzwischen ebenfalls Entwarnung. Die etwa 6000 Bluter in der Bundesrepublik mußten bislang mit dem Extrakt aus jährlich 20 Millionen Liter Spenderblut versorgt werden. Ihrem Lebenssaft fehlt ein wichtiger Bestandteil für die Gerinnung des Blutes. Ohne diesen »Faktor VIII« kann bei ihnen schon die kleinste Verletzung lebensbedrohlich werden. Deshalb erhalten sie etwa alle zwei Wochen eine Infusion mit Faktor-VIII-Konzentrat. Der Menge nach ist der Markt für Faktor VIII relativ klein. Denn weniger als 500 g decken weltweit den jährlichen Bedarf. Allerdings waren die bisherigen Herstellungsverfahren so aufwendig, daß dieses knappe halbe Kilo weißes Pulver 170 Millionen $ kostet – eine gentechnologische Produktion erscheint also durchaus lohnend. Die Isolierung dieses Faktors aus Spenderblut ist nicht nur teuer, sondern ebenfalls mit Risiken behaftet. Auch in diesem Falle sind es wieder Viren, die sich nur schwer von Faktor VIII abtrennen lassen und mit diesem zu einem gefährlichen Medikament verarbeitet werden können. Bevor die entsprechenden Gegenmaßnahmen getroffen wurden, gehörten die Bluter deshalb auch zur Risikogruppe für Aids und Gelbsucht.

Die dritte Familie gentechnologischer Proteine sind die Interferone. Sie sind für einige Anwendungsgebiete bereits in der Apotheke erhältlich. Zum Beispiel gegen eine Form von Blutkrebs. Diese

Krebsart ist so selten, daß in Großbritannien jährlich weniger als 100 neue Fälle auftreten. Dies könnte sich jedoch schlagartig ändern. Denn Mediziner vermuten, daß dieser Krebs mit dem Kaposi-Sarkom verwandt ist und daß Interferon deshalb auch gegen dieses Endstadium von Aids wirkt. Weitere Anwendungsbereiche werden derzeit mit hohem Forschungsaufwand vorbereitet. Einer davon ist die Behandlung von Rheuma, einer Krankheit, an der weltweit jeder Hundertste leidet. Eine ursächliche Behandlung ist bislang nicht möglich. Bei Rheuma verschwören sich die Abwehrzellen des Immunsystems gegen den eigenen Körper. Dies führt zu schmerzhaften Entzündungen von Gelenken, Sehnen und Blutgefäßen. Die Interferone vermitteln im Körper zwischen den verschiedenen Teilen des Immunsystems. Wie diese Regelprozesse genau ablaufen, ist allerdings noch nicht bekannt. Der Pferdefuß in der Geschichte der Interferone war stets die Tatsache, daß den Wissenschaftlern und Ärzten zu wenig dieses ehedem äußerst kostbaren Materials zur Verfügung stand. Ist ein Stoff aber knapp und selten, so muß er auch wertvoll und nützlich sein, wurde daraus gefolgert. Zeitweise wurde Interferon geradezu zu einer Wunderdroge hochstilistiert.

Seit die Ärzte nun die verschiedenen Formen der Interferone dank gentechnologischer Verfahren in ausreichender Menge testen können, haben sie die Möglichkeit, sie an einer größeren Zahl von Patienten auszuprobieren und die Wirkungen – und Nebenwirkungen – zu studieren. Bei 58 von 80 Patienten mit schwerem Rheuma gingen die Schmerzen rasch und anhaltend nach Gamma-Interferon-Gaben zurück. Bei 16 Patienten zeigten sich bislang lediglich geringe Temperaturerhöhungen als Nebenwirkungen. Von einem wirklichen Verständnis des Wirkungsmechanismus sind Wissenschaftler und Ärzte aber immer noch weit entfernt. Für die Interferone gilt deshalb nach wie vor der weise Satz von Voltaire: »Ein Arzt ist jemand, der Medikamente, über die er wenig weiß, in einen Körper schüttet, über den er noch weniger weiß.«

Eine gute Wirkung der Interferone gegen manche Viruskrankheiten ist jedoch inzwischen eindeutig nachgewiesen. Die spektakulärste, weil häufigste Viruserkrankung, ist die ganz gewöhnliche Erkältung. Nicht jede Erkältung wird von denselben Viren verursacht. Deshalb kann man auch mehrmals hintereinander erkranken. Denn das Immunsystem schützt jeweils nur gegen den gerade besiegten Virustyp. Alpha-Interferon scheint dagegen in der Lage zu sein, eine ganze Gruppe von Viren, die Rhino-(=»Nasen«-)viren, außer Gefecht zu setzen. So verringerte es in zwei Studien rund ein Drittel der Erkältungskrankheiten. Ein Zehntel der damit behandelten Personen mußte für diesen Schutz jedoch mit häufigem Nasenbluten bezahlen. Thomas von Randow, Nestor des bundesdeutschen Wissenschaftsjournalismus, warf in der »Zeit« allerdings eine noch viel tiefgreifendere Frage auf als die nach irgendwelchen Nebenwirkungen – Fragen von gesellschaftspolitischer Tragweite. Ein Zitat: »Zwei Erkältungen im Jahr, das sind zweieinhalb arbeitsfreie Wochen, die nicht auf den Urlaub angerechnet werden, immerhin 5 Prozent der gesamten Arbeitszeit. Gewiß, die Nase läuft, der Kopf brummt, die Laune ist nicht die beste; aber viel von dem, was wir schon viel zu lange aufgeschoben hatten, kann endlich erledigt werden, und abends gibt's Grog mit gutem Gewissen.«

Die Verwendung der Interferone als Nasenspray gegen Schnupfen ist also noch umstritten. Dagegen werden sie in Form von Augentropfen und Salben gegen Augeninfektionen und Hautkrankheiten wie Herpes bereits eingesetzt. Inwieweit die Interferone auch zum Kampf gegen den Krebs beitragen können, steht bislang noch nicht eindeutig fest. Zu vielfältig sind dabei die Wechselwirkungen und zu vielfältig die verschiedenen Krebsarten. Klar ist jedenfalls, daß der Körper selbst immer dann Gamma-Interferon bildet, wenn sein Abwehrsystem auf irgendeine Weise gereizt wird. Insgesamt sind die Interferone selbst aber vermutlich weitaus weniger attraktiv, als viele Leute noch vor wenigen Jahren gehofft hatten.

Doch selbst wenn die Interferone auf diesem Gebiet versagen sollten, bedeutet dies nicht das Aus für die Krebsbehandlung mit Hilfe von gentechnologisch hergestellten Präparaten. Denn schon haben Forscher neue Stoffe im menschlichen Körper entdeckt, die mit Sicherheit eine wichtige Rolle bei der Entartung der Zellen zu bösartigen Tumoren spielen. Diese Proteine können nun rasch und ohne großen weiteren Aufwand mit den für die Interferone entwickelten Methoden produziert werden. Allerdings ist das Wissen darüber noch zu beschränkt, um den Krebspatienten von heute schon Hoffnung machen zu können.

Vor allem manche Journalisten und Geschäftsleute setzten in den vergangenen Jahren allzu sehr auf das Geschäft mit der Gentechnologie, das sich dann allerdings nicht in kurzer Zeit realisieren ließ. Trotzdem gilt: die wirtschaftliche Verwertung von Erkentnissen aus der Grundlagenforschung verlief noch niemals so zügig wie bei der Gentechnologie. Diese Wissenschaft ist insgesamt nicht älter als 15 Jahre, ihr erstes Produkt für die Anwendung am Menschen brachte sie innerhalb von nur sechs Jahren auf den Markt. Dies ist nur halb so lang, wie die Entwicklung eines herkömmlichen Medikaments auf chemosynthetischer Basis benötigt. Selbst erste Experten hatten sich sogar bei sehr kurzfristigen Prognosen gewaltig verschätzt und das rasante Tempo der Umsetzung von Grundlagenforschung in marktreife Produkte nicht erkannt.

Der Fachinformationsdienst SCRIP orakelte am 23. November 1981 folgende Termine für die Markteinführung: 1985 Insulin (bereits 1982), 1988 Interferon gegen Viruskrankheiten (bereits 1985), 1990 menschliches Wachstumshormon (bereits 1985), 1990 Impfstoff gegen Hepatitis B (bereits 1986). Einige Stationen sollen die junge, aber stürmische Geschichte beleuchten:

1970 lernten die Wissenschaftler, mit Plasmiden umzugehen. Das sind kleine Baupläne, die neben den Hauptbauplänen in der Zelle herumliegen. Ihre besondere Eigenschaft: Sie lassen sich wie Taxis zwischen verschiedenen Zellen hin- und herschieben. Dadurch kann Information von einer Zelle auf eine andere übertragen werden. Dies gelang erstmals

1971 mit dem Haustierchen der Genetiker, E. Coli. Schon ein Jahr später, im Jahre

1972, beherrschten Wissenschaftler in Kalifornien den Umgang mit zelleigenen Scheren, mit denen sie Plasmide fast beliebig zerschneiden konnten, und biochemischen Klebstoffen, mit denen sich die Einzelteile der Pläne wieder neu zusammenfügen ließen.

1973 konstruierten die beiden Forscher Stanley Cohen und Herbert Boyer das erste künstliche Plasmid. Sie faßten ihre Entdeckungen in einem aufsehenerregenden Artikel zusammen und läuteten damit die Ära der Gentechnologie ein.

1975 vereinbarten führende Wissenschaftler auf der Konferenz von

Asilomar einen befristeten Stopp für einige gentechnologische Experimente. Davon unbeeindruckt gründete im Jahre

1976 Herbert Boyer zusammen mit dem damals 27jährigen Risikofinanzier Robert Swanson die erste Genfirma. »Genentech« sollte die Ergebnisse der Gentechnologen vermarkten. Die weitere Geschichte ist fast identisch mit der Firmengeschichte von Genentech.

1977 schleuste Howard Goodman erstmals die Erbinformation aus einem fremden Organismus in eine Bakterienzelle ein. Kurz darauf gelang einem Team von Wissenschaftlern aus drei öffentlichen Labors bereits die gentechnologische Herstellung eines menschlichen Proteins, des Hormons Somatostatin. Genentech hatte die Arbeiten koordiniert. Maxam und Gilbert in Harvard sowie Sanger und Coulson in Cambridge entwickeln Schnellmethoden zur Sequenzbestimmung von Genen. Damit wurden die Baupläne der Zelle lesbar.

1978 Genentech, damals noch ein Team aus neun Wissenschaftlern, überträgt den Bauplan für menschliches Insulin in Bakterien.

1980 Genentech geht als erste Genfirma an die Börse. Der Kurs steigt innerhalb von 20 Minuten von 35 auf 88 $. So etwas hatte Wallstreet noch nie erlebt. Allerdings kühlten die Gemüter auch rasch wieder ab, und der Kurs fiel zeitweilig sogar unter den Ausgabewert zurück.

1981 Die erste deutsche Genfirma, Biosyntech, wird in Hamburg gegründet.

1982 Insulin, von der Pharmafirma Eli Lilly in Lizenz hergestellt, kommt als erstes gentechnisch produziertes Medikament auf den Markt. Bis die nächsten folgen, vergehen allerdings ein paar Jahre.

1983 Vier deutsche Genzentren werden in München, Heidelberg, Köln und Berlin gegründet. Industrieforscher arbeiten dort mit Wissenschaftlern aus Universitäten und Max-Planck-Instituten zusammen.

1984 Stanley Cohen und Herbert Boyer erhalten für ihre grundlegenden Arbeiten nach zehnjährigem Rechtsstreit endgültig ein Patent zugesprochen.

1985 Menschliches Wachstumshormon wird zugelassen.

1986 Die Ereignisse überschlagen sich: TPA, ein Medikament, das Blutgerinnsel nach einem Herzinfarkt auflöst, kommt auf den Markt. Genentech, gerade zehn Jahre alt geworden, ist bereits der Großvater einer großen Familie von Genfirmen. Sie will sich zu einem der bedeutendsten Pharmakonzerne mausern und erwartet allein für TPA Umsätze in Milliardenhöhe. Viele Herzspezialisten in den Kliniken, so schreibt das amerikanische Wirtschaftsmagazin »Business Week«, seien von dem neuen Medikament so begeistert, daß sie selbst Genentech-Aktien kauften. Der Aktienkurs, er pendelte jahrelang zwischen 20 und 30 $, schoß auf über 70 $ hoch. Diesmal nicht nur für wenige Tage.

Der erste gentechnologisch hergestellte Impfstoff wird zugelassen. Weitere Produkte sind angekündigt: ein verbessertes Interferon, der Tumor-Nekrose-Faktor (TNF), ein Mittel gegen Krebs, und Inhibin, die Pille für den Mann.

TPA, die neueste Superdroge aus den Labors der Genentech-Forscher, soll schaffen, was jahrzehntelange und milliardenteure Aufklärungsprogramme in den industrialisierten Ländern nicht erreicht haben. Es soll die Angst vor dem Herzinfarkt nehmen. Das dadurch wieder erstarkende Vertrauen in die totale medizinische Machbarkeit könnte allerdings dazu führen, daß die unermüdlichen Prediger einer gesünderen Lebensweise noch weniger Gehör finden als bislang. Statt die Risikofaktoren wie Nikotin, Übergewicht und Bewegungsmangel zu meiden, könnte manch einer versucht sein, mit Hinweisen auf das neue Medikament so weiterzumachen wie bisher. Doch außer dieser Risikogruppe, die sich sehenden Auges der Gefahr eines Herzinfarktes aussetzt, gibt es zahlreiche Patienten, die trotz tugendhafter Lebensführung von diesem grausamen Schicksal ereilt werden. Der Herzinfarkt und die mit ihm verbundenen Störungen stehen noch weit vor dem Krebs ganz oben auf der Hitliste der Todesursachen. Jedem vierten, dessen Blutbahnen rund ums Herz verstopft sind, kann kein Arzt mehr helfen. In den weniger schlimmen Fällen hilft oft nur noch eine aufwendige Operation, bei der die Chirurgen den Blutstrom um die verstopfte Blutröhre herumlenken. Bei einer ähnlichen, inzwischen ebenfalls weitverbreiteten Methode steckt der Arzt einen Ballon in die Blutbahn, bläst ihn dort auf und weitet damit das Gefäß. Aber auch solche Operationen kommen häufig zu spät oder überbrücken nur kurz die Spanne bis zum nächsten Anfall.

Ideal wäre deshalb eine Substanz, die die Blockade in der Arterie wieder auflöst und so den Blutkörperchen wieder freie Fahrt verschafft. Ein solcher Stoff müßte nicht einmal die ganze Arbeit selbst übernehmen. Denn im Körper gibt es ein wohlorganisiertes System, das für die Fließeigenschaften des Blutes verantwortlich ist: die Blutgerinnung. Sie besteht aus einem wahren Wirrwarr verschiedener Substanzen, die sich gegenseitig in Schach halten. Sie sorgen dafür, daß das Blut an Wunden gerinnt und deshalb nicht mehr unkontrolliert ausströmen kann. Gleichzeitig tragen sie aber auch dafür Sorge, daß das Blut im Körperinnern weiterhin ungestört fließen kann. Dieser fein abgestimmte Mechanismus ist im Falle eines Herzinfarkts gestört. Die körpereigenen Aufräumarbeiter können das Blutgerinnsel nicht mehr beseitigen, es kommt zu Durchblutungsstörungen und schließlich – wenn das Herz immer mehr von dem lebensnotwendigen Sauerstoffstrom abgeklemmt wird – zum Infarkt. Nun gibt es bereits seit einigen Jahren zwei Stoffe, die die körpereigenen Aufräumarbeiter wieder auf Trab bringen können. Sie wirken als Plasminogen-Aktivatoren, das heißt, sie aktivieren Plasminogen-Moleküle. Letztere sind aber nichts anderes als die »Aufräumarbeiter«, die verklebte Blutspfropfen wieder auflösen können.

Trotzdem sind die Ärzte mit diesen Stoffen nicht so ganz zufrieden. Denn die Stoffe, es sind die Enzyme Urokinase und Streptokinase, haben normalerweise im Körper eine ganz andere Aufgabe, als die faulen Plasminogene anzuschubsen. Spritzt man sie in genügend großer Menge in die Blutbahnen, so leisten sie diesen Job zwar auch. Doch sie bringen dadurch das fein aufeinander abgestimmte Gefüge der natürlichen Blutgerinnungskontrolleure so sehr durcheinander, daß sie nicht mehr wissen, wo sie das Blut nun gerinnen lassen sollen und wo nicht. Der Blutspfropfen in der Nähe des Herzens ist damit zwar beseitigt, doch die weiteren Folgen sind innere Blutungen, die ebenfalls lebensbedrohend sein können. Die noch bessere Lösung wäre deshalb ein natürlicher Plasminogen-Aktivator. TPA steht für »tissue type plasminogen activator«. Er ist also ein gewebstypischer Aktivator, der auch normalerweise im Körper vorkommt. Bei einem

Herzinfarkt ist er allerdings stark überfordert. Bekommt er dagegen Unterstützung von Kollegen, die nach seinem Bilde gentechnologisch gezeugt und im Bioreaktor hergestellt wurden, so kann er wieder genügend Plasminogene aktivieren und damit für freie Fahrt sorgen. Dabei wirkt TPA nur dort, wo er gebraucht wird, und beeinträchtigt die Gerinnungsfähigkeit im übrigen Körper nicht.

Damit verbunden ist ein weiterer, für die weite Verbreitung des Medikaments vielleicht entscheidender Vorteil: Mußte Streptokinase noch von bestausgestatteten Spezialisten aufwendig mittels Herzkatheter in den Blutspfropf geschossen werden, so reicht bei TPA eine intravenöse Injektion aus, die in jedem Provinzkrankenhaus vorgenommen werden kann. Wie jüngste Studien gezeigt haben, wirkt dieses neue Medikament darüber hinaus nicht nur schonender, sondern auch wesentlich stärker als seine Vorläufer. Während Streptokinase nur ein Drittel der verschlossenen Arterien wieder aufknacken kann, ist TPA doppelt so oft erfolgreich. Auch hier klappte also wieder der Trick der Gentechnologen, menschliche Krankheiten mit Stoffen aus dem menschlichen Körper zu bekämpfen.

In über fünfzehnjähriger Arbeit, an der weltweit viele verschiedene Forschergruppen beteiligt waren, gelang es, die Struktur des TPA aufzuklären, den Bauplan dafür in Mikroorganismen einzuschleusen und den TPA nun in großen Mengen zu produzieren. Die Genentech-Leute lieferten dazu die entscheidenden Schritte und besitzen inzwischen die meisten Patente, mit denen sie das Herstellungsverfahren vor der Konkurrenz schützen. Im Gegensatz zu der bisherigen Praxis des noch jungen Unternehmens will Genentech den Stoff selbst produzieren und nicht mehr nur die Lizenzen an große Pharmafirmen verkaufen. Forschung allein lohnt sich trotz guter Kunden eben doch nicht so gut wie die Vermarktung der entwickelten Produkte. Allerdings ist Genentech derzeit noch überfordert, den gesamten Weltmarkt aus den eigenen Bioreaktoren zu beliefern. Für die Boehringer-Ingelheim-Tochter Thomae in Biberach fiel deshalb ein Stück vom Kuchen ab. Sie produziert in ihrem über 130 Millionen Mark teuren, modernsten deutschen Biotechnikum TPA in Lizenz und arbeitet gemeinsam mit Genentech an einer Verbesserung des Herstellungsverfahrens.

Vitamin C ist dagegen ein Vertreter der relativ einfach gebauten Moleküle. Es gibt zwar auch Mikroorganismen, die Vitamin C produzieren. Aber die von dem polnisch-schweizerischen Chemiker und späteren Nobelpreisträger Tadeusz Reichstein bereits in den dreißiger Jahren in Basel entwickelte Synthese war bislang stets billiger. Inzwischen ist es einer amerikanischen Genfirma gelungen, ein Bakterium so radikal umzuprogrammieren, daß es Vitamin C wesentlich günstiger liefern kann als der chemische Prozeß. Die Anlagen, die immerhin jährlich rund 170 Millionen Kilogramm Vitamin C zu einem Marktwert von 400 Millionen $ liefern, dürften deshalb bald eingemottet werden und neuen, biotechnologischen Anlagen weichen.

Ein ähnliches Schicksal dürfte auch die Blutegel der Art Hirudo medicinalis ereilen. Diese blutsaugenden Parasiten produzieren in ihren Speicheldrüsen eine Substanz, die die Blutgerinnung verhindert. Für den Egel ist dies eine sinnvolle Strategie, wenn er sich in die Beine von Badegästen bohrt. Denn die gerinnungshemmende Substanz namens Hirudin verhindert, daß die gerade angezapfte Blutquelle allzu schnell versiegt. Bereits seit hundert Jahren kennen Mediziner diese Eiweißsubstanz. Sie findet heute weite Verbreitung in Salben gegen Blutgerinnsel und bei Sportverletzungen. Der einzige Produzent war bislang der Blutegel selbst. Seine Zucht ist aber langwierig und kostspielig. Die noch junge Heidelberger Hochtechnologiefirma »Gen-Bio-Tec« hat sich deshalb auf die Erbinformation für Hirudin gestürzt und diese in Coli-Bakterien eingebaut. Die Forscher hatten dabei großes Glück. Schon nach wenigen Wochen lieferten die Bakterien gentechnologisches Hirudin. Ein Scherz am Rande: Den für die Produktion des Hirudins verantwortlichen Genabschnitt tauften sie liebevoll »Rudi«. Gemeinsam mit dem bisherigen Hersteller soll das biotechnologische Präparat in Kürze vermarktet werden. Bei einem geschätzten Markt für gerinnungshemmende Stoffe von 100 Millionen Mark jährlich keine schlechten Aussichten.

Die Information zur Produktion von Stoffen wie TPA, Insulin oder Hirudin sitzt auf Plasmiden. Das sind kurze, ringförmige Stücke der Erbsubstanz DNA, die neben dem eigentlichen Bauplan, dem Chromosom, in den Zellen herumliegen. Solche Zusatzbaupläne wie »Rudi« sind normalerweise für das Überleben der Zelle unwichtig. Sie enthalten aber zusätzliche Informationen für das Verhalten in

Notsituationen. So gibt es Plasmide, die unter den entsprechenden Bedingungen Anweisungen zum Schutz gegen Schwermetalle oder sonstige Giftstoffe geben. Andere Plasmide verraten der Zelle, wie sie bei Nahrungsmangel auch normalerweise verschmähte Stoffe verdauen kann. Diese Erbsubstanzstückchen sind die Zielscheibe der Gentechniker, da sie ihnen leicht weitere Informationen einpflanzen können. Statt völlig fremder Informationseinheiten (Gene), wie der für das Insulin, lassen sich auch eigene Gene vervielfältigen, indem man einen ganzen Satz solcher Zusatzbaupläne in die Bakterien einschmuggelt. Am einfachsten geht dies mit der Information für Proteine, zum Beispiel für Enzyme. Wenn alles klappt, produziert das Bakterium den gewünschten Stoff in großer Menge. Im Falle des Insulins brachten Wissenschaftler die Coli-Bakterien so weit, daß fast die Hälfte ihres Gewichts aus Insulin besteht.

Auf dieselbe Weise lassen sich verschiedene Herstellungwege, etwa von Antibiotika, kombinieren. Ein Gedankenmodell: Es gibt Antibiotika, die erfolgreich Tuberkelbazillen in Schach halten. Die Tuberkulose ist aber eine sehr langwierige Krankheit. Deshalb müssen die daran erkrankten Patienten oft viele Monate lang solche Antibiotika wie Rifampicin einnehmen. Gleichzeitig ist ihr Körper meist so geschwächt, daß auch andere, für gesunde Menschen harmlose Erreger leichtes Spiel haben und den Patienten befallen. Folglich muß der geplagte Patient nun auch noch Antibiotika gegen diesen und vielleicht sogar noch weitere Erreger schlukken. Viele verschiedene Medikamente können sich im Körper aber gegenseitig beeinflussen und auf die Dauer zu unangenehmen Nebenwirkungen führen. Deshalb kam eine englische Forschergruppe unter der Leitung von Prof. Dennis Hopwood in Norwich auf die Idee, die Baupläne verschiedener antibiotikaherstellender Mikroorganismen zu mischen und auf diese Weise neue Superantibiotika zu schaffen, die die Vorteile bisheriger Medikamente in sich vereinen. Die Erzeugung gemischter Antibiotika ist inzwischen gelungen, allerdings ist das Produkt den bisherigen Konkurrenten nicht überlegen. Diese Einschränkung wird aber wohl nicht mehr lange gelten. Die ersten Experimente machten die englischen Wissenschaftler mit sehr gut untersuchten, aber wirtschaftlich unbedeutenden Substanzen. Es ist sicher nur eine Frage der Zeit, bis es gelingt, dieselben Techniken auch auf die tonnenweise produzierten Antibiotika anzuwenden.

Der Pferdefuß bei diesen ganzen Bauplanänderungen und Ergänzungen ist, daß das Papier, auf dem sie gezeichnet sind, oft allzu leicht verlorengeht. Das »Papier« sind die Plasmide, jene Zusatzbaupläne der Zellmaschinerie. Die Mikroorganismen empfinden die ihnen eingepflanzten Plasmide als Last. Denn diese zwingen sie ja zur Produktion bestimmter energiereicher Stoffe, die sie lieber nicht herstellen würden. Also versuchen diese mikroskopisch kleinen Sklaven, ihre Kette (sprich: Plasmide) wieder abzuschütteln. Das sehen die Sklaventreiber (sprich: Biotechnologen) natürlich nicht gern und versuchen deshalb, sie mit einigen Tricks daran zu hindern. Die primitivste, aber auch am wenigsten zuverlässige Methode besteht darin, einfach sehr viele gleichartige Plasmide in die Bakterienzelle hineinzustopfen. Selbst wenn einige davon verstoßen werden, sollten für eine ausreichende Funktion noch genügend Baupläne übrigbleiben. Eleganter ist es dagegen, dem Plasmid noch die Information zur Abwehr eines bestimmen Antibiotikums beizufügen. Kippt man gleichzeitig dieses Antibiotikum in die Kulturflüssigkeit, so überleben nur diejenigen Bakterien, die ihr Plasmid behalten. Sie werden sich deshalb davor hüten, es über Bord zu werfen.

Die Sache hat jedoch einen Haken. Sie funktioniert im Labor sehr schön, ist aber für den großtechnischen Einsatz kaum geeignet. Denn Antibiotika sind zu teuer, um sie kilo- oder gar tonnenweise in riesige Bioreaktoren zu kippen. Außerdem würden sie bei der Abwasserreinigung Probleme bereiten. Sie zerstörten dort die Mikroflora in der biologischen Klärstufe oder führten, wenn sie unkontrolliert in die Umwelt gelangen, zur Ausbreitung unerwünschter Resistenzen. Die Geningenieure sind deshalb aufgefordert, die molekularen Mechanismen dieser Instabilität zu erforschen, um sie dann auf einem rationalen Wege umgehen zu können. Eine Möglichkeit besteht auch darin, die Plasmide in den eigentlichen Bauplan der Zellen fest einzubauen. Damit würden sie zu einem festen Bestandteil der lebenswichtigen Erbanlagen und nicht nur zu einem Abschnitt von Luxusplasmiden. Ein wichtiges Merkmal guter Plasmide ist jedoch nicht nur ihre Stabilität, sondern auch ihre Vielseitigkeit. Der Vorteil von Taxis gegenüber Bussen liegt vor allem darin, daß sie nicht nur bestimmte Strecken bedienen. Die besten Plasmide sind entsprechend diejenigen, die in möglichst viele Organismen reinpassen und von einem Coli-Bakterium in ein Bacillus subtilis springen können. Insgesamt gibt es aber immer noch zu wenige solcher guten Taxis.

Der Umgang mit gentechnologisch veränderten Organismen ist in der Bundesrepublik Deutschland seit 1978 gesetzlich geregelt. Danach bedürfen all jene Experimente und Produktionsverfahren einer Genehmigung vom Bundesgesundheitsamt, die in Bioreaktoren mit einem Inhalt von mehr als zehn Litern ausgeführt werden. Führende Experten sind sich einig, daß es darüber hinaus praktisch unmöglich ist, mit hundertprozentiger Sicherheit auszuschließen, daß Mikroorganismen nach draußen gelangen. Allerdings sind diese Regelungen nur bei solchen Projekten bindend, die mit staatlichen Mitteln gefördert werden. Das Bundesministerium für Forschung und Technologie (BMFT) erwartet jedoch, daß sich auch die Industrie an diese Spielregeln hält. In einem Fall hat ein Heidelberger Unternehmen, die Firma Gen-Bio-Tec, gegen dieses Prinzip verstoßen und ein Projekt »zu spät« angemeldet. Es sind deshalb Überlegungen im Gange, die Richtlinien einheitlich und für alle Forscher verbindlich zu gestalten. Bei dieser Neuregelung wird auch die Lockerung einiger Bestimmungen erwartet, die bisher vor allem die Übertragung in größere Reaktoren behindert haben. Denn die Zentrale Kommission für Biologische Sicherheit (ZKBS) kam in einem Gutachten für die Bundesregierung zu dem Schluß, daß gentechnologische Experimente nicht gefährlicher seien als Versuche, die mit den unveränderten Ausgangsorganismen unternommen würden.

Die medizinischen Anwendungen der Gentechnologie sind als erste verwirklicht worden. Nicht nur, weil damit kurzfristig das meiste Geld verdient werden kann. Auch die wissenschaftlichen und technischen Probleme waren hier am geringsten. Auf lange Sicht birgt dagegen die Landwirtschaft wohl das größte Potential. Genmanipulierte Superpflanzen könnten nicht nur die Landwirtschaft, sondern auch die Weltwirtschaft umkrempeln und selbst politische Strukturen von Grund auf verändern. Zunächst wollen wir uns aber noch einer weiteren Methode der »neuen Biologie« zuwenden, die für die Biotechnologie fast genauso wichtig ist wie die Gentechnologie.

Kapitel 5: Und sie wurden ein Fleisch

Impfstoffe und monoklonale Antikörper

Zwischen Zellen verschiedener Lebewesen gibt es natürliche Schranken, die verhindern, daß plötzlich völlig unterschiedliche Zellen ein Verhältnis miteinander eingehen. Diese Hürde lernten Wissenschaftler in verschiedenen Bereichen zu überwinden. Das spektakulärste Beispiel ist wohl die Verschmelzung einer Kartoffelzelle mit einer Tomatenzelle zur berühmten »Tomoffel«. Weniger spektakulär, aber um so bedeutsamer, ja geradezu revolutionär war die Verschmelzung ganz anderer Zellen, die den beiden Wissenschaftlern Cesar Milstein und Georges Köhler im Jahre 1975 gelang. Zusammen mit ihrem gemeinsamen Mentor Niels Kaj Jerne erhielten sie dafür 1984 den Nobelpreis. Sie erfanden die »monoklonalen Antikörper«, biochemische Wunderwerkzeuge, die wie ein Lauffeuer Einzug in die Labors von Biologen und Medizinern hielten und von dort nicht mehr wegzudenken sind. Inzwischen ist ihre Herstellung noch wesentlich einfacher und billiger geworden, und so beginnen sie nun, auch die Biotechnologie zu erobern. Statt wie bislang umständlich in Mäusen werden die »Monoklonalen« nun im 1000-Liter-Maßstab in Bioreaktoren erzeugt und leisten als biotechnische Produkte selbst wieder unschätzbare Hilfsdienste für die Biotechnologie.

Antikörper sind Abwehrstoffe des Körpers. Für jeden Stoff, zum Beispiel für jedes einzelne von mehreren tausend Viren und Bakterien, gibt es einen ganz bestimmten Antikörper. Die Isolierung eines solchen Antikörpers – etwa eines, der sich an Grippeviren heftet –

aus den insgesamt mehreren Millionen Antikörpern im Blut, ist schlicht ein Ding der Unmöglichkeit. Denn die einzelnen Antikörper unterscheiden sich trotz ihrer übergroßen Vielfalt jeweils nur minimal. Da jeweils eine ganz bestimmte Blutzelle auf die Produktion eines ganz bestimmten Antikörpers programmiert ist, könnte man nun diese Zelle züchten und vermehren und hätte so seinen gewünschten Antikörper. Dies funktioniert jedoch nur in der Theorie. Denn die Blutzellen sind so kurzlebig, daß sich der ganze Aufwand gar nicht lohnt.

Aber es gibt Zellen, die sich ständig vermehren, die unsterblich sind: Krebszellen. Georges Köhler versuchte daher, solche unsterblichen Krebszellen mit antikörperproduzierenden Blutzellen zu verschmelzen – und hatte dabei Erfolg. Das Produkt führte zu Zellen, die – gute Behandlung und Pflege vorausgesetzt – auf ewig ein und denselben Antikörper produzieren; in beliebiger Menge und absoluter Reinheit. Damit kann man aus einer Suppe von mehreren Millionen Molekülen einen ganz bestimmten Antikörper herausfischen, vergleichbar mit einer Angel, die nur Bachforellen anlockt. Wir erleben in diesem Moment, wie diese Technik nicht nur die Vorbeugung, sondern auch die Behandlung von Krankheiten revolutioniert. Neben der Gentechnologie ist diese als Hybridomtechnik bezeichnete Methode die wichtigste Errungenschaft der modernen Biotechnologie.

Zunächst die älteste und einfachste Anwendung monoklonaler Antikörper. Die »älteste Anwendung«, das heißt, die entsprechenden Produkte sind seit Anfang der achtziger Jahre auf dem Markt. Die »einfachste Anwendung« ist die Diagnostik, also der Nachweis ganz bestimmter Stecknadeln in einem riesigen Heuhaufen. Es gibt natürlich auch viele andere Diagnosemethoden. Gut geschulte, erfahrene Ärzte erkennen bereits sehr viele Krankheiten beim bloßen Betrachten des Patienten. Aber es gibt weit mehr Krankheiten, die nur sehr schwer zu erkennen sind oder die der Arzt erst dann entdeckt, wenn es bereits zu spät ist. In dem gesamten Arsenal unterschiedlichster Diagnoseverfahren zählen die monoklonalen Antikörper zu den besten Spürhunden, die auch noch die verborgensten Stecknadeln in den riesigsten Heuhaufen erkennen. Die erste kommerzielle Anwendung der »Monoklonalen« in der medizinischen

Diagnose war nicht unbedingt von umwerfendem medizinischem Wert. Sie bringt lediglich Frauen schon zu einem früheren Zeitpunkt Gewißheit über etwas, was sie ohnehin irgendwann erfahren würden. Gemeint sind die Schwangerschaftstests. Dieses erste Beispiel illustriert jedoch gleichzeitig sehr anschaulich, wie leistungsfähig monoklonale Antikörper eingesetzt werden können. Ob ihr Einsatz immer vernünftig ist, steht auf einem anderen Blatt. Die Hybridomtechnik ist genauso wie die Gentechnologie keine grundsätzlich »gute« oder »schlechte« Methode. Erst ihre Anwendung wird darüber entscheiden, ob die Mehrheit der Bevölkerung sie für sinnvoll und richtig hält.

Bei einer Schwangerschaft tritt im Urin der Frau ein bestimmtes Hormon auf, das die Wissenschaftler mit den drei Buchstaben HCG abkürzen. Der Schwangerschaftstest selbst enthält nun eine Lösung mit winzig kleinen Polystyrolkügelchen, auf denen monoklonale Antikörper sitzen. Diese Antikörper fangen die Hormonmoleküle ein und binden sie fest an sich. Statt bisher fein verteilt im Urin sitzt das Hormon nun hochkonzentriert auf den Kügelchen und kann mit einer zweiten, farbigen Sorte von Antikörpern nachgewiesen werden. Das Prinzip dieses Tests ist nicht neu. Aber früher wurden statt monoklonalen, also aus einer ganz bestimmten Zelle entstandenen Antikörpern ganze Gemische von Antikörpern benutzt. Dieses Gemisch war aber in der Regel so stark verschmutzt, daß es neben Antikörpern gegen HCG auch Antikörper gegen LH enthielt. LH ist ein ganz normales weibliches Hormon, das auch ohne Schwangerschaft im Urin vorkommt. Deshalb waren die frühen Schwangerschaftstests sehr unzuverlässig. Häufig zeigten sie nämlich Schwangerschaften an, die es gar nicht gab. Die Frauen freuten (oder ärgerten) sich zu früh. Die Hormone HCG und LH ähneln sich sogar so sehr, daß selbst die ersten monoklonalen Antikörper nicht immer richtig zwischen den beiden unterscheiden konnten. Nur ein kleines Anhängsel am HCG verrät, daß es sich um das echte Schwangerschaftshormon handelt. Inzwischen ist es gelungen, einen Antikörper herzustellen, der nur dieses kleine Anhängsel erkennt und der deshalb sehr viel zuverlässiger ist als seine Vorläufer.

Eine absolute Zuverlässigkeit ist jedoch viel wichtiger, wenn es sich wirklich um medizinische Fragen dreht. Hier revolutionieren die monoklonalen Antikörper derzeit die Diagnose eines Krankheitsbildes, das bislang häufig viel zu spät entdeckt wird: Krebs. Die Wissenschaftler in den Grundlagenforschungsinstituten wie etwa im Deutschen Krebsforschungszentrum in Heidelberg haben in den vergangenen Jahren entdeckt, daß manche Krebszellen Eigenschaften haben, die sie von normalen Zellen unterscheiden. Durch diese Eigenschaften verraten sich die Krebszellen – längst bevor sie auf dem Röntgenschirm sichtbar werden. Die Verrätermoleküle schwimmen entweder frei im Blut umher oder sitzen auf der Außenhaut der Krebszelle. Im ersten Fall genügt eine winzige Blutprobe zur Entscheidung über Ja oder Nein. Allerdings produzieren die Krebszellen nur sehr wenige solcher Krebserkennungsstoffe. Unter 40 Millionen ganz ähnlich gebauter Moleküle im Blut ist nur ein einziges das gesuchte Krebsmolekül. Eine Aufgabe, die nicht nur hohe Zuverlässigkeit, sondern auch eine ungeheure Empfindlichkeit erfordert.

Auch diejenigen Krebszellen, die ihre krebstypischen Stoffe nicht ins Blut absondern, sondern auf ihrer Oberfläche tragen, lassen sich inzwischen grundsätzlich nachweisen. Dazu spritzt der Arzt dem Patienten die auf Krebszellen abgerichteten Antikörper, die zusätzlich mit einem kleinen radioaktiven Anhängsel versehen sind. Die Antikörper kreisen so lange im Körper, bis sie ihr Ziel, die Krebsgeschwulst, gefunden haben. Dort heften sie sich an. Ein geeignetes Röntgengerät sieht die Radioaktivität und kann den Tumor deshalb genau abbilden. Für das Aufspüren von Metastasen des Dickdarmkrebses ist diese Methode allen anderen Verfahren wie Ultraschall oder NMR überlegen. Inzwischen gibt es Antikörpertests gegen eine ganze Reihe verschiedener Krebsarten, etwa Hoden-, Prostata- oder Leberzellkarzinom. An weiteren Tests wird weltweit mit Hochdruck gearbeitet. Allerdings sind die bisherigen Tests noch recht unvollkommen, etwa vergleichbar mit den Schwangerschaftstests der ersten Generation. Denn trotz intensiver Forschung weiß man immer noch zuwenig darüber, welches die wirklich entscheidenden Unterschiede zwischen normalen und entarteten Zellen sind.

Das bisherige Wissen reicht jedoch aus, um bereits einen Schritt weiter zu gehen. Der Nachweis einer entstehenden Krebsgeschwulst nutzt dem Patienten ja noch nicht allzuviel. Erst wenn die moderne Medizin sie auch beseitigt – am besten noch, bevor eine Operation überhaupt möglich ist –, wird der Patient mit den Forschern zufrieden sein. Lediglich die Anlagerung eines Antikörpers an Krebszellen genügt nicht, um diese zu zerstören. Die Antikörper werden deshalb als zielgenaue Raketen eingesetzt, um den Sprengstoff in die Krebszellen zu katapultieren. Bisherige Behandlungsmethoden, egal ob Medikamente oder Strahlen, bringen den Patienten oft enorme Nebenwirkungen. Dies liegt daran, daß sowohl die Medikamente als auch die Strahlen nicht nur auf Krebszellen wirken, sondern alle Zellen in Mitleidenschaft ziehen. Mit Hilfe der Antikörper gelingt es nun, die Medikamente dorthin zu transportieren, wo sie gebraucht werden. Bis daraus eine allgemein gebräuchliche Behandlung von Krebskranken entsteht, werden allerdings noch einige Jahre vergehen. Denn auch hier gilt ja die Einschränkung, daß die Monoklonalen noch nicht genügend gut den Feind vom Freund unterscheiden können. Aber immerhin: Die Krebsmedikamente allein greifen alle Zellen unterschiedslos an. Mit antikörpergekoppelten Cytostatika schaffen es Wissenschaftler inzwischen, den Angriff auf das blutbildende Knochenmark und auf das Immunsystem zu verhindern.

Die wissenschaftlichen Grundlagen für die monoklonalen Antikörper lieferte die Immunologie, die Lehre von den Abwehrkräften des Körpers. Sie feierte ihre ersten Erfolge bereits im Jahre 1796. Damals schützte der englische Landarzt Edward Jenners zum erstenmal Menschen mit einem Impfstoff gegen die Pocken. Impfstoffe sind also ein schon klassisches Gebiet der Biotechnologie. Er hatte erkannt, daß eine erfolgreich überstandene Erkrankung an Kuhpocken seine Patienten davor bewahrte, in ihrem weiteren Leben an den echten Pocken zu erkranken. Deshalb impfte er die Bevölkerung mit dem Abstrich von Pustelausschlägen an Kuheutern. Darin befanden sich – was Jenners allerdings noch nicht wissen konnte – Viren vom Typ Vaccinia, die bei Kühen Pocken verursachen, aber bei Menschen in der Regel nur milde Krankheitsverläufe hervorrufen. Vor etwa zehn Jahren, 180 Jahre nach Jenners Entdeckung, konnte die Weltgesundheitsorganisation stolz verkünden: Die Menschheit ist von der Pockenplage befreit. Noch zu Beginn des 19. Jahrhunderts erkrankten allein in Deutschland jährlich über eine halbe Million Menschen an Pocken, und mehr als jeder zehnte von ihnen starb. Weshalb gelang es Wissenschaftlern und Ärzten, die Pocken auszurotten, und weshalb fanden sie gegen andere Seuchen wie Malaria oder die Immunschwächekrankheit Aids noch keinen geeigneten Impfstoff?

Der Körper selbst besitzt normalerweise die Fähigkeit, mit unwillkommenen Eindringlingen wie krankheitserregenden Bakterien und Viren fertig zu werden. Im Blut gibt es besondere Zellen, eine Art Blutpolizei, die ständig im Körper patroulliert und sofort Alarm schlägt, wenn sie ungebetene Gäste erspäht. Sie gibt dann den Befehl an andere Zellen, spezielle Abwehrstoffe gegen die Krankheitserreger zu produzieren und diese damit zu vernichten. Bei einer leichten Erkältungskrankheit funktioniert diese Taktik auch ganz gut: Die Viren werden an bestimmten Anhängseln auf ihrer Oberfläche als fremd erkannt; daraufhin produziert der Körper die entsprechenden Abwehrstoffe, nämlich die Antikörper, und der Feind wird geschlagen. Bis sich der Körper auf die Erreger eingestellt hat und genügend Antikörper bilden kann, vergehen allerdings einige Tage. In dieser Zeit fühlt sich der Patient matt, hat Fieber und – je nach Art der eingedrungenen Erreger – noch eine ganze Reihe anderer Beschwerden. Doch spätestens nach einer Woche ist der Patient wieder fit, und es bleiben keinerlei Schäden zurück. Anders sieht es dagegen bei aggressiveren Viren und Bakterien aus, zum Beispiel bei den Variola-Viren, die für die Pocken verantwortlich sind. Sie können so angriffslustig sein, daß es die Blutpolizei nicht schafft, in kurzer Zeit genügend Antikörper zu produzieren und die Eindringlinge unschädlich zu machen. In diesen Fällen gewinnen die Mikroben den Kampf, der Patient ist ohne Chance und stirbt.

Das Prinzip einer Impfung besteht deshalb darin, dem Körper schon vor einer Infektion zu verraten, wie der mögliche Feind aussehen wird. Dadurch kann sich die Blutpolizei rechtzeitig wappnen und die entsprechenden Antikörper auf Vorrat produzieren. Dringt nun das so verratene Virus in den Körper ein, dann steht ihm schon eine ganze Armada an Abwehrkräften gegenüber. Nun ist die Mikrobe die Dumme und zieht den kürzeren. Im Falle der Pockenviren kam Jenners ein glücklicher Umstand zu Hilfe. Die Kuhpockenviren sind mit den Erregern der echten Pocken eng verwandt und sehen deshalb auch ähnlich aus. Spritzt man einem Menschen Kuhpocken, so wehrt er sich dagegen und bildet Antikörper. Dieselben Antikörper erkennen aber auch die echten Pockenviren und können diese bei einer Infektion zur Strecke bringen. Sehr zum Ärger der Wissenschaftler und Ärzte besitzen aber nur die wenigsten Krankheitserreger so nahe und zudem für den Menschen noch relativ harmlose Verwandte, daß dieser Trick immer funktioniert.

Bei fast allen anderen Infektionskrankheiten muß deshalb der Erreger selbst zu einem Impfstoff verarbeitet werden. Dazu kann man ihn entweder abschwächen wie bei Röteln und Masern oder abtöten wie bei Keuchhusten. Beide Verfahren sind jedoch nicht hundertprozentig zuverlässig. Manchmal passiert es, daß sich auch noch einige intakte Mikroben in den Impfstoff mit einschleichen. Die Folgen sind verheerend. Statt vor der Krankheit zu schützen, wird der Impfling erst recht mit ihr infiziert. Es gab sogar mal eine Zeitlang Impfstoffe, bei denen ein solcher Impfunfall wahrscheinlicher war als die Chance, auf natürlichem Wege mit dieser Krankheit in Berührung zu kommen. Die Impfstoffe sind zwar in den letzten Jahren mehr und mehr verbessert worden. Trotzdem sind es immer noch »fürchterlich schmutzige Stoffe«, wie der amerikanische Nobelpreisträger Joshua Lederberg formulierte. Er prophezeite bereits im Jahre 1980: »Wir werden in zehn Jahren sagen: Wie barbarisch konnten wir damals sein und den Patienten so schlechte Impfstoffe zumuten?«

Inzwischen hat sich ein Teil der Lederbergschen Prophezeiung bereits erfüllt. Seit 1985 gibt es verschiedene künstliche Impfstoffe für Tiere, etwa gegen die Maul- und Klauenseuche. Und seit 1986 ist sogar ein künstlicher Impfstoff für die Anwendung am Menschen zugelassen, zumindest in den USA. Es handelt sich dabei um einen Stoff, der vor der infektiösen Gelbsucht Hepatitis B schützt. Erst drei Jahre zuvor war es gelungen, auf konventionellem Wege einen Impfstoff gegen diese heimtückische Krankheit herzustellen. Denn im Gegensatz zu den meisten anderen Mikroorganismen lassen sich die Hepatitis-B-Viren weder im Reagenzglas noch in Tieren züchten. Das Ausgangsmaterial mußte deshalb aus Patienten gewonnen werden, die selbst mit dem Virus infiziert sind. Davon gibt es zwar weltweit 300 Millionen. Doch viele sind bereits so geschwächt, daß man ihnen nicht auch noch große Mengen Blut abzapfen kann. Jährlich sterben über zwei Millionen an Hepatitis. Medizinisches Personal ist besonders gefährdet, denn die Viren lassen sich, ähnlich wie die Erreger von Aids, praktisch nur übers Blut weiterreichen. Der Bedarf an Hepatitis-Impfstoff überstieg deshalb bald die Möglichkeiten, ihn auf konventionellem Weg herzustellen.

Die neuen, künstlichen Impfstoffe verdanken wir den Gentechnologen, die sich eine prinzipielle Eigenschaft der Mikroorganismen zunutze machen. Die Erreger sind aus mehreren Teilen aufgebaut. Die krank machenden Teile sitzen dabei meist im Innern und sind von einer Hülle umgeben. Die Blutpolizei im Körper benötigt zur Einleitung von Abwehrmaßnahmen lediglich bestimmte Bestandteile der Hülle, die selbst völlig harmlos sind und im Körper keinen Schaden anrichten können. Diese Hüllen bestehen im wesentlichen aus Eiweißstoffen und damit aus denselben Bausteinen wie gentechnologisch produziertes Insulin oder Interferon. Damit ist der Weg vorgezeichnet. Die Wissenschaftler müssen nur jene Bereiche auf der Oberfläche der Erreger herausfinden, die der Blutpolizei das Alarmsignal zur Abwehr geben. Dann pflücken sie die Struktur auseinander, übersetzen sie in den Bauplan der Lebewesen und schleusen sie in harmlose Mikroorganismen wie zum Beispiel Hefen ein. Die Hefen produzieren dann brav einen sauberen, verläßlichen Impfstoff, der keine Nebenwirkungen mehr hat.

Dieses Verfahren läßt sich im Prinzip auf alle möglichen Erreger anwenden – aber eben nur im Prinzip. Die Praxis sieht heute vielfach noch anders auch. Denn es gibt eine ganze Reihe von Mikroorganismen wie etwa die echten Grippeviren, die Erreger von Malaria oder von Aids, die es immer wieder schaffen, sich vor der Blutpolizei zu tarnen. Dies gelingt ihnen, indem sie die Struktur ihrer Oberfläche ständig verändern. Ein Impfstoff, der heute gegen einen solchen Verwandlungskünstler entwickelt wird, kann deshalb schon morgen wirkungslos sein. Allerdings sehen die meisten Forscher in diesem Verhalten kein grundsätzliches Hindernis. Gerade solche wissenschaftlich anspruchsvolle und hochinteressante Themen fordern immer wieder zu besonderen Anstrengungen heraus. Um so mehr, wenn sich damit, wie im Falle eines Impfstoffs gegen Aids, sogar viel Geld verdienen ließe. Erste Erfolge sind auch bereits in Sicht. Denn trotz aller Tarnkappen, die sich solche Erreger überziehen, bleiben sie an einer Stelle verwundbar. Nämlich dort, wo sie sich im Körper an ein bestimmtes Ziel anheften. Bei den Aidsviren sind dies zum Beispiel sogenannte T-4-Zellen. Dort gehen die Viren vor Anker und setzen ihr zerstörerisches Werk in Gang. Da sie jedoch nur diese T-4-Zellen und sonst keine – oder höchstens sehr ähnliche Zellen – befallen, müssen sie einen ganz bestimmten Anker besitzen, der nur auf diesen Zellen hält. Zumindest dieser Bereich dürfte sich nicht verändern, sonst könnten die Viren ja nicht mehr an ihrem Ziel landen.

Noch sehr viel gekonnter als Grippe- und Aidsviren beherrschen die Erreger der Malaria das Katz-und-Maus-Spiel mit dem Immunsystem. Im Gegensatz zu den in den gemäßigten Breiten häufigeren »gewöhnlichen« Infektionskrankheiten wird die Malaria nicht von Viren oder Bakterien verursacht, sondern von echten Parasiten. Malaria ist sogar die gefährlichste aller Parasitenkrankheiten. Allein im tropischen Afrika sterben jedes Jahr eine Million Kinder an dieser schrecklichen Krankheit. Jährlich werden weltweit 150 Millionen neue Fälle registriert. In den sechziger Jahren gelang es, die Malaria erfolgreich einzudämmen. Großflächig versprühte Nebel aus Insektenvertilgern wie DDT vernichteten die Überträger des Malariaerregers, die Stechmücke Anopheles. Doch der Erfolg war nur von kurzer Dauer. Denn die Mücken lernten, sich den Giften anzupassen. Sie wurden resistent. Die Malariazahlen stiegen bald wieder sprunghaft an. Ähnlich erging es den Medikamenten. Die Malariaerreger selbst, Parasiten der Gattung Plasmodium, wurden gegen die üblichen Malariamedikamente widerstandsfähig. Inzwischen gibt es Kombinationspräparate, die mehrere Wirkstoffe enthalten. Doch wie lange sie die Plasmodien in Schach halten können, weiß niemand.

Also bleibt nur eins: Ein Impfstoff gegen Malaria muß her. Bislang ist es allerdings in keinem einzigen Fall gelungen, einen Impfstoff gegen einen Parasiten zu entwickeln. Alle Impfstoffe wirken lediglich gegen Viren oder Bakterien. Diese Mikroorganismen sind wesentlich einfacher gebaut und beherrschen deshalb auch nicht so viele Tricks, um den Menschen zu trotzen, wie die höherentwickelten Parasiten. Wenn es also schon schwierig ist, gegen manche Viren zuverlässige Impfstoffe herzustellen, um wieviel schwieriger muß es dann sein, Impfstoffe gegen Parasiten zu entwerfen?

Außer dem ständigen Maskenwechsel, den auch manche Viren und Bakterien beherrschen, haben die Plasmodien noch eine Reihe weiterer Tricks auf Lager. Sie lassen sich nicht einfach in einer zukkerhaltigen Nährlösung oder auf einer einfachen Zellkultur züchten.

Vielmehr durchlaufen sie eine komplizierte Karriere. Diese beginnt im Magen der Anophelesmücke und führt über die Speicheldrüse der Mücke in das menschliche Blut. Dort verstecken sich die Parasiten in den roten Blutkörperchen und in Leberzellen. Unbehelligt vom Abwehrsystem des menschlichen Körpers, können sie sich in aller Ruhe vermehren und ihren tödlichen Angriff auf ihr Opfer vorbereiten. Eine Kultivierung der Plasmodien ist deshalb sehr aufwendig und erst seit wenigen Jahren möglich. Das Prinzip »Tarnen und Täuschen«, auf dem Lehrplan jeder militärischen Ausbildung, treiben die Parasiten jedoch noch toller. Sie produzieren nämlich eine wahre Kaskade von völlig ungefährlichen Substanzen, die das Immunsystem auf eine falsche Fährte lockt. Die menschliche Immunabwehr ist ziemlich dumm. Sie baut Antikörper gegen alle als »fremd« erkannten Stoffe, ganz gleich, ob diese gefährlich sind oder nicht. Damit ist sie so sehr beschäftigt, daß sie von ihrer eigentlichen Aufgabe, der Bekämpfung der Parasiten, total abgelenkt ist. Malariaerreger tragen auf ihrer Oberfläche also nicht nur einen riesigen, sich zudem ständig ändernden Satz an Erkennungszeichen, sondern produzieren eine noch wesentlich größere Vielfalt an Irrläufern. Die aktuelle Malariaforschung konzentriert sich daher vor allem auf die Gretchenfrage: Welche dieser vielen verschiedenen Erkennungsstoffe muß ein Impfstoff enthalten, damit der Körper rechtzeitig Gegenmaßnahmen einleiten kann?

Inzwischen glauben manche Wissenschaftler, daß sie zumindest einige der für die Immunantwort entscheidenden Eiweißstoffe gefunden haben. Jetzt geht es darum, auch deren Bauanleitung zu entschlüsseln. Auch dies ist in einigen Fällen schon gelungen. Diese Eiweißstoffe können also bereits biotechnologisch produziert und vorläufig an Versuchstieren getestet werden. Ob es bereits die richtigen sind, wird sich wohl erst in ein paar Jahren herausstellen. Die Malariaforschung gehört aus diesen und noch vielen ungenannten Gründen zu den wissenschaftlich anspruchsvollsten Themen überhaupt. Sie ist deshalb auch sehr teuer. Trotzdem beteiligen sich nicht nur Universitäten und staatliche Forschungsinstitute an dem Wettrennen um den ersten Impfstoff gegen einen Parasiten. Auch mancher Pharmakonzern unterhält eigene Malariaabteilungen. Der Basler Chemie- und Pharmamulti Hoffmann-La Roche mischt ganz vorne mit.

Denn im Gegensatz zu manchem Konkurrenten, der die kostspielige Parasitenforschung längst aufgegeben hat, hofft man in der Konzernzentrale auf ein lohnendes Geschäft. Gibt es erst einmal einen zuverlässigen, einfach zu handhabenden Impfstoff, so zählen die Basler auf die Unterstützung der Weltgesundheitsorganisation. Ähnlich wie bei den weltweiten Pockenimpfprogrammen der sechziger Jahre soll es dann in den neunzigern riesige Feldzüge gegen die Malaria geben. Außerdem setzt man auf die ständig steigende Zahl der Tropenreisenden, die für eine einmalige Impfung sicher gerne etwas tiefer in die Tasche greifen würden als für die monatelange Vorbeugung mit nicht ganz unbedenklichen Medikamenten.

Außerdem spekuliert man – quasi als Abfallprodukt der Malariaforschung – auf Erkenntnisse, die der Entwicklung eines wirtschaftlich interessanteren Impfstoffes gegen Aids dienen. Inzwischen träumen manche Gentechnologen sogar schon davon, einen Superimpfstoff herzustellen. Dieser müßte in einem Molekül die Erkennungsregionen aller geläufigen Krankheitserreger tragen und so den Körper dazu veranlassen, gegen alle diese Gefahren vorsorglich Abwehrstoffe bereitzustellen. Ein anderer Weg führt wieder zurück zu den monoklonalen Antikörpern. Denn es gibt zwei Arten von Impfstoffen: aktive und passive. Aktiv nennt man solche, die den Erreger oder Teile davon enthalten und das Immunsystem deshalb anregen, aktiv Antikörper zu produzieren. Sie sind den passiven Impfstoffen in aller Regel überlegen, weil sie dem Immunsystem Hilfe zur Selbsthilfe leisten. Dies ist jedoch nicht immer möglich. Vor allem, wenn der Erreger sein Opfer bereits befallen hat, kommt jede aktive Impfung zu spät. In solchen Fällen sowie bei Infektionen, für die es noch keine aktiven Impfstoffe gibt, setzten die Ärzte passive Präparate ein. Das heißt, der Patient erhält die gegen den Antikörper gerichteten Erreger direkt ins Blut gespritzt. Vor der Ära der Hybridomtechnik gab es jedoch noch gar keine spezifischen Antikörper. Deshalb plagte man die Patienten mit einem Blutkonzentrat aus mehreren hundert Spendern, in der Hoffnung, daß dieser Pool genügend Antikörper gegen die zu bekämpfenden Erreger enthalten möge. Dies war jedoch nicht immer gewährleistet. Außerdem enthielten solche Konzentrate häufig Stoffe, die der Patient nicht vertrug. Mit Hilfe der Hybridomtechnik eröffnet sich nun die Möglichkeit, für solche

Fälle hochreine monoklonale Antikörper zu produzieren. Damit nähert sich die Wirklichkeit ein weiteres Stück an die oben zitierte Vision von Joshua Lederberg.

Doch gerade in der Humanmedizin kommt der Einsatz der Monoklonalen noch nicht so recht voran. Denn die antikörperbildenden Zellen stammen nicht von Menschen selbst, sondern von Mäusen. Mensch- und Mausantikörper unterscheiden sich zwar nur geringfügig, aber immerhin so stark, daß viele Patienten die Mausantikörper als fremd erkennen und sich ihr Immunsystem dagegen wehrt. Es geht jedoch nicht einfach darum, daß man die antikörperliefernden Zellen künftig in Menschen statt in Mäusen produziert. Denn dazu müßte man einen Menschen erst mit dem betreffenden, zum Antikörper passenden Antigen impfen. Antigene, das ist die Sammelbezeichnung für all das, was man hinterher mit Antikörpern nachweisen oder abfangen möchte. Also Viren, Bakterien, chemische Verbindungen jeglicher Art. Einen Menschen mit einem gefährlichen Virus zu impfen, nur um dann aus seiner Milz nach einigen Wochen diejenigen Zellen herausoperieren zu können, die Antikörper gegen dieses Virus herstellen – diese Vorgehensweise verbietet sich von selbst. Also spritzt man die Viren und sonstigen Stoffe und Erreger in Labormäuse.

Trotzdem bieten sich findigen Wissenschaftlern Mittel und Wege, das menschliche Immunsystem mit den Mausantikörpern zu versöhnen. Denn jeder Antikörper besteht aus zwei Teilen. Ein Teil davon ist konstant, also bei jedem Antikörper einer bestimmten Tierart oder des Menschen stets gleich aufgebaut. Der andere Teil dagegen ist variabel, er ist bei jedem Antikörper verschieden und macht ihn so wählerisch. Wenn die vorläufigen Analysen der Wissenschaftler zutreffen, so richtet sich die Abwehrreaktion des Körpers jeweils nur gegen den konstanten, maustypischen Teil des monoklonalen Antikörpers. Also wäre es doch sinnvoll, die Maus nur den variablen Teil produzieren zu lassen und daran jeweils den konstanten, menschlichen Teil anzuhängen. Damit wäre das Immunsystem überrumpelt, denn es erkennt ja nach dem derzeitigen Stand der Forschung nur den körpereigenen, konstanten Teil. Die Produktion des konstanten Teils ist völlig problemlos. Einmal isoliert, kann sein Bauplan – eingeschleust in eine Zellkultur – beliebig lange aufbewahrt und vermehrt werden. Diese Verschmelzung von Mensch- und Mausantikörpern ist inzwischen gelungen. Sie sind die Antikörper der zweiten Generation. Allerdings werden die beiden Hälften nicht erst nach dem Bau zusammengeklebt. Die molekularen Architekten setzen schon früher an. Sie verschmelzen bereits den Bauplan für den konstanten Teil mit dem Bauplan für den variablen und übertragen diesen gemischten Plan dann in die Zellkulturen. Klinische Studien müssen nun zeigen, ob die Rechnung der Antikörperkuppler aufgeht.

In Kapitel 9 werden wir sehen, daß die Reinigung einer biotechnologisch hergestellten Substanz oft große Probleme bereitet. Häufig geht ein Teil des wertvollen Produkts bei der Aufarbeitung kaputt oder bleibt in den Schmutzstoffen hängen. Dies gilt um so mehr noch für die neueren Produkte, die mit Hilfe gentechnologischer Verfahren in die Produzentenzellen eingeschleust werden. Denn Stoffe wie Insulin, Interferon, Wachstumshormon, Impfstoffe und ähnliches sind hochempfindliche Eiweißstoffe, für die die herkömmlichen Reinigungsmethoden meist zu grob sind. Seit monoklonale Antikörper in technischem Maßstab hergestellt werden können, werden sie auch für solch technische Zwecke verwendet. Ihr Nutzen ist also längst nicht mehr auf wissenschaftliche und medizinische Zwecke begrenzt. Zum erstenmal industriell eingesetzt wurden die Monoklonalen zur Reinigung von Alpha-Interferon. Nachdem die gegen das Interferon gerichteten monoklonalen Antikörper erst einmal gezüchtet waren, blieb der Rest ein Kinderspiel. Im Prinzip funktioniert die Reinigung dann genauso wie bei Ionenaustauschern. Die in ein Glasrohr gefüllten Kügelchen tragen auf ihrer Oberfläche lediglich statt Ionen monoklonale Antikörper. Die gesamte Bakterienbrühe wird nun einfach in das Rohr gekippt. Dabei greifen sich die Antikörper die zu ihnen passenden Interferone, und der gesamte Rest flutscht einfach durch. Hat man mit genügend sauberem Wasser alle nichtgebundenen Bestandteile weggewaschen, dann läßt sich das Interferon sehr schonend mit einer milden Säurelösung wieder von den Antikörpern ablösen, und man erhält ein hochreines Produkt. Inzwischen haben die monoklonalen Antikörper einen festen Platz im Putzmittelschrank biotechnologischer Reinigungskolonnen.

Die Wiege der Hybridomtechnik stand in Basel. Dort hatte der Chemie- und Pharmakonzern Hoffmann-La Roche im Jahre 1969 ein

Institut für Immunologie gegründet. In ihren Entscheidungen weitgehend unabhängig von ihrem industriellen Geldgeber, schufen die dort versammelten Wissenschaftler innerhalb weniger Jahre ein Forschungszentrum der Weltklasse. Das Institut ist nicht in Abteilungen und Hierarchiestufen gegliedert. Jeder Mitarbeiter besitzt denselben Status eines »Mitglieds«. Vielleicht war die Forschung in diesem Institut deshalb so erfolgreich, weil seine Organisationsstruktur keine formelle Karriere erlaubt und sich die Wissenschaftler deshalb voll auf ihre eigentliche Tätigkeit konzentrieren können. Die zunächst uneigennützig anmutende Förderung des Basler Instituts hat sich für Hoffmann-La Roche längst ausgezahlt. Nachdem die außerordentlichen Möglichkeiten der monoklonalen Antikörper Ende der siebziger Jahre mehr und mehr deutlich wurden, bewegte die Konzernleitung eine Gruppe hochqualifizierter Wissenschaftler dieses Grundlagenforschungszentrum zum Übertritt in die angewandte Roche-Forschung.

Kapitel 6: Bildschirm-Biologen

Mikrobiologie und Mikroelektronik feiern Hochzeit

Sollen die Verheißungen der Gentechnologie und der monoklonalen Antikörpertechnik nicht einfach nur Prognosen, Projekte und Zeitungsartikel sein, so müssen sie in biotechnologische Verfahren umgesetzt werden. Der Erfolg der Biotechnologie hängt deshalb letztlich von einem gleichmäßigen Fortschritt der sie tragenden Wissenschaftszweige ab. Dieser Aspekt wurde bislang noch zuwenig beachtet, denn die technische Forschung und Entwicklung für biologische Verfahren ist sehr teuer und langwierig. Selten nur gibt es einen spektakulären, vorzeigbaren großen Durchbruch. Üblich sind vielmehr scheibchenweise Verbesserungen nach der Salamitaktik.

Sowohl die Herstellung als auch der Abbau von Stoffen mit Hilfe von Mikroorganismen oder Zellkulturen in einem Bioreaktor ist ein sehr komplizierter Vorgang, bei dem die verschiedensten Prozesse und Reaktionen ablaufen. Eine wesentliche Aufgabe der Biotechnologen ist es, diese Prozesse kennenzulernen und dann so zu steuern, daß die Mikroorganismen den gewünschten Stoff bestmöglichst produzieren bzw. abbauen und in einen anderen umwandeln. Eine Überwachung oder gar Steuerung eines biotechnologischen Verfahrens setzt jedoch voraus, daß die Betreiber das Geschehen in den Bioreaktoren verfolgen können. Es sind also Meßgeräte gefordert, die am besten kontinuierlich die verschiedensten Abläufe aufzeichnen und so dem Biotechnologen ein möglichst genaues Bild aus dem Innern des Reaktors vermitteln. Hier hapert es allerdings noch gewaltig. Denn die Bedingungen in einem Bioreaktor sind so extrem, daß die Technik bislang große Schwierigkeiten hat, entsprechend widerstandsfähige Geräte zu konstruieren. Die Meßsonden müssen einerseits bei der Entkeimung des Kessels eine Hitze von mindestens 121 °C überstehen und sollen dann über Tage und Wochen zuverlässig in einem stark durchmischten und mit Bakterien prall gefüllten Stahlbehälter zuverlässig funktionieren.

Denkt man an die technischen Meisterleistungen zum Beispiel in der Weltraumfahrt, so erscheinen diese Probleme lösbar. In der Tat gibt es seit wenigen Jahren einige Ansätze, neue Meßtechniken für Bioreaktoren zu entwickeln. Allerdings war bislang das Interesse der Meßgeräteindustrie an solchen Dingen recht gering. Apparate, die spektakuläre Himmelskörper wie den Kometen Halley analysieren, sind allemal prestigeträchtiger als solche, die in dunklen, jeder Fernsehkamera verschlossenen Bakterienbrühen den Gehalt an bestimmten Enzymen bestimmen. Dennoch macht sich mittlerweile ein Umdenken bemerkbar. Mit Hilfe der Gentechnologie ist nämlich in jüngster Zeit eine Fülle neuer und großtechnisch interessanter Verfahren entstanden, so daß sich für die Meßgerätehersteller allmählich ein größerer Markt öffnet, in den es sich zu investieren lohnt. Außerdem sind gentechnologisch veränderte Zellen meist noch anspruchsvoller als ihre mit konventionellen Mitteln gezüchteten Kollegen.

In kleinen Reaktoren für Forschungszwecke besteht inzwischen die Möglichkeit, die Konzentrationen von allerhand verschiedenen festen, gelösten und gasförmigen Stoffen zu messen. Doch dazu benötigen die Forscher umständliche und teure Zusatzeinrichtungen, die sich für den Einsatz im industriellen Maßstab nicht eignen. Solange sich dies nicht grundlegend ändert, gilt die Devise von Prof. Dieter A. Sukatsch, Fermentationsspezialist bei der Frankfurter Hoechst AG: »In der Forschung soviel Instrumentierung wie möglich, aber in der Produktion sowenig wie möglich.«

Die zweite Forderung fällt den Industrietechnologen nicht schwer. Denn bisher gibt es nur wenige Geräte, die einigermaßen zuverlässig messen können. Das einfachste Gerät ist natürlich das Thermometer, verbunden mit einem Thermostat. Die Bedeutung solch alltäglicher Instrumente sollte man nicht unterschätzen. Sind sie defekt, ohne daß der Betreiber dies merkt, so kann dies schon mal einen Produktionsausfall von 100 000 Mark bedeuten. Denn die Mikroorganismen und viel mehr noch die tierischen Zellkulturen arbeiten am liebsten bei einer ganz bestimmten Temperatur. Wird sie zu stark über- oder unterschritten, so treten die Zellen in Streik. Bei modernen Bioreaktoren lassen sich die Temperatur und eine Reihe weiterer Meßgrößen über einen Computer steuern. So kann man bequem Temperaturveränderungen zu bestimmten Entwicklungszeiten der Zellen vornehmen. Es gibt zum Beispiel Zellen, die es in der Wachstumsphase schön warm haben wollen, aber für die anschließende Produktion eher etwas kühlere Temperaturen bevorzugen. Mit Hilfe anderer Sonden, die etwa den Sauerstoffgehalt oder den pH-Wert (Säuregrad) bestimmen, erkennt der darauf programmierte Computer, wann die Zellen ihr Wachstum beendet haben und wann er folglich den Reaktor kühlen soll. Für solch einfache Steuerungsaufgaben bräuchte man nicht unbedingt einen Computer. Es ist jedoch wesentlich kostengünstiger, schon für solche Zwecke einen billigen Personal-Computer einzusetzen, als eine Bedienungsmannschaft rund um die Uhr zu beschäftigen. Aber in Zukunft werden immer mehr Computer Einzug in die Fermentationshallen halten. Denn diese primitiven Modelle stehen erst am Anfang einer komplexen Entwicklung von Regelnetzwerken, die sich wirklich nur noch mit automatischen Datenverarbeitungsanlagen lösen lassen.

Es ist ein äußerst langwieriges Unterfangen, biotechnologische Verfahren zu verbessern, das außerdem häufig langweiliges Ausprobieren verschiedener Möglichkeiten verlangt. Komplexe und in ihrer Ausführung gleichförmige Tätigkeiten sind aber das Spezialgebiet von Computern. Ohne sie wären solch überragende Leistungen wie die Weltraumfahrt nicht vorstellbar. Es lag daher nahe, auch biotechnologische Prozesse mit Hilfe von Computern zu planen, zu steuern und zu überwachen. Dies ist bislang allerdings erst in Ansätzen gelungen. Denn so kompliziert ein Unternehmen wie eine Mondlandung auch anmutet, gehorcht es doch ganz genau festgelegten physikalischen und mathematischen Gesetzen, die die Wissenschaft in den vergangenen vier Jahrhunderten zu verstehen gelernt hat. Die Dimensionen biologischer Strukturen sind jedoch noch um ein Vielfaches verworrener. Zwar lassen sich auch alle Lebensvorgänge letztlich auf einfache physikalische und chemische Gesetzmäßigkeiten zurückführen. Doch wie diese letztlich einfachen Regeln in biologischen Wesen miteinander vernetzt sind und wie sie sich gegenseitig beeinflussen, beginnen die Wissenschaftler erst allmählich zu verstehen.

Es gibt zwar seit zwei Jahrzehnten Bestrebungen, die Lebensvorgänge modellhaft zu beschreiben und Computer mit diesen Modellen zu füttern. Aber jeder Computer ist nur so gut wie das Modell, das ihm der Programmierer einflüstert. Diese Modelle beschreiben die Wirklichkeit bislang nur sehr unzureichend. So war es also bisher nicht die Rechenkapazität, die das Vordringen der Computer in die Biotechnologie hinderte. Inzwischen sind jedoch Ansätze erkennbar, das in den vergangenen Jahren sprunghaft angewachsene biologische Wissen in verfeinerte Modelle umzusetzen. Sollte dieses Vorhaben gelingen, dann würden die derzeitigen Rechner nicht mehr ausreichen. Doch die Computerspezialisten werden den Bioinformatikern sicher noch einige Zeit lang mehrere Schritte voraus sein. Schließlich entstehen mittlerweile bereits Rechengiganten der sechsten Generation mit noch ungeahnten Fähigkeiten. Der Krieg der Sterne erreicht wohl ähnliche Komplexität wie ein Gemisch von wenigen Tausendstel Millimeter großen Mikroorganismen...

Doch bleiben wir zunächst auf dem Boden des bisher schon Möglichen. Ein Modell beschreibt zum Beispiel die Produktion des Antibiotikums Cephalosporin mit Hilfe des Pilzes Cephalosporium. Den Modellierern war bekannt, daß die mikroskopisch kleinen Pilzfäden anschwellen, kurz bevor sie mit der Cephalosporin-Produktion loslegen. Außerdem wußten sie, daß das Antibiotikum bereits früher produziert wird, wenn von Anfang an einige geschwollene Pilzfäden im Bioreaktor sind. Weiterhin hatten sie einen Schalter gefunden, der die Synthese an- und ausschalten konnte: die Menge der Aminosäure Methionin. War viel Methionin vorhanden, setzte die Produktion ein, war zuwenig da, blieb sie abgeschaltet. Auch die Nährstoffkonzentration hatte wie so oft bei Antibiotikafermentationen einen Einfluß. Bei zuviel Zucker wuchsen die Pilze lieber, anstatt Cephalosporin zu produzieren. Die Wissenschaftler, ein japanisches Team von der Universität Osaka, übersetzten diese drei Regelmechanismen in ein Computermodell und simulierten damit die besten Bedingungen für die Antibiotikaherstellung. Das Ergebnis war ermutigend. Befolgten sie die Anweisungen des Computers, so produzierten die Pilze im Bioreaktor fast ein Drittel mehr Cephalosporin. Gewiß, diese Steigerung wäre auch durch ständiges Ausprobieren ohne Computer möglich gewesen. Und die Wissenschaftler waren insgesamt nicht mal schneller, als wenn sie die Zeit statt für das Erstellen des Computermodells für das traditionelle, langweilige Ausprobieren geopfert hätten. Aber sie konnten eindrücklich belegen, daß Computer nicht auf ewige Zeiten aus den Labors der Biotechnologen verbannt bleiben werden. Das war im Jahre 1980.

Inzwischen gibt es Simulationsprogramme, bei denen die Bedingungen nicht mehr so klar und übersichtlich sind und die bis zu hundert verschiedene Faktoren berücksichtigen. Allerdings: Wer einen Mikroorganismus und dessen Lieblingsbedingungen bereits so gut kennt, daß er ihn so genau beschreiben kann, der weiß bereits so viele Tricks, daß er ein Computermodell kaum noch benötigt. Der (Alp-) Traum eines jeden Biotechnologen ist sicher die Vorstellung eines vollautomatischen Gerätes, das den genetischen Bauplan einer neuentdeckten Mikrobe liest und daraus dem Biotechnologen die Anweisung für eine optimale Produktion diktiert. Von dieser Vorstellung sind wir allerdings noch ein großes Stück entfernt, und es besteht bislang keine Gefahr, daß wir von einer Schar arbeitsloser Biotechnologen überschwemmt werden.

Zunächst lernen die Biotechnologen und Computerspezialisten von der Natur selbst. Denn jede Zelle ist eigentlich selbst ein perfekt organisierter und gesteuerter Bioreaktor. Die vielen Tausende Um-, Ab- und Aufbaureaktionen laufen nebeneinander ab und werden von einem bislang erst in Ansätzen verstandenen Kontrollsystem überwacht. Diese eingebaute Selbstregulation ermöglicht es der Zelle, sich auf die unterschiedlichsten Umweltbedingungen optimal einzustellen. Moderne Computerprogramme versuchen, diese Strategie nachzuahmen. Sie geben deshalb nicht starre Anweisungen, sondern passen sich neuen Situationen an. Da diese neuen Situationen meist nicht vorhersehbar sind, müssen sich die Programme erst darauf einstellen. Das bedeutet jedoch auch, daß sie falsch reagieren können. Ein Rückkopplungsmechanismus berichtet dem Computer dann über die Folgen seiner Anweisungen. Daraus lernt er und verhält sich beim nächstenmal anders. Dieses Versuch- und Irrtum-Spiel wird so lange gespielt, bis der Computer aus Erfahrung auf alle möglichen Situationen die optimale Antwort kennt. Solche intelligenten, sich selbst regulierenden und verbessernden Systeme können eine Prozeßentwicklung enorm beschleunigen.

Neben der Optimierung der Fermentationsbedingungen werden Computermodelle zunehmend für die automatische Überwachung und Kontrolle von Produktionsprozessen eingesetzt. Dabei kommt der richtigen Wahl der zu kontrollierenden Meßwerte große Bedeutung zu. Denn der Verlauf einer Fermentation wird am besten und unempfindlichsten sein, wenn die Meßwerte in einem breiten Bereich schwanken dürfen.

Damit sind wir aber wieder bei den Sonden und Meßgeräten angelangt, die erst noch entwickelt werden müssen, um die Computer auch mit genügend sinnvollen Daten füttern zu können. Bislang funktionieren – neben den Thermometern – lediglich zwei Meßfühler einigermaßen zuverlässig. Sie messen den pH-Wert und den Anteil des gelösten Sauerstoffs. Letzteres geschieht im Prinzip genauso, wie wenn ein Auto verrostet. Denn Rost ist eine Verbindung aus Metallen, meist Eisen, und Sauerstoff. Zur Bestimmung des Sauerstoffgehalts benutzt man ein Elektrodenpaar aus Gold oder Silber als Kathode und Zink oder Cadmium als Anode. Aufgrund der dadurch erzeugten Spannung lagert sich Sauerstoff an die Anode an. Dabei entsteht ein Strom, der mit einem Amperemeter gemessen werden kann und der um so stärker ist, je mehr Sauerstoff in der Nährbrühe ist.

Nur unzureichend gelingt dagegen bislang die Messung der Zelldichte. Sie ist aber besonders wichtig, damit der Biotechnologe oder Computer weiß, wann die Zellen ihr Wachstum abgeschlossen haben und er sie nicht mehr füttern muß. Optische Sonden, die nur die Trübung messen, sind sehr unzuverlässig. Denn oft scheiden die Zellen auch gefärbte Substanzen aus, die das Ergebnis verfälschen. Akustische Resonanzdichtemessungen sind zwar genauer, aber auch aufwendiger. Bei ihnen verwendet man die Frequenz, die von einem eingestrahlten Ton zurückgeworfen wird – wie bei einem Echo. Leere und zellhaltige Nährlösungen zeichnen sich durch eine unterschiedliche Frequenz aus. Auf einem ähnlichen Prinzip beruht auch eine andere Methode. Statt Schall bedient sie sich der Lichtstrahlen. Jede Zelle enthält einen bestimmten Stoff, den die Biochemiker mit

NADH abkürzen. Werden die Zellen mit ultraviolettem Licht einer bestimmten Wellenlänge bestrahlt, so wandeln diese Moleküle das eingestrahlte Licht in Licht einer anderen, aber ebenso genau festgelegten Wellenlänge um und strahlen es wieder zurück. Auch hier gilt wieder die Beziehung: je mehr Zellen, desto mehr NADH, desto mehr meßbares Licht. Aber auch diese Technik befriedigt die Biotechnologen nicht ganz. Sie ist zu umständlich und vor allem bei fädig wachsenden Mikroorganismen zu ungenau.

Diese Meßmethoden funktionieren alle »online«. Das heißt, sie werden ohne äußere Eingriffe automatisch im Bioreaktor vorgenommen. Wesentlich mehr Meßmethoden arbeiten lediglich »offline«. Dazu müssen aus dem Bioreaktor ständig Proben abgezapft werden. Die Bestimmung dieser Meßwerte dauert dann meist mehrere Stunden. Bis das Ergebnis schließlich vorliegt, kann der Prozeß bereits gekippt sein, und jede Änderung der Reaktionsbedingungen kommt zu spät. Inzwischen wird allerdings an vielen, teilweise faszinierenden Möglichkeiten der »online«-Biosensorik gearbeitet.

Biosensoren sind ganz allgemein Meßgeräte, die biologische Elemente und herkömmliche technische Meßverfahren in sich vereinigen. Enzyme, Antikörper und sogar ganze Zellen werden mit Thermistoren, Elektroden, Transistoren und optischen Empfängern kombiniert. Damit läßt sich das schier unerschöpfliche Reservoir hochspezifischer biologischer Reaktionen für Meßzwecke nutzen.

Zunehmend beliebter, zuverlässiger und für immer mehr Einsatzgebiete verfügbar werden die Enzym-Thermistoren. Dieses Wortgebilde besagt nichts anderes, als daß die bei enzymatischen Reaktionen entstehende Wärme gemessen und in Meßwerte umgesetzt wird. Da fast alle enzymatischen Reaktionen Wärme abgeben oder verbrauchen, ist diese Methode ungeheuer flexibel. Sie muß nur jeweils auf ein bestimmtes Enzym zugeschnitten werden. Ein Problem ist lediglich, daß die Wärmeänderung in manchen Fällen zu gering ist, um sie mit herkömmlichen Verfahren nachzuweisen. Gelingt dies jedoch, so arbeiten die Enzym-Thermistoren, im Gegensatz zu manch anderen Methoden, ohne den Fermentationsverlauf in irgendeiner Weise zu beeinflussen oder zu stören. Ein großer Vorteil besteht auch darin, daß sie, anders als optische Verfahren, keine klaren Lösungen benötigen – einem Idealfall, der in der Biotechnologie sehr selten ist.

So funktionieren die Enzym-Thermistoren: Zunächst benötigt man einen kleinen Behälter, in dem sich mittels Thermostat sehr genau eine stets gleichbleibende Temperatur aufrechterhalten läßt. In diesen Behälter bringt man das Enzym, das die nachzuweisende Substanz in eine andere Form umwandeln kann und dabei Wärme erzeugt oder verbraucht. Diese Wärmeänderung wird dann mit einem hochempfindlichen Thermometer gemessen. Der letzte Schritt ist denkbar einfach: Je größer die Temperaturänderung, desto höher die Konzentration der nachzuweisenden Substanz. Die bislang empfindlichsten Meßgeräte können noch Temperaturunterschiede von einem Hundertstel Grad Celsius nachweisen. Um sicherzugehen, daß nicht irgendwelche anderen Wärmequellen die Meßwerte verfälschen, wird stets mit zwei Thermistoren gemessen. Einer davon enthält keine Enzyme und dient damit als Bezugspunkt. Grundsätzlich können mit dieser Methode alle Stoffe gemessen werden, die sich von einem Enzym in einen anderen Stoff umwandeln lassen. Gebräuchlich sind bislang vor allem Enzyme, die Penicillin oder Harnstoff spalten, und solche, die Zucker mit Sauerstoff verbinden. Damit läßt sich leicht ermitteln, wieviel Produkt bereits gebildet ist bzw. wie viele Nährstoffe noch in der Kulturflüssigkeit vorhanden sind. Anhand dieser Ergebnisse, die sich auch direkt in einen Computer einfüttern lassen, können dann die erforderlichen Nährstoffe rechtzeitig in den Bioreaktor nachgefüllt werden.

Enzym-Thermistoren sind die Vorläufer einer ganzen Generation von biologischen Meßsonden. Die Aufgabe – und zunächst auch die größten Schwierigkeiten – bestehen darin, zwischen biologischen Komponenten wie den Enzymen und den physikalischen Teilen, vor allem strommessende Instrumente, eine Brücke zu schlagen. Dabei entsteht ein neues Grenzgebiet der Biotechnologie, die Bioelektronik. Japanische Firmen, sowohl in der klassischen Biotechnologie als auch in der Mikroelektronik führend, haben auch auf diesem Gebiet die Nase vorn. Bundesdeutschen Forschern könnte es dennoch gelingen, sich ein Stück von diesem Zukunftskuchen abzuschneiden. Im Würzburger Fraunhofer-Institut für Silicatforschung beschäftigt sich nämlich eine interdisziplinäre Gruppe mit der Entwicklung sogenannter »Ormosile«. Das sind Stoffe, die buchstäblich riechen können. Sie werden in den neunziger Jahren in vielen Bereichen der Technik große Absatzchancen finden. Und ganz besonders für die Entwicklung von Biochips sind sie wie geschaffen – obwohl dies zunächst gar nicht der eigentliche Antrieb für die Forschungsarbeiten war. Ormosil ist die Abkürzung für »organisch modifizierte Silikate«. Das heißt, anorganische Stoffe wie Glas oder Keramik werden mit organischen Stoffen, zum Beispiel biologischen Molekülen, zu Verbindungen mit völlig neuen Eigenschaften kombiniert. Das ist neu in der Chemie. Sie war es bislang gewohnt, in zwei Denkrichtungen zu arbeiten, die sich oft schon während der Ausbildung von Chemiestudenten in Organiker und Anorganiker trennten.

Zwar gibt es schon seit längerem unermüdliche Brückenbauer zwischen den Disziplinen. Doch sie beschränkten sich auf die Metallorganik, also auf die Verbindung biologischer Moleküle mit Metallen. Das ist jedoch nichts Außergewöhnliches. Die Natur betreibt dieses Spiel schon seit Jahrmillionen. Stoffe wie der rote Blutfarbstoff oder der grüne Blattfarbstoff, der in Pflanzen die Sonnenenergie einfängt, wären ohne die Verbindung von Metallen mit organischen Molekülen nicht denkbar. Die Ormosile erlauben jedoch nun, die Vorteile hochentwickelter, nichtmetallischer anorganischer Werkstoffe mit denen von organischen Erzeugnissen wie Kunststoffen zu verbinden.

Ormosile lassen sich so zusammenbasteln, daß sie ihre molekularelektronischen Eigenschaften verändern, sobald sie auf eine bestimmte Chemikalie stoßen. Die anorganischen Komponenten leiten diese Signale dann an die darunterliegende Elektronik weiter. Da die Änderung um so größer wird, je höher die Konzentration der Chemikalie ist, kann man bequem deren Menge berechnen. Das Ziel der Würzburger Forscher ist es, praktisch für jede wichtige Chemikalie ein entsprechendes Ormosil zu konstruieren. Diese Arbeit wird noch Jahre in Anspruch nehmen, und die dabei auftretenden Schwierigkeiten sind noch nicht abzuschätzen. Gelingt das Vorhaben, so bieten sich nicht nur für die biologische und chemische Verfahrenstechnik, sondern auch für die Umweltanalytik faszinierende Aussichten. Schadstoffe in der Luft und in Gewässern könnten laufend in weiträumig verteilten Meßstationen registriert und in einem zentralen Rechner ausgewertet werden. So ließe sich der aktuelle Stand der Umweltbelastung ohne Zeitverlust anzeigen.

Noch etwas konventioneller geht die Arbeitsgruppe »Biosensorik« der Technischen Universität München vor. Dafür kann sie allerdings auch schon konkrete Resultate vorweisen. Sie baut die von der Firma Siemens gelieferten elektronischen Chips zu Biochips um. Ähnlich wie bei der Herstellung der Thermistoren sind auch hier Enzyme die entscheidenden biologischen Komponenten. Im einfachsten Fall handelt es sich um eine Penicillase, die das Antibiotikum Penicillin spaltet. So weit ist das Prinzip noch mit dem Thermistor identisch. Aber statt nun die bei dieser Spaltung entstandene Temperatur zu messen, interessieren sich die Münchner Forscher für die Ladung. Denn bei der Reaktion sind aus dem elektrisch neutralen Penicillin elektrisch geladene Teilchen entstanden. Sie wandern durch eine feine Membran zum eigentlichen Chip und treffen dort auf einen Transistor. Dieser ändert daraufhin seinen Elektronenstrom, der auf gewöhnlichen Meßinstrumenten registriert wird. Damit kann der Biotechnologe genau verfolgen, zu welchem Zeitpunkt seine Mikroben wieviel Penicillin herstellen. Diese Kenntnis ist zum Beispiel wichtig bei Prozessen, bei denen die Mikroorganismen nach einer nie genau vorhersagbaren Zeit beginnen, den soeben mühsam produzierten Stoff wieder aufzufressen. Damit wäre der ganze Aufwand für die Katz. So weit lassen es die Biotechnologen aber in der Regel nicht kommen. Sie stoppen den Prozeß rechtzeitig vorher ab und bringen die Stoffe vor ihren hungrigen Produzenten in Sicherheit. Damit verschenken sie jedoch häufig Produktionsreserven, die sich besser ausnutzen ließen, wenn sie den Produktionsverlauf besser verfolgen könnten.

Außer der Änderung von Temperatur und Ladung zeigen manche Stoffe eine weitere Eigenschaft, mit der sie ihre Anwesenheit schon dem bloßen Auge verraten. Enzyme können nämlich ihre Substrate so verändern, daß diese dabei wie ein Chamäleon die Farbe wechseln. Das menschliche Auge ist zwar zu ungenau, um auch noch die Feinheiten solcher Farbwechsel zu registrieren. Doch dafür halten Elektroniker schon seit längerem optoelektronische Sensoren parat. Der Engpaß dieser ganzen Verfahren liegt nicht so sehr auf dem Gebiet der Elektronik, sondern bei der Stabilität der Enzyme. Enzyme sind meist recht empfindliche Gebilde. Um sie an ein Meßinstrument zu koppeln, muß man sie entweder in irgendwelche Harze einschließen oder über chemische Bindungen verknüpfen. Dabei büßen sie einen Teil ihrer Leistungsfähigkeit ein. Störende Einflüsse aus der meist viele Stoffe enthaltenden Fermentationsbrühe lassen die Enzyme im Laufe der Zeit altern. Bislang beträgt ihre Lebenszeit daher kaum mehr als ein paar Wochen. Bessere Enzyme, die auch für andere Bereiche der Biotechnologie dringend gebraucht werden, sind deshalb der Schlüssel zum Erfolg der Biochips (siehe auch Kapitel 11). »Wenn dabei auch der Preis noch stimmt, gibt es für diese Technologie keine Grenzen mehr«, formuliert Peter Berg, einer der Diplomingenieure aus der Münchner Biosensorik-Forschergruppe.

Nachdem monoklonale Antikörper immer billiger werden und in immer größeren Mengen hergestellt werden können, finden auch sie allmählich Eingang in die Sensortechnik. Die Stärke der monoklonalen Antikörper ist ja, daß sie unheimlich wählerisch sind und sich nur mit demjenigen Stoff verbinden, für den sie vorgesehen sind. Solche Immunsensoren haben bislang allerdings noch einen gravierenden Nachteil. Im Gegensatz zu Enzymen, die ein Molekül in ein anderes – meßbares – umsetzen, binden die Antikörper lediglich den nachzuweisenden Stoff, ohne ihn dabei zu verändern. Wenn aber keine neuen Moleküle, Protonen oder Elektronen gebildet werden, hat es die Elektronik schwer, den Vorgang nachzuweisen. Bisher behelfen sich die Forscher damit, daß sie enzymatische Reaktionen mit dem Antikörper koppeln. Doch dieses Verfahren ist viel zu aufwendig, um Eingang in die Routineanalytik zu finden. Außerdem lassen sich damit nur entweder die Abnahme oder die Zunahme eines Stoffes bestimmen, nicht aber die bei biotechnologischen Prozessen häufig auftretenden Schwankungen. Diese Probleme müssen erst noch gelöst werden, bevor Immunsensoren reif für ihren sicher sehr großen Absatzmarkt sind.

Eine Möglichkeit scheint dabei aussichtsreich. Die amerikanische Firma Biotechnology Development Corp. entwickelte einen Immunsensor, der an einen Schwingkristall gekoppelt ist. Der Kristall ist so empfindlich, daß er selbst die ungeheuer geringen Masseänderungen registriert, die auftreten, wenn die Substrate an die Antikörper binden. Der Kristall verändert dabei seine Schwingfrequenz, die sehr genau gemessen werden kann. Nach einer Meldung der »Frankfurter Allgemeinen Zeitung« haben nicht nur Biotechnologen und Umweltüberwacher ihr Interesse an diesem neuen Verfahren bekundet, sondern auch das amerikanische Verteidigungsministerium.

Der neueste Schrei auf dem Gebiet der Biosensortechnik heißt BIOFET. Das sind Feldeffekttransistoren (FET), die mit biologischen Komponenten wie Enzymen oder sogar ganzen Zellen gekoppelt sind. Vorteile sind ihre geringe Baugröße, niedrige Herstellungskosten und eine direkte Verbindung zur signalverarbeitenden Mikroelektronik. Aus diesen Gründen wird den winzigen BIOFET eine große Zukunft vorausgesagt.

Statt isolierter Enzyme werden zunehmend auch lebende Mikroorganismen als biologische Sensoren eingesetzt. Sie haben zwar häufig den Nachteil, daß sie weniger wählerisch sind als Enzyme, weil in einer Mikrobenzelle ja sehr viele verschiedene Reaktionen ablaufen können. Dafür bieten sie aber eine ganze Reihe von Vorteilen. Zum einen sind sie wesentlich billiger als isolierte Enzyme. Es ist sogar nicht einmal immer erforderlich, Reinkulturen zu verwenden. In einem Fall fand ganz einfach ein Abstrich menschlicher Zahnbelagbakterien Eingang in einen Biosensor. Da diese Plaquebakterien nur bestimmte Zucker verwerten, kann deren Anteil in einem Gemisch verschiedener Zucker bestimmt werden. Außerdem sind die Enzyme in ihrer natürlichen, zellulären Umgebung meist stabiler, da sie an diese Bedingungen ja von Natur aus angepaßt sind. Zellgebundene Biosensoren funktionieren deshalb im Durchschnitt um ein Drittel länger als Enzymsensoren. Sie können zudem in beschränktem Umfang wieder aufgeladen werden, indem man das Wachstum der Mikroben anregt.

Komplexe Reaktionen, die über mehrere Schritte verlaufen, lassen sich bislang überhaupt erst mit mikrobiellen Zellen nachweisen. Ein Beispiel dafür ist der Phosphatersatzstoff NTA, der in einem Biosensor mit Hilfe von Pseudomonaden abgebaut wird. Die Reaktionskette verläuft dabei über fünf Stufen, bis letztlich ein nachweisbares Produkt entsteht. Zum Nachweis dienen meist gasempfindliche Elektroden. Vor allem Ammoniak läßt sich damit verläßlich messen. Bereits der älteste Mikrobensensor Anfang der siebziger Jahre bediente sich dieser Methode. Dabei spaltete das Bakterium Streptococcus faecium die Aminosäure Arginin in Citrullin und gasförmiges Ammoniak. Andere Verfahren weisen auch Kohlendioxid und Schwefelwasserstoff nach. Statt solcher spezifischer Gasdetektoren kann man auch eine ganz normale Sauerstoffelektrode einsetzen und diese in einem abgeschlossenen Reaktionsraum mit bestimmten Bakterien kombinieren. Acetobacter xylinum setzt etwa Alkohol zu Essigsäure um. Dabei wird Sauerstoff verbraucht. Hier mißt man also nicht ein entstehendes Produkt, sondern die Abnahme des Sauerstoffs.

Das Thema Bioelektronik und Biosensorik eignet sich als Lehrbeispiel für die Ohnmacht staatlicher Forschungsförderung. Eine Regierung kann zwar manchmal einen Forschungszweig behindern, indem sie ihn finanziell austrocknen läßt. Andererseits kann es enorm schwierig sein, eine als wichtig erkannte Richtung an den Hochschulen und Forschungsinstituten durchzusetzen. Dr. Peter Lange, im Bundesforschungsministerium für biotechnologische Grundsatzfragen zuständig, stellt fest: »Im Bereich der Biosensorik sind wir nicht in der Spitzengruppe. Ich bedaure das sehr. Denn in der Bundesrepublik könnten durchaus Forschungskapazitäten geschaffen werden, so daß wir auch international eine bessere Rolle spielen würden. Auf die Initiativen des BMFT hätten wir uns mehr Resonanz gewünscht. Die Geldmittel sind da.«

Solange all diese neuen Sensoren noch in der Entwicklungs- und Laborphase stehen und frühestens in ein paar Jahren mit ihrem Einsatz in Großreaktoren zu rechnen ist, müssen sich die Biotechnologen um Zwischenlösungen bemühen. Solche Zwischenlösungen bestehen vor allem darin, die bisher von Laboranten und Technikern ausgeführten Tätigkeiten zu automatisieren. Dazu gehört einerseits die Entnahme von Proben aus den Bioreaktoren und andererseits deren Analyse in herkömmlichen Meßgeräten. An der Technischen Universität Berlin entwickelte die Arbeitsgruppe von Prof. Matthias Reuß unlängst einen »Bio-Filtrator«, der diese Aufgaben erfüllt. Dieses prozeßrechnergesteuerte Gerät entnimmt automatisch Proben und trennt die Mikroben und festen Bestandteile ab. Der Filterkuchen birgt wertvolle Informationen über den Zustand des Fermentationsprozesses. Er wird deshalb automatisch mit Reflexionslichtschranken untersucht. Gleichzeitig wird die gereinigte Flüssigkeit in die angeschlossenen Analysegeräte gespritzt. Je nach Bedarf können alle im Labor bereits üblichen und erprobten Meßverfahren angekoppelt werden. Dazu gehören vor allem Hochdruckflüssigkeits-Chromatographen (HPLC), mit denen man fast jede beliebige in Wasser gelöste Substanz innerhalb weniger Minuten nachweisen kann. Flüchtige oder gasförmige Stoffe verraten sich in einem Massenspektrometer (MS). Bei diesem Verfahren werden Gase in ihre Bestandteile zerlegt. Ein angeschlossener Computer erkennt das Muster dieser Einzelteile und weiß dann, um welchen Stoff es sich handelt. Diese zunächst für die analytische Chemie entwickelte Methode ist zwar ziemlich teuer, aber auch enorm zuverlässig.

Hat ein Biotechnologe im Laufe der Jahre über einen Organismus genügend Daten gesammelt, so taucht häufig die Frage auf, ob man ihm nun einen eigenen Bioreaktor bauen soll. Zunächst werden fast alle neuen Zelltypen erst einmal in einem ganz gewöhnlichen Rührkesselreaktor gezüchtet. Im Prinzip ist das lediglich ein Topf mit eingebautem Rührer. Manche Biotechnologen, vor allem in der industriellen Produktion, halten solche Spezialentwicklungen für überflüssig. Sie sträuben sich gegen individuell angepaßte Reaktortypen für alle möglichen unterschiedlichen Prozesse mit dem Hinweis auf mangelnde Flexibilität. In einem 08/15-Rührkessel kann man heute mit Pilzen Antibiotika herstellen und morgen mit Bakterien Aminosäuren. Konstruiert man dagegen für jeden Zweck einen eigenen Reaktor, so geht diese aus wirtschaftlichen Gründen oft erforderliche Flexibilität verloren.

Demgegenüber argumentieren die Verfechter neuer Reaktortypen, daß viele Prozesse mit Hilfe gezielt dafür konstruierter Kessel überhaupt erst wirtschaftlich werden und bestehende Verfahren noch besser ausgereizt werden könnten. Auch diese Argumentation leuchtet ein. Denn ein Reaktor, der alles kann, kann nichts wirklich gut.

Der Säulen- oder Air-Lift-Reaktor ist ein Beispiel für ein alternatives Reaktormodell, das sich bereits in einigen Bereichen einen sicheren Platz geschaffen hat. Vor allem bei der Abwasserreinigung mit sauerstoffliebenden Mikroorganismen findet dieses Konzept weite Anwendung. Große Chemiekonzerne mit hohem Abwasseraufkommen haben es als erste großtechnisch in die Praxis umgesetzt. Bei

Bayer heißt dies dann »Turmreaktor«, bei Hoechst »Biohochreaktor« und bei der englischen Firma ICI »Tiefschachtreaktor«. Gemeint ist überall ungefähr dasselbe. Das im Reaktor befindliche Abwasser wird jeweils nur mit einem Luftstrom durchmischt, mechanische Rührwerke fehlen.

Eine wichtige Entscheidungsgrundlage über Sinn oder Unsinn verschiedener Reaktortypen liefert deren Vergleich. Dies ist aber gar nicht so einfach. Denn im Idealfall müßte ein Prozeß jeweils wieder auf neue Reaktoren neu abgestimmt werden. Das Institut für Biotechnologie an der Eidgenössischen Technischen Hochschule Zürich hat auf diesem Gebiet Pionierarbeit geleistet. Aufgrund ihrer großen Erfahrung können die Züricher Forscher bei der Wahl eines neuen Reaktors wertvolle Ratschläge geben. Um einen systematischen Vergleich zwischen verschiedenen Reaktorkonstruktionen zu ermöglichen, mußten sie sich zunächst einmal auf einheitliche, stets gleichbleibende biologische Testsysteme einigen. Dabei war es wichtig, daß sie zwischen den vom Reaktor verursachten und den von den Mikroorganismen verursachten Effekten unterscheiden konnten. Am geeignetsten hat sich der Hefepilz Trichosporon cutaneum in Verbindung mit einem chemisch definierten Nährmedium erwiesen. Dieser und verschiedene andere Organismen wurden bislang vor allem auf eine Meßgröße, die Sauerstoffübergangsrate, getestet. Dabei zeigte sich, daß mit einem propellerbetriebenen Schlaufenreaktor wesentlich bessere Werte erzielt werden können als mit den traditionellen Rührkesseln. In Zukunft werden solche Reaktorvergleiche sicher noch häufiger und für noch mehr Meßgrößen angestellt. Denn die Investition in einem 50 000 oder gar 100 000 Liter fassenden Bioreaktor kann in seinen mindestens zehn Betriebsjahren sehr viel Geld kosten oder sparen.

Im Gegensatz zu den meisten chemischen Verfahren muß man biologische Reaktoren nicht erhitzen, sondern sogar im Gegenteil kühlen. Denn genauso wie eine große Menschenansammlung in einem engen Raum erzeugen auch die Mikroorganismen sehr viel Wärme. Dies ist für die Verfahrensingenieure immer noch ein Problem. Müssen sie doch mit großen Wassermengen die entstehende Wärme aus den Kesseln abführen. Hier könnten sie jedoch bald von den Mikrobiologen entlastet werden. Sie arbeiten an der Entwicklung von Mikroben, die auch höhere Temperaturen gut vertragen. Solche wärmeliebenden Bakterien gibt es längst in der Natur; wahrscheinlich waren sie sogar die ersten Bewohner unseres Planeten in der brodelnden Ursuppe. Sie wurden allerdings noch nicht eingehend untersucht. In einem industriellen Prozeß böten sie die Möglichkeit, sogar zwei Fliegen mit einer Klappe zu schlagen. Denn außer mit der Wärmeabfuhr kämpfen die Verfahrenstechniker mit Problemen der Sterilhaltung ihrer Gefäße. Schon wenige fremde Eindringlinge können eine gesamte Reaktorernte zunichte machen. Die fremden Eindringlinge sind jedoch normalerweise Bakterien aus der natürlichen Umgebung, die bei Temperaturen zwischen 0 und 40 °C gedeihen. Sie könnten bei 60 oder 70 °C nicht mehr überleben und wären somit keine ernst zu nehmende Konkurrenz für die wärmeliebenden Produzenten.

Die meisten biotechnologischen Verfahren benötigen sehr viel Sauerstoff. Deshalb müssen riesige Mengen sterile Luft in die Bioreaktoren geblasen werden. Ein konventioneller Rührkesselreaktor verbraucht pro Liter Kulturflüssigkeit stündlich bis zur hundertfachen Menge Luft. Bei technisch üblichen Größen von 50 000 Litern Fassungsvermögen benötigt so ein Reaktor dann jeden Tag über 100 Millionen Liter Luft. Fast jeder hat wohl als Kind die Erfahrung gemacht, was passiert, wenn man mit dem Strohhalm in ein Limonadenglas bläst. Kaum anders sind die Auswirkungen in einem Bioreaktor. Der entstehende Schaum muß aber bekämpft werden, will man verhindern, daß der Reaktor nicht genauso überschäumt wie ein zu kräftig geblasenes Limonadenglas. Dazu benutzt man meist oberflächenaktive Substanzen, die das Wasser entspannen und so den Schaum in sich zusammenfallen lassen. Am besten bewährt haben sich für diesen Zweck Silikonöle oder Polyalkohole. Sie bereiten jedoch bei der Aufarbeitung häufig Kummer und stören manchmal den Fermentationsprozeß. Deshalb versuchen einige Reaktorbauer, dem Schaum mit anderen Mitteln beizukommen. Eine Möglichkeit sind mechanische Schaumzerschläger. Das sind rotierende Scheiben, die oberhalb des Flüssigkeitsspiegels den dort entstehenden Schaum zerhacken. Neue Reaktorkonstruktionen und spezielle Mischvorrichtungen können sogar verhindern, daß überhaupt Schaum entsteht. Die Nährlösung wird dabei nicht einfach wild im Reaktor herumgewirbelt, sondern so geführt, daß die ganze Flüssigkeit in einem Strudel im Zentrum des Gefäßes zurückfällt.

Mit steigendem Einsatz gentechnologisch veränderter Organismen gewinnt eine Technik an Bedeutung, die gewissermaßen eine Steriltechnik unter umgekehrten Vorzeichen ist. Denn die Supermikroben aus den Werkstätten der Genschneider dürfen (noch) nicht in die Umwelt entlassen werden. Also muß die Industrie dafür sorgen, daß nicht nur keine Mikroben aus der Umgebung in die Bioreaktoren gelangen, sondern auch, daß die maßgeschneiderten Organismen nicht unkontrolliert aus den Reaktoren entweichen können. Dies erfordert einen enormen technischen Aufwand an verbesserten Dichtungen, Ventilen und Verbindungen, die teilweise – ähnlich wie in der Kerntechnik – doppelt und dreifach vorhanden sein müssen. Dies ist natürlich sehr teuer, und die Industrie ist deshalb auch an einer Lockerung der Freisetzungsbestimmungen stark interessiert.

Kapitel 7: Viehfutter und Schokoplätzchen

Es müssen ja nicht nur Bakterien sein

Die moderne Biotechnologie verdankt ihre enormen Fortschritte seit den dreißiger und vierziger Jahren dieses Jahrhunderts ganz entscheidend der Fähigkeit, mit Reinkulturen von Mikroorganismen umgehen zu können. Dies setzt voraus, daß die Wissenschaftler zunächst einmal eine bestimmte Mikrobe aus einem wilden Gemisch ähnlicher Organismen herausfischen können. So etwas geht noch relativ einfach. Schwieriger wird es, wenn es gilt, diese eine Mikrobe milliardenfach zu vermehren und dieses Gewimmel aus lauter identischen Organismen über Tage und Wochen in einem zehn Meter hohen und drei Meter dicken Stahlbehälter zu kultivieren, ohne daß fremde Bakterien eindringen und den eigentlichen Produzenten die Nährstoffe wegfressen können. Bis heute ist dieses Problem noch nicht befriedigend gelöst. Immer wieder kommt es vor, daß irgendwelche Bakterien aus der Umgebungsluft im Bioreaktor ein Schlupfloch finden, sich rasant vermehren und den ursprünglich in den Reaktor gepumpten Mikroben so viel von ihrer Suppe wegfressen, daß diese das gewünschte Produkt gar nicht mehr bilden können. Dann ist der Bioreaktor infiziert und damit ähnlich »krank« wie ein Mensch, wenn er von fremden Bakterien oder Viren infiziert worden ist.

Dies ist einer der wesentlichsten Gründe dafür, daß die Industrie in vielen Fällen auch dort noch chemische Prozesse bevorzugt, wo es bereits biotechnologische Verfahren gibt. Denn die Produktionssicherheit, das heißt die Wahrscheinlichkeit, daß das gewünschte Produkt auch gebildet wird, liegt in der chemischen Technik im Durchschnitt bei etwa 99,9 Prozent. Biotechnologische Verfahren, bei denen lebende und damit oft unberechenbare Organismen verwendet werden, erreichen dagegen eine Produktionssicherheit von bestenfalls 90 Prozent. Das heißt, in der Chemie geht nur jede tausendste Charge daneben, in der Biologie aber bislang noch jede zehnte.

Außer technischen Kniffen zur Verbesserung der Sterilhaltung gibt es auch biologische Möglichkeiten. Die Lösung klingt scheinbar paradox: Man züchtet von vornherein gleich ein Gemisch verschiedener Mikroben. Dieser Trick wird bislang vor allem bei komplexen Fermentationen angewendet, bei denen eine einzelne Art überfordert wäre. Ein klassisches Beispiel ist die Abwasserreinigung. Hier übernehmen diejenigen Arten die Reinigung, die ohnehin schon im Wasser vorhanden sind. Die Kläranlage schafft lediglich die optimalen Bedingungen für deren Wachstum. Auch die Vergärung von Traubensaft zu Wein und von Alkohol zu Essig geschieht seit Jahrtausenden mit natürlichen Mischkulturen.

Der neue Trend geht jedoch dahin, nicht zufällig zusammengesetzte Mischkulturen zu züchten, sondern die zunächst isolierten Kulturen sinnvoll neu zusammenzumischen. »Definierte Mischkulturen« heißt so etwas in der Fachsprache. Vor allem für die Produktion von Einzellerprotein wurden bislang solche definierten Mischkulturen entwickelt. Einzellerprotein, »single cell protein« (SCP) oder trivial »Bakteriennahrung«, ist der Versuch, die menschliche und tierische Ernährung mit Hilfe von Bakterien und Hefepilzen sicherzustellen. Die Idee: Statt Rindern, Schweinen und Getreide züchtet man nahrhafte Mikroben und verarbeitet sie dann zu schmackhaften Schnitzeln und bekömmlichen Plätzchen. Damit, so die Absicht, könnte die Biotechnologie die Ernährung vor allem in der dritten Welt mit billigen, hochwertigen, gesunden und den jeweiligen Bedürfnissen leicht anzupassenden Nahrungsmitteln sicherstellen. Daraus ist zwar bislang nichts geworden. In den Industrieländern nicht, weil hier die Leute keine Bakterien essen wollen, und in den Entwicklungsländern nicht, weil für sie die Technologie noch zu kompliziert und bislang auch noch zu teuer ist. Die einzige große Anlage, die Einzellerprotein liefert, steht in England und wird von der Firma ICI betrieben. Die Ausmaße dieses speziell für die Produktion von Einzellerprotein konstruierten Bioreaktors sind gigantisch. Er ist 60 Meter hoch und faßt ein Volumen von 2,1 Millionen Liter. Solch ein riesiger Behälter kann unmöglich an allen Stellen gleichmäßig durchmischt werden. Um zu vermeiden, daß in einigen Bereichen zu hohe und damit giftige Konzentrationen des Nährstoffes Methanol entstehen, wird diese Nahrungsquelle über mehrere tausend Zufütterungsstellen eingepumpt.

Vor allem in England gibt es inzwischen schon eine Reihe von Nahrungsmitteln, die zwar nicht vollständig aus Einzellerprotein bestehen, aber einen gewissen Anteil dieses ernährungsphysiologisch wertvollen Eiweißes enthalten. Besonders Schokoplätzchen mit Mikrobenzusatz erfreuen sich bei den Briten großer Beliebtheit. In der Bundesrepublik Deutschland kam die Single-cell-Forschung fast zum Erliegen. Sie wird seit Ende der siebziger Jahre auch nicht mehr staatlich gefördert. Dagegen widmen sich die Forscher und Landwirtschaftsplaner in den osteuropäischen Ländern nach wie vor diesem Teilbereich der Biotechnologie. Denn sie haben im Gegensatz zu Westeuropa und Nordamerika nicht mit Agrarüberschüssen, sondern mit ständigen Mißernten zu kämpfen. Auch einige Ölländer stecken kräftig Geld in die Einzellerforschung. Sie interessieren vor allem solche Verfahren, bei denen die Mikroben mit Öl gefüttert werden. Für Europäer ist dies eine widersinnige Situation, die aber in Ländern wie Saudi-Arabien durchaus ihre Berechtigung haben kann. Denn dort sind sowohl die klimatischen als auch die Bodenverhältnisse so schlecht, daß Landwirtschaft kaum möglich ist. Die Saudis müssen deshalb über 90 Prozent ihrer Lebensmittel im Ausland einkaufen. Damit sind sie auf diesem Sektor doppelt so stark abhängig wie die Europäer vom Erdöl. Nahrungs- und Futtermittel auf Erdölbasis könnten unter solchen Bedingungen wesentlich wertvoller sein als das Öl selbst, das in den Förderländern oft im Überschuß entsteht und vielfach sinnlos verbrannt wird.

Internationale Ölkonzerne wie die British Petroleum (BP) sind aus diesem Geschäft zwar weitgehend ausgestiegen. Doch sie prüfen, wie sie das dabei gewonnene Wissen für andere Zwecke nutzbar machen können. Die Firma ICI, die auf diesem Gebiet Pionierarbeit geleistet hat, möchte ihre gewaltigen Investitionen allerdings nicht einfach in den Wind schreiben, sondern hofft auf bessere (schlechtere?) Zeiten.

Zusammen mit einigen Forschern des Ölmultis Shell betreibt sie deshalb weiterhin Grundlagenforschung und versucht, den Prozeß zu verbessern und zu verbilligen.

Eine Möglichkeit dabei ist die Verwendung von definierten Mischkulturen, die auf Methanol wachsen. Es gibt zwar Reinkulturen etwa der Art Methylomonas, die auch alleine ausgezeichnet auf Methanol wachsen. Ihnen sind jedoch Mischungen mit verschiedenen anderen Organismen überlegen, sowohl was die Wachstumsrate, die Ausbeute als auch die Unempfindlichkeit gegenüber Infektionen angeht. Dies ist besonders einsichtig, wenn komplexe und in ihrer Zusammensetzung häufig wechselnde Nährstoffe verwendet werden. Denn dann können die verschiedenen Organismen jeweils diejenigen Stoffe verwerten, die ihnen am besten schmecken. Denn Mikroben sind zwar in ihrer Gesamtheit Allesfresser, aber jede einzelne Art hat ihre speziellen Vorlieben.

Aber selbst wenn die Mikroben auf reinem Methanol wachsen, sind die Mischkulturen besser. Denn die Bakterien und Hefepilze müssen manchmal aufs Klo. Das heißt, sie scheiden Substanzen aus, die sie selbst nicht mehr verwerten können, die aber für ihre Kollegen geradezu Leckerbissen sind. Dies hat sogar noch einen überaus erfreulichen Nebeneffekt. Denn die von den Methanolverwertern ausgeschiedenen Stoffe sind meist sehr oberflächenaktiv. Sie führen deshalb zu einer Schaumbildung im Bioreaktor, die den Fermentationsprozeß stark beeinträchtigt. Werden diese Substanzen von anderen Organismen weggefressen, so verbessert sich nicht nur die Ausbeute, sondern auch der gesamte Produktionsverlauf. Aus demselben Grund sind diese definierten Mischkulturen auch weniger anfällig gegenüber Infektionen. Wenn nämlich die verschiedenen Bakterienarten so aufeinander eingestellt sind, daß jede einen bestimmten Teil der Nährlösung optimal verwerten kann und auch noch die Ausscheidungen seiner Nachbarn verschlingt, bleibt den fremden Eindringlingen eigentlich nichts mehr übrig, wovon sie sich ernähren könnten. Auf diese Weise bleiben Mischkulturen mehrere Monate lang steril, obwohl sie mit unsterilem Nährmedium gefüttert werden.

Außerdem beliefern sich die verschiedenen Organismen im Idealfall gegenseitig mit wertvollen Wuchsstoffen und Vitaminen, die den Reinkulturen mit der Nährflüssigkeit zugesetzt werden müßten. Für solche leistungsfähigen Mischkulturen wurden bereits mehrere Patente erteilt. Das erste dieser Schutzrechte ist inzwischen längst abgelaufen. Es schützte in den fünfziger Jahren die Herstellung von Vitamin B12 aus Molke. Dabei vergärte ein Bakterium namens Lactobacillus casei Milchzucker zu Milchsäure, und ein Propionibacterium verwandelte Milchsäure in Vitamin B12. Gegenwärtig versuchen verschiedene Forschergruppen, vor allem celluloseabbauende und zukkerabbauende Organismen gemeinsam zu züchten. Cellulose ist ein stärkeähnlicher Bestandteil von Pflanzen, der für Mensch und Tier unverdaulich ist und bei der Verwertung von Pflanzen meist als Abfall übrigbleibt. Mit Hilfe von Mikroben kann man das Riesenmolekül Cellulose in seine Bestandteile, nämlich Zucker, zerlegen und den Zucker zum Beispiel zu Alkohol vergären. Das Problem ist, daß ein hoher Zuckergehalt die celluloseabbauenden Organismen hemmt. Deshalb wäre es sinnvoll, wenn man sie mit solchen Bakterien kombinieren könnte, die den Zucker sofort weiterverwerten. Bei den meisten solcher Mischkulturen, vor allem, wenn sie ein Produkt liefern und nicht etwas abbauen sollen, ist allerdings die Kontrolle über den Prozeß noch sehr schwierig. Denn was selbst bei Reinkulturen nur mit Mühe gelingt, ist bei Mischkulturen mit sich ständig ändernden Zusammensetzungen noch schwieriger.

Doch auch die weitere Verbesserung einzelner Bestandteile einer solchen Mischkultur kann die Gesamtausbeute erheblich verbessern. Eine der im ICI-Prozeß hauptsächlich verwendeten Bakterien, Methylophilus methylotrophus, benötigt ziemlich viel Energie, um Stickstoff zu verwerten. Diese Energie ist also verloren und kann nicht zum Wachstum herangezogen werden. Andere Bakterien wie etwa das Genetiker-Haustierchen E.coli verwerten den Stickstoff sehr viel effektiver. Mit Hilfe gentechnologischer Methoden schnitten die ICI-Forscher deshalb den dafür verantwortlichen Bauplan aus einem Coli-Bakterium heraus und pflanzten ihn dem Methylophilus ein. Energiesparende Konstruktionen sind also nicht länger das Privileg von Motorenbauern.

Eines der wenigen schon seit Jahren auch wirtschaftlich erfolgreich betriebenen Verfahren ist der Pekilo-Prozeß. Er bedient sich des Minipilzes Paecilomyces variotii und arbeitet mit kohlenhydratreichem Abwasser aus der Papierindustrie. Vor der Kultivierung werden die für den Pilz lebensnotwendigen Nährstoffe Phosphor und Kalium zugesetzt und über einen Wärmetauscher sterilisiert. Fermentiert wird unter sterilen Bedingungen. Das Pilzgeflecht wird kontinuierlich abfiltriert und mit heißer Luft getrocknet. Das Endprodukt enthält über 50 Prozent Protein und dient als Kraftfutterzusatz für Schweine, Kälber und Hühner. Es ersetzt dabei Soja- und Fischmehl sowie Magermilchpulver. Allerdings treten immer wieder Probleme mit der schwankenden Zusammensetzung der Abwässer auf. Dies nehmen die Betreiber jedoch gerne in Kauf. Denn sie müssen das »Futter« für den Minipilz ja nicht kaufen, sondern bekommen es kostenlos von den Papierfabrikanten geliefert. Diese sind froh, daß sie ihren Abfall so umweltfreundlich loswerden, und beteiligen sich sogar noch an den Kosten für den Prozeß.

Der Transfer dieser Technologie in Entwicklungsländer ist allerdings problematisch, da dort meist weder das technische Wissen noch eine Infrastruktur für die Instandhaltung vorhanden sind. Deshalb kann ein winziger Defekt an einem mechanischen oder elektrischen Teil den Ausfall der Anlage zur Folge haben. Auch die Verarbeitung von Cellulose und Lignin zu Zucker und Alkohol ist noch sehr aufwendig und derzeit für die dritte Welt noch nicht geeignet. Deshalb gibt es Bestrebungen, Abfälle aus der Landwirtschaft und aus der Papierherstellung für den Anbau eßbarer Pilze oder von Futterpilzen zu verwenden. Dazu ist keine kostspielige Technologie erforderlich. Der Austernpilz Pleurotus ostreatus ist ein erfolgversprechender Kandidat für diesen Zweck, weil er sowohl Cellulose als auch Lignin gleichzeitig verwerten kann. In verschiedenen Labors wird daran gearbeitet, diesen Pilz noch besser auf seine Aufgabe vorzubereiten und ihn auch mit anderen Speisepilzen zu kombinieren. Bislang scheut er aber vor allem noch die Wärme, was natürlich für einen Einsatz in der dritten Welt recht hinderlich ist.

Auf einem Gebiet ist der Einsatz definierter Mischkulturen allerdings inzwischen nicht mehr wegzudenken: bei der Herstellung zahlreicher Nahrungsmittel. Sei es Schweizer Käse, italienische Mortadella, ungarische Salami, bulgarischer Joghurt, deutsches Bier oder indischer Tee – überall sind Mikroorganismen im Spiel. Sie erst liefern den Geschmack, der Gourmets erkennen läßt, aus welcher Region der Käse und aus welcher Brauerei das Bier stammt. Früher gab es zwar auch schon all diese Produkte. Aber die Mikroorganismen siedelten sich ganz zufällig auf diesen Nahrungsmitteln an. Daher kommt es, daß ein Käse aus der Schweiz eben anders schmeckt als ein Käse aus dem Allgäu. Inzwischen benutzen die meisten Nahrungsmittelhersteller jedoch definierte Mischkulturen, sogenannte Starterkulturen. Damit könnte man heute überall auf der Welt dieselbe Sorte herstellen. Und das geschieht auch. Die Japaner haben bei ihren Exkursionen durch die ganze Welt besonders die französische Küche schätzengelernt. Französisches Essen gilt deshalb im Fernen Osten als »chic«. Da die Japaner jedoch nur sehr ungern Waren importieren, kamen einige findige Nahrungsmittelproduzenten auf die Idee, französischen Camembert und andere Delikatessen in Japan herzustellen – mit französischen Starterkulturen und australischer Milch. Inzwischen haben die französischen Produzenten diesen großen und ständig wachsenden Markt fast völlig verloren.

Damit ihnen dieses Schicksal auf anderen Gebieten erspart bleibe, nahm die französische Regierung schnell den Lebensmittelsektor in ihr Biotechnologieprogramm auf. Am meisten davon profitieren werden wohl die Champagnererzeuger. Mit staatlicher Unterstützung treiben sie derzeit ein Projekt voran, das die Reifung des edlen Getränks von drei Monaten auf ganze drei Tage verkürzen soll. Der entscheidende Prozeß der Champagnerreifung ist die »remuage«, die Entfernung der Hefe aus den Sektflaschen, nachdem sie dem Champagner die prickelnde Kohlensäure und den unvergleichlichen Geschmack verliehen hat. Normalerweise werden die Flaschen über einen Zeitraum von drei Monaten vorsichtig von Hand gedreht und nach und nach mit dem Kopf nach unten gestellt. Dort sammelt sich die Hefe dann wie in einem Trichter. Hat sie sich vollständig abgesetzt, öffnet der erfahrene Kellermeister mit einem raschen Griff den Kork, bläst die Hefe weg und verschließt sofort wieder die Flasche. Die neue Technik ist denkbar einfach. Statt einzelne, im Champagner fein verteilte Hefezellen benutzen die Winzer nun schwere, mit Hefe bewachsene Teilchen. Diese schweren Teilchen setzen sich sehr viel schneller ab als die einzelnen Hefezellen und verkürzen dadurch den Prozeß radikal. Die Champagnerbauern hoffen, mit dieser Methode ihre Kellerkapazität um 80 Prozent ausweiten zu können und damit nicht mehr so abhängig vom Wetter zu sein. Die Wetterverhältnisse spielen in der Champagne eine große Rolle, zählt sie doch zu den nördlichsten Weinbaugebieten der Welt. Bislang quollen in einem Jahr die Keller über, im anderen standen sie dagegen fast leer. So betrug die Ernte etwa im Jahre 1983 stattliche 300 Millionen Flaschen, zwei Jahre zuvor waren es lediglich 80 Millionen.

Die Franzosen – siehe Kernkraft –, ohnehin wesentlich technologiefreundlicher als ihre östlichen Nachbarn, haben keine Probleme mit der Biotechnologie in Landwirtschaft und Lebensmittelgewerbe. Schließlich waren es ja auch ihre Vorfahren Mitte des vorigen Jahrhunderts, die den Chemiker Louis Pasteur damit beauftragten, die »Krankheiten« des Weins und des Bieres zu untersuchen. Er legte mit diesen Arbeiten die Grundsteine für die industrielle Mikrobiologie und Biotechnologie. Obwohl er den Begriff noch nicht kannte, hatte Pasteur die wissenschaftliche Begründung für die heutige Anwendung von Starterkulturen geliefert. Denn er entwickelte die Techniken, wie man aus Lebensmitteln Mikroorganismen isoliert, züchtet und untersucht.

Heutzutage werden die rohen Lebensmittel mit einer kleinen Menge Starterkulturen angeimpft und sich dann wie früher selbst überlassen. Allerdings sind nun die definierten Organismen schon so sehr in der Überzahl, daß die natürlicherweise in Reifekammern vorhandenen Vettern keine Chance mehr haben. Auf diese Weise erhält man stets ein Produkt von gleichbleibender Qualität. Es bringt aber auch zusätzliche Sicherheit. Denn vor allem bei der Käse- und Wurstproduktion sorgen verschiedene Arten von Schimmelpilzen für den typischen Geschmack. Schimmelpilze bergen aber die Gefahr, daß manche von ihnen giftige Substanzen produzieren können, sogenannte Toxine. Deshalb soll man ja auch verschimmeltes Brot oder Marmelade nicht mehr essen. Die Gefahr, daß solch ein Schimmelpilz ein Toxin bildet, ist zwar relativ gering. Aber wenn man mal tatsächlich einen solchen Giftschimmel verschluckt, ist die Konsequenz oft tödlich. Denn Schimmelpilztoxine gehören zu den schlimmsten Giften, die es überhaupt gibt. Auch da ist die Biologie der Chemie wieder überlegen. Wird die »giftige Chemie« auch noch so sehr beschimpft, die besten Giftmischer finden sich in der Natur.

Etwa 75 Prozent der auf schimmelpilzgereiften Lebensmitteln untersuchten Penicillium-Pilze haben sich als potentielle Toxinbildner erwiesen. Das heißt natürlich nicht, daß 75 Prozent dieser Lebensmittel vergiftet sind, denn unter den normalen Haushaltsbedingungen bilden die Pilze nur selten ihr Gift. Aber selbst winzigste Spuren dieser Gifte könnten ausreichen, um in Zeiträumen von Jahrzehnten die Entstehung von Krebs oder Nieren- und Leberschäden zu begünstigen. Deshalb, so empfiehlt Prof. Lothar Leistner von der Bundesanstalt für Fleischforschung in Kulmbach, sollten schimmelpilzgereifte Lebensmittel nur noch mit Starterkulturen hergestellt werden, bei denen man sicher ist, daß sie keine Toxine bilden können.

Außer den hygienischen und gesundheitlichen Effekten besitzen gutuntersuchte Starterkulturen auch handfeste wirtschaftliche Vorteile. Das Milchsäurebakterium Streptococcus lactis verdirbt bei der Käseherstellung oft tagelange Arbeit. Denn manche Stämme können Viren enthalten, die die Bakterien zerstören und damit dem Käse einen völlig falschen Geschmack verleihen. Verwendet die Käserei dagegen nur Streptokokken, die gegen Viren widerstandsfähig sind, so kann dies nicht mehr passieren.

Die Bakterien und Pilze, die bislang als Starterkulturen in den Handel kamen, stammten aus traditionellen Screening- und Stammverbesserungsprogrammen. Doch auch in den Bereich der Nahrungsmikrobiologie halten gentechnologische Methoden inzwischen Einzug. Allerdings nimmt die Nahrungsmittelindustrie diese Techniken langsamer und behutsamer auf als die chemischen und pharmazeutischen Fabriken. Dies hat mehrere Gründe. Zum einen handelt es sich eben meist um Mischkulturen, so daß nicht nur ein Mikroorganismus, sondern gleich mehrere gezielt verändert und aufeinander abgestimmt werden müßten. Zum anderen sind auch die Produkte sehr komplex und enthalten viele verschiedene Inhaltsstoffe, die sich gegenseitig beeinflussen.

Den Gentechnologen fällt es deshalb oft schwer nachzuweisen, daß ihre Produkte tatsächlich qualitativ hochwertiger sind. Außerdem gilt nach wie vor das Verbot, gentechnologisch veränderte Organismen außerhalb geschlossener Systeme zu verwenden. Ein »Inverkehrbringen« solcher Pilze zum Beispiel über Schimmelkäse ist daher zumindest derzeit nicht möglich. Dagegen konzentrieren sich die Arbeiten in den Industrielabors vorwiegend auf quantitative, das heißt in Heller und Pfennig meßbare Verbesserungen. Am weitesten fortgeschritten sind diese Forschungen bei der Bierherstellung. 1984 wurde in Finnland zum erstenmal Bier von gentechnologisch veränderten Hefepilzen produziert. Die Hefen haben gegenüber anderen, komplizierter gebauten Pilzen den Vorteil, daß sie molekularbiologisch bereits sehr gut untersucht sind. Sie dienen in vielen Labors als Modellbeispiele für höhere, kernhaltige Zelltypen. Hefen sind außerdem leicht kultivierbar und können leicht in geschlossenen Systemen gefangengehalten werden. Ins fertige Bier gelangen die Hefen – von einigen Spezialsorten abgesehen – nicht. Damit wird auch das Freisetzungsverbot nicht übertreten. Was vermögen nun diese gentechnologisch veränderten Hefen bislang zu leisten?

Die Entwicklungen stehen noch ziemlich am Anfang und nehmen sich deshalb noch eher bescheiden aus. Immerhin gelang es finnischen Forschern in den Labors der staatlichen Alkoholgesellschaft, den Hefen beizubringen, daß sie ihr Futter besser verwerten. 9,9 Prozent Kohlenhydrate, vor allem Zucker, enthält normalerweise der Gerstensud, den die Brauer den Hefen zum Fraß vorwerfen. Normale Bierhefen verwerten lediglich etwa 8 Prozent, so daß noch fast 2 Prozent energiereiche Futterstoffe übrigbleiben. Die veränderten Stämme schaffen inzwischen schon ein halbes Prozent mehr, und die Forschungen laufen noch. Die bessere Substratverwertung ist auch Anliegen eines ähnlichen Projektes. Dabei sollen die Hefen nicht ihr normales Futter besser ausnutzen, sondern lernen, bisher für sie unverdauliche Stoffe in Alkohol umzusetzen. Die meisten Bierhefen sind zum Beispiel nicht in der Lage, Stärke direkt in Alkohol zu verwandeln. Dies ist eine ziemlich einfache biochemische Reaktion, die viele andere Mikroorganismen beherrschen. Deshalb verpflanzten die finnischen Forscher die Baupläne für den Stärkeabbau aus anderen Pilzsorten in ihre Bierhefen. Diese Hefen bestehen nun nicht mehr auf Zuckersaft, sondern geben sich auch mit einer Stärkelösung zufrieden. Bis in ein paar Jahren werden die Bierbrauer ihre Hefen wohl so gut im Griff haben, daß sie völlig neuartige Biersorten mit verändertem Geschmack brauen können. Ob die Biertrinker diese Entwicklungen mitmachen oder ob sich dadurch sogar neue Bierfreunde gewinnen lassen, wird wohl erst die Zukunft zeigen.

Eine andere Entwicklung scheint dagegen weniger problematisch. Einige Firmen sind gerade dabei, die Hefen nicht nur zur Herstellung von Alkohol zu verwenden, sondern sie nach getaner Arbeit noch zu weiteren Aufgaben heranzuziehen. Bislang wurde die Hefe nach dem Brauprozeß vom Bier getrennt, getrocknet und dann buchstäblich den Schweinen zum Fraß vorgeworfen. In Zukunft sollen gentechnologisch entsprechend präparierte Hefen zwischendurch noch Biochemikalien wie menschliches Bluteiweiß oder technische Enzyme liefern. Menschliches Bluteiweiß, sogenanntes Albumin, dient zur Herstellung von Blutersatzmitteln und wird zunehmend auch zur Stabilisierung neuartiger Medikamente eingesetzt. Die Anwendungsmöglichkeiten ließen sich noch steigern, doch bislang ist seine Produktion zu teuer. Ein kombiniertes Verfahren nach dem Motto »Erst Bier, dann Bluteiweiß, dann Schweinefutter« könnte das Verfahren erheblich verbilligen.

Deutsche Braumeister, die als oberstes Gebot immer noch das bayerische Reinheitsgebot aus dem Jahre 1516 preisen (allerdings nur, solange sie ihre Biere nicht ins Ausland verkaufen), packt bei solchen Gedanken sicher ein kalter Schauer. Doch ihre japanischen Kollegen sind da weniger pingelig. Sie stellen schon seit vielen Jahrzehnten im gleichen Kessel nacheinander Bier, Sake und Whisky für den menschlichen Genuß und anschließend Enzyme und andere Produkte für die chemische Industrie her. Diese Haltung begründet wohl auch zum Teil den Vorsprung der Japaner in den klassischen Fermentationstechniken.

Wenn schon nicht die Deutschen, so schicken sich wenigstens einige Briten nun an, diesen vermeintlichen Rückstand aufzuholen. Die englische Firma Bass PLC zum Beispiel hat mehrere Patente für gemeinsame Herstellungsprozesse für alkoholische Getränke und Biochemikalien angemeldet. Allerdings bleiben allein schon aus Kostengründen auch die englischen Brauer von dieser Neuerung verschont. Denn diese Techniken erfordern aufwendige Trennprozesse wie etwa die Destillation. Deshalb sind die Produzenten von Hochprozentigem, etwa die Whiskydestillerien, wohl eher Kandidaten für ein Lizenzgeschäft.

Inzwischen gelang sogar die gentechnologische Veränderung von Organismen, die sich dieser Technik jahrelang erfolgreich widersetzen konnten. Die Rede ist von Milchsäurebakterien der Gattung Lactobacillus. Verschiedene Arten dieser Bazillen sind zusammen mit ähnlichen Milchsäureproduzenten verantwortlich für den typischen Geschmack nicht nur des Joghurts, sondern auch von grünen Oliven, harten Käsesorten wie Cheddar und Parmesan sowie von Sauerkraut, Sojasauce und manchen Würsten. Sie verbessern nicht nur den Geschmack dieser Produkte, sondern machen sie auch für längere Zeiten haltbar, indem sie die Zuckerbestandteile in Milchsäure umwandeln. In einer solchermaßen angesäuerten Umgebung halten es die fäulniserregenden Mikroben nicht mehr aus. Die Milchsäuregärer zählen damit zu den ältesten Begleitern der Menschheit und sorgen in den verschiedensten Lebensmittelbereichen für einen Millardenumsatz. Deshalb verwundert es nicht, wenn Gentechnologen auf der ganzen Welt versuchen, auch diese Mikroorganismen besser in den Griff zu kriegen und sie nach ihren Vorstellungen zu verbessern. Anders als die Haustierchen der Mikrobiologen wie E.coli, Bacillus oder die Hefe Saccharomyces zeigten die Lactobacillen bis vor kurzem keinerlei Lust, fremde Baupläne durch ihre Zellwände passieren zu lassen. Mit einem Enzym, das solche Baupläne in kurze Stücke hackt, wehrte es sich eisern gegen die Annäherungsversuche der Gentechnologen.

Ein japanischer Forscher hat es nun jedoch geschafft, den widerspenstigen Mikroben quasi mit einem Trojanischen Pferd doch fremde Erbinformation unterzujubeln. Dazu verpackte er die Baupläne in winzige Fettbläschen. In der Annahme, es handele sich dabei um nahrhaftes Futter, verschlangen die Bakterien die Fettbläschen, und schon waren die Baupläne im Innern der Zelle. Damit ist der Weg frei, uns altbekannte Nahrungsmittel in Farbe, Aussehen, Struktur und Geschmack nach Belieben zu verändern. Die Bakterien könnten den reifenden Käse so nebenbei mit Vitaminen und wertvollen Aminosäuren versetzen. Im Gespräch sind sogar Substanzen, die das Krebsrisiko senken oder die bestimmte Umweltgifte abbauen. Die Information zu ihrer Herstellung kann nun prinzipiell in Lactobacillen eingebaut werden. Biotechnologisch hergestellte Lebensmittel wären dann noch gesünder, als sie es ohnehin schon sind.

Ob solche Vorhaben allerdings in der Bundesrepublik Deutschland Fuß fassen könnten, ist äußerst zweifelhaft. Denn hierzulande ist es ja sogar verboten, dem Trinkwasser Fluor beizumischen. Keine Zwangsmedikation, lautet die Maxime des Bundesgesundheitsamtes, auch wenn dadurch jährlich viele Millionen Mark an Zahnbehandlungskosten eingespart werden könnten.

Ein noch weitergehendes Vorhaben ist deshalb – obwohl technisch wohl spätestens 1990 machbar – von vornherein zum Scheitern verurteilt. Nämlich die flächendeckende Impfung der Bevölkerung über den Umweg Nahrungsmittel. Wie in Kapitel 5 ausgeführt, ist es heute schon möglich, manche Mikroorganismen zur Produktion von Impfstoffen zu veranlassen. Für Seuchenmediziner wäre dies eine verlokkende Aussicht, denn viele Infektionskrankheiten ließen sich fast im Handumdrehen ausrotten, wenn ausnahmslos die gesamte Bevölkerung geimpft würde. Dies ist in einem freiheitlichen Staat jedoch nicht einmal mit Pflichtimpfungen möglich. Käse gegen Kinderlähmung, Sauerkraut gegen Masern, grüne Oliven gegen Röteln böten theoretisch eine Alternative.

Schon bei solchen Anwendungen zeigt sich, wie absurd manche Auswüchse der Biotechnologie sein können. Gefährlich wird es jedoch, wenn diese Techniken in falsche Hände geraten und absichtlich in der beschriebenen Weise eingesetzt werden. Militärs könnten auf diese Weise bequem die eigene Bevölkerung mit einem neuen Impfstoff gegen ein neu entwickeltes, hochgefährliches Virus impfen, ohne daß irgend jemand etwas davon merkt. Nach genügender Durchimpfung könnten sie ebenso unbemerkt die Viren auf Feindesland loslassen und den Gegner auf kaltem Weg ausschalten oder zumindest empfindlich schwächen. Vielleicht sind wir ja bereits durchseucht oder durchimpft, ohne es zu wissen? Die Risiken, Gefahren und Mißbrauchsmöglichkeiten seien hier nur kurz angedeutet. Ihnen ist am Schluß des Buches ein eigenes Kapitel gewidmet.

Kapitel 8: Pack die Mikroben in den Tank

Ist Bioalkohol die beste Erdölalternative?

Angesichts ständig wachsender Überschüsse, die sich vor allem in der Europäischen Gemeinschaft zu Milchseen auswachsen und zu Getreidebergen auftürmen, wird der Ruf nach einer anderen, sinnvolleren Beschäftigung für die Landwirte immer lauter. Erneuerbare Rohstoffe lautet das Wundermittel, das die Agrarüberschüsse wegzaubern und die Europäer gleichzeitig noch von vielerlei Rohstoffimporten unabhängig machen soll. Mit dem beamtendeutschen Begriff »erneuerbare Rohstoffe« ist nichts anderes gemeint als ganz gewöhnliche Pflanzen. Allerdings sind nicht alle Pflanzen gleichermaßen dazu geeignet, Treibstoffe für Automotoren oder Grundstoffe für die chemische Industrie zu liefern. Außerdem kann weder die Energiewirtschaft noch die chemische Industrie diese Pflanzen direkt nutzen. Sie müssen erst mit biotechnologischen Prozessen in eine verwertbare Form umgewandelt werden. Prinzipiell gibt es sehr viele verschiedene Möglichkeiten, aus landwirtschaftlichen Erzeugnissen Kraftstoffe oder Grundstoffe für die Chemie zu erzeugen. Was davon auch sinnvoll ist, das ist eine ganz andere Frage. So stand etwa auf dem Jahrestreffen der amerikanischen Gesellschaft für Mikrobiologie im Jahre 1983 an einem Tag das Thema »Treibstoffe aus Pflanzen« auf dem Programm, am nächsten Tag behandelten die Teilnehmer dagegen das Thema »Futtermittel aus Erdöl«. Weshalb also nicht gleich – ohne den Umweg über die Biotechnologie – Pflanzen an Tiere verfüttern und aus Erdöl Treibstoff gewinnen?

Das Thema der Futter- oder gar Nahrungsmittelproduktion aus Erdöl ist inzwischen tatsächlich weitgehend tabu – außer in einigen ölproduzierenden Ländern. Dagegen hat sich die Treibstoffproduktion aus Pflanzen mittlerweile zu einer Großindustrie entwickelt. Und dieser Industriezweig könnte noch beträchtlich wachsen, wenn es gelingt, die für Mensch und Tier unverwertbaren Pflanzenbestandteile den Mikroorganismen noch mehr als bislang schmackhaft zu machen. Ethanol und Methangas aus Maisstroh werden beispielsweise in den USA bereits wirtschaftlich produziert. Ethanol dient dort als umweltfreundlicher Zusatz zu bleifreiem Benzin, der in einer Beimischung von 5 bis 10 Prozent das Klopfen des Motors verhindert und die ebenfalls nicht ganz unbedenklichen Bleiersatzstoffe überflüssig macht. Ethanol, also ganz gewöhnlicher Alkohol, läßt sich auch aus zuckerreichen Pflanzen wie Rüben oder Zuckerrohr oder – etwas umständlicher – aus Getreide gewinnen. Die EG-Bürokraten setzen ihre Hoffnungen denn auch besonders in dieses Verfahren. Ab 1990, so ist geplant, sollen Fabriken überall in der Europäischen Gemeinschaft die energiereichen Pflanzen zu Biosprit verarbeiten.

Neu ist diese Idee allerdings nicht. Bis zu Anfang dieses Jahrhunderts war die Gärung das einzige Verfahren zur Herstellung von Alkohol. Dann wurden aber Kohle und vor allem Erdöl immer billiger und verdrängten die biotechnologischen Prozesse. Inzwischen hat vor allem Brasilien auf diesem Gebiet wieder Pionierarbeit geleistet. Dort tanken bereits 95 Prozent aller Autos den Biosprit. Zwei Millionen Wagen verzichten sogar völlig auf Benzin und fahren mit reinem Alkohol. Neuzugelassene Autos sind inzwischen fast nur noch in dieser Version erhältlich. Doch die meisten Wagen fahren lediglich mit einem Alkoholzusatz. Dieser kann an brasilianischen Zapfsäulen bis zu 22 Prozent betragen. Dies ist eine magische Grenze. Denn Benzin mit einem knappen Viertel Alkohol macht den Autos keinerlei Probleme. Dazu ist keine technische Veränderung an den Motoren erforderlich.

Auslöser für das gigantische Alkoholprojekt der Brasilianer war die Ölkrise Anfang der siebziger Jahre. Damals merkten die devisenarmen Südamerikaner noch sehr viel drastischer als die reichen Europäer, wie abhängig sie von dem schwarzen Rohstoff waren. Denn in Südamerika gibt es kaum Kohle, auf die sie ausweichen könnten. Die

Abhängigkeit vom Energieträger Erdöl beträgt dort über 70 Prozent, verglichen mit den inzwischen gut 40 Prozent in Westeuropa. Doch bislang hat sich die unvorstellbare Investition noch nicht so recht gelohnt. Die Abhängigkeit von den OPEC-Staaten hat sich zwar tatsächlich verringert. Bioethanol ersetzt inzwischen rund 20 Prozent der gesamten Öleinfuhren. Doch die Kosten dafür waren enorm. Zwischen 1975 und 1982 zahlte die brasilianische Regierung rund acht Milliarden Dollar für die Umstellung auf Biosprit. Lediglich sieben Milliarden Dollar betrug dagegen die Einsparung. Bei inzwischen gesunkenen Rohölpreisen dürfte sich dieses Verhältnis noch verschlechtern. Die Befürworter des Programms halten dem entgegen, daß schließlich über zwei Millionen neue Arbeitsplätze geschaffen worden seien und daß mit der Erforschung und Entwicklung neuer Verfahren und Anlagen eine Investition für die Zukunft getätigt worden sei. Spätestens Anfang der neunziger Jahre, wenn die Rohölpreise voraussichtlich wieder steigen, werde sich die mutige Entscheidung als segensreich erweisen.

Bis dahin soll die Anbaufläche für Zuckerrohr und damit die Ethanolproduktion noch einmal verdoppelt werden. Schon heute sind Flächen, die zusammengenommen der Größe Hessens entsprechen, ausschließlich mit Zuckerrohr bepflanzt. Diese subtropische Pflanze enthält etwa 12 Prozent Zucker, den Hefepilze in einer einfachen biochemischen Reaktion zu Alkohol umwandeln. Genauso, wie diese Mikroorganismen auch Wein und Bier herstellen. Allerdings können die Mikroben keinen reinen Alkohol produzieren. Sie würden sonst schnell zu Alkoholleichen. Die zuckersüße Lösung setzen sie lediglich zu etwa 6 bis 8 Prozent in Ethanol um. Diese Brühe muß dann gebrannt werden. Der leichter flüchtige Alkohol wird dabei von der wäßrigen Nährlösung abdestilliert und so in reiner Form erhalten.

Bei solch gigantischen Anbauflächen und den noch gigantischeren Plänen erhebt sich rasch die Frage, ob dies nicht bald auf Kosten der Nahrungsmittelproduktion geht. Was in Europa erwünscht ist, könnte sich in dem südamerikanischen Land mit hohem Bevölkerungszuwachs schnell in sein Gegenteil verkehren. Bereits in der ersten Phase des Ethanolprogramms von 1975 bis 1980 wuchs die Anbaufläche für Zuckerrohr um über 70 Prozent. Gleichzeitig schwanden die Flächen für die Produktion von Baumwolle, Maniok und Reis

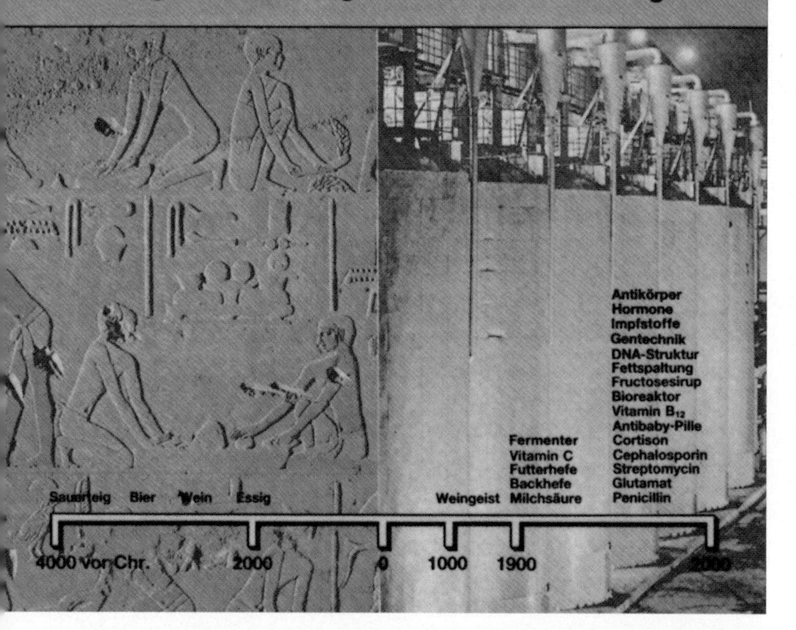

Die Biotechnologie hat nicht nur eine große Zukunft, sondern bereits eine bedeutende Vergangenheit. Seit Jahrtausenden nutzen Menschen die Stoffwechselleistungen winziger Mikroben. Die Herstellung von Sauerteig, dokumentiert in einem ägyptischen Relief, ist eine der ältesten Biotechnologien. Bedeutende Fortschritte in den vergangenen Jahren geben der Biotechnologie gegenwärtig neuen Aufschwung.

Zum großtechnischen Einsatz kamen Mikroorganismen erstmals beim Bierbrauen. Die Produktionsanlagen aus dem vorigen Jahrhundert (oben) unterscheiden sich nur noch unwesentlich von den modernen Fermentationskesseln (unten).

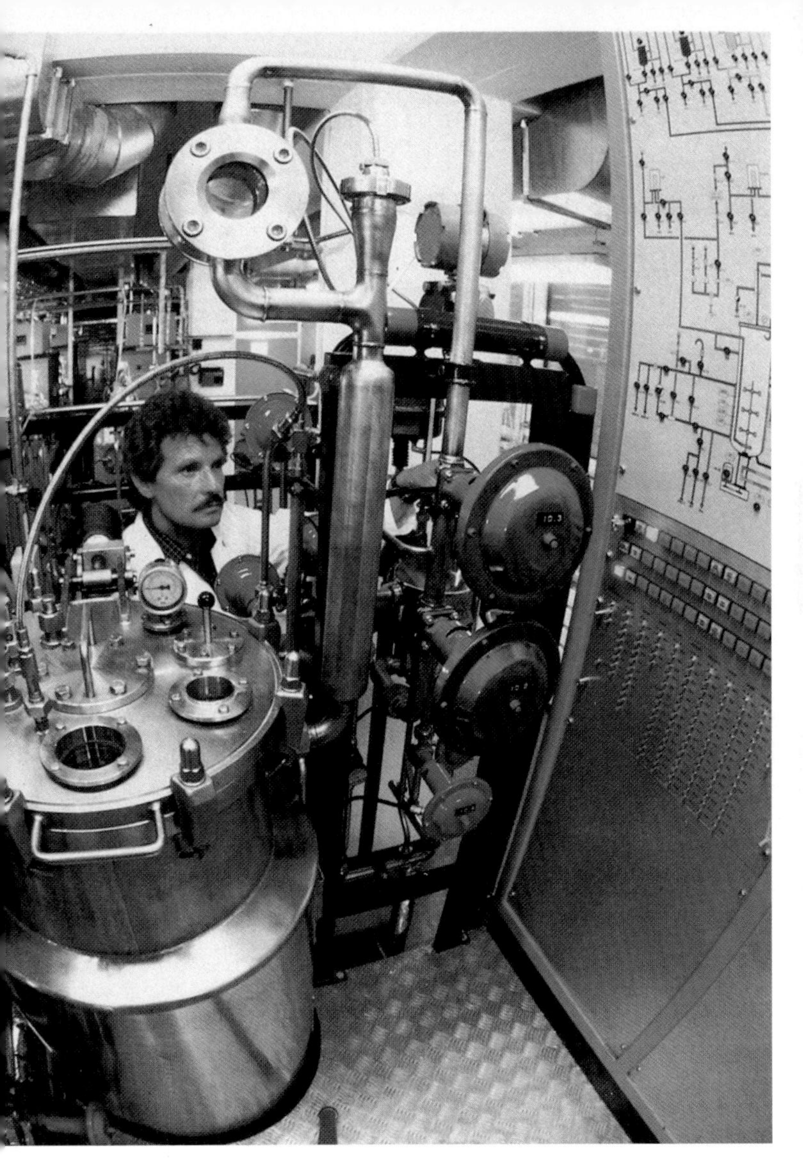

Der Bioreaktor ist das zentrale Arbeitsgerät der Biotechnologen. In ihm verwandeln die Mikroorganismen die Nährstoffe in Produkte oder bauen Abfall zu harmlosen Verbindungen ab.

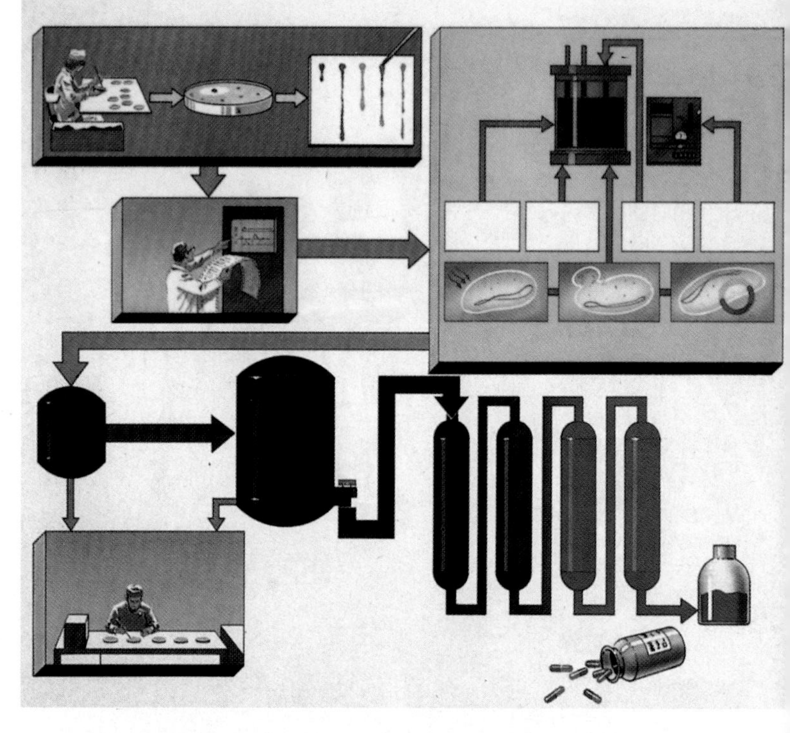

Am Anfang eines neuen Medikaments steht häufig eine Handvoll Dreck. Aus Bodenproben gewinnen Biotechnologen Mikroorganismen, die neue bislang unbekannte Stoffe herstellen. Sie gilt es zu verändern, zu verbessern und in einen technischen Prozeß einzupassen. Gelingt es, die Mikroben in riesigen Bioreaktoren zu vermehren und zum Arbeiten zu bringen, so schließt sich die Reinigung des gewünschten Produktes an. Am Ende steht dann ein hochreines Medikament.

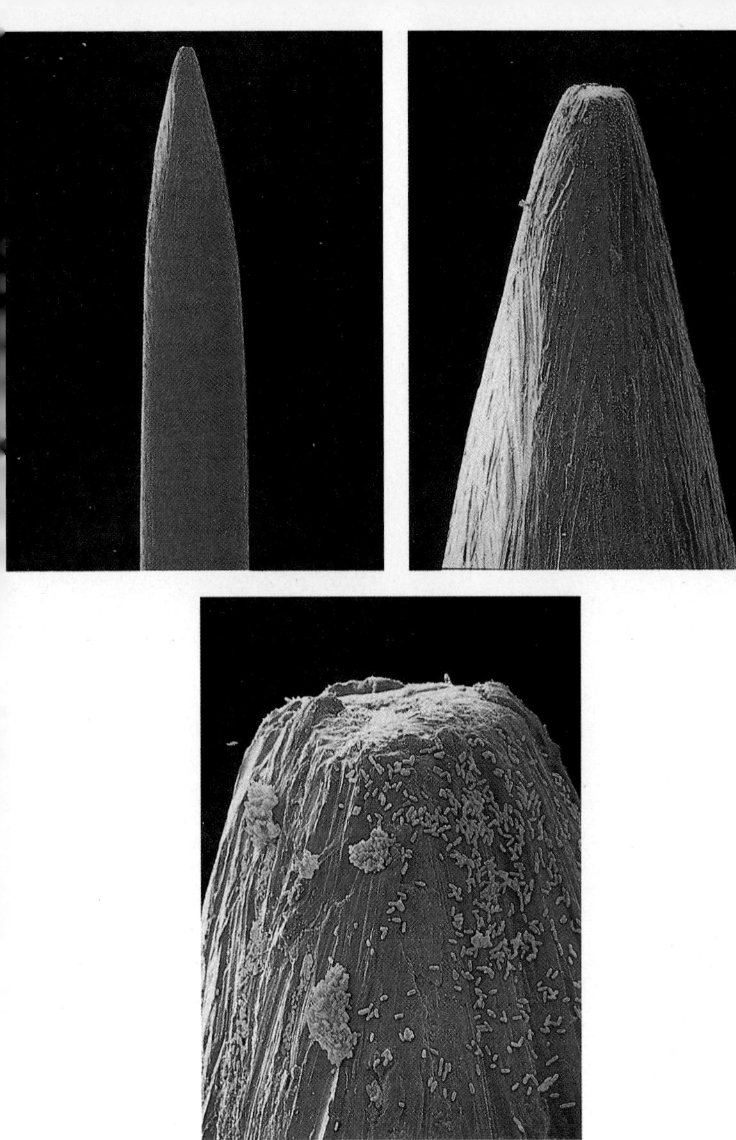

Mikroorganismen sind überall – aber normalerweise unsichtbar. Eine spezielle Färbung und zunehmend stärkere Vergrößerung bringt Bakterien zum Vorschein, die es sich auf einer Nadelspitze bequem gemacht haben.

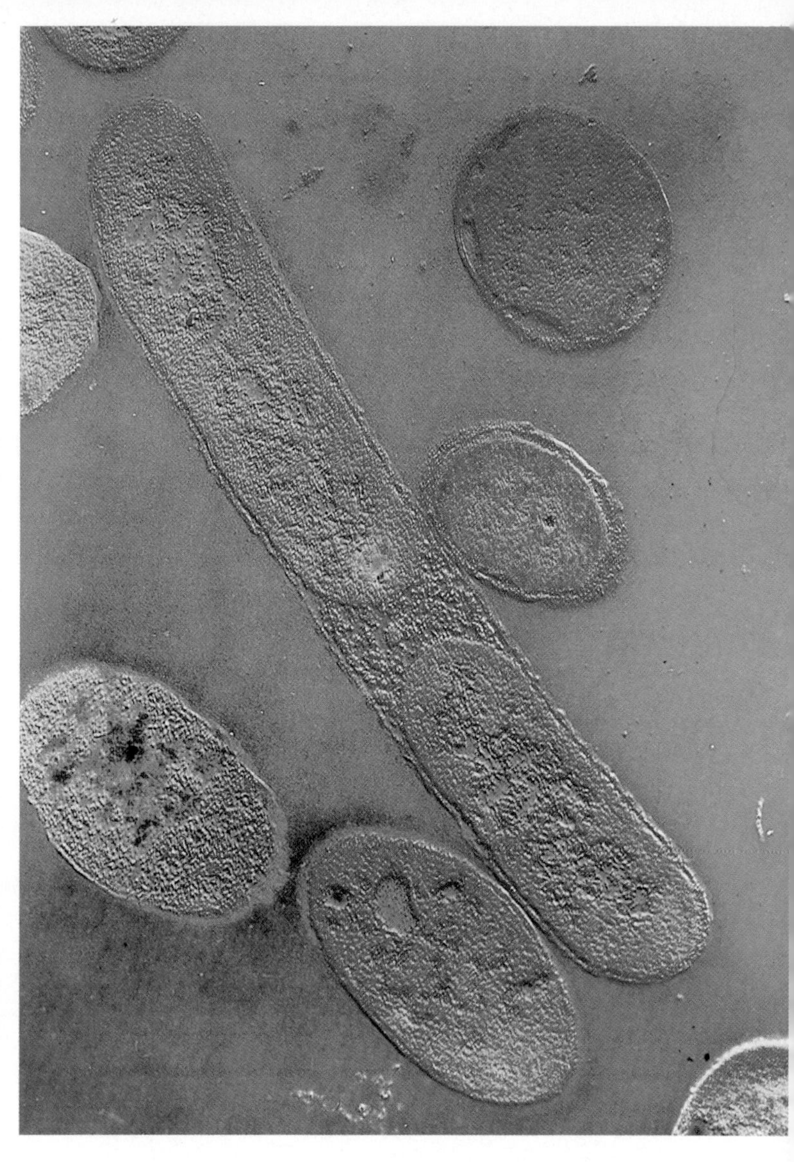

Ein Bakterium der Gattung Pseudomonas in seiner vollen Schönheit. Es ist außerordentlich vielseitig und kann die schlimmsten Giftstoffe abbauen. Allerdings können manche seiner Vettern auch zu gefährlichen Krankheitserregern werden.

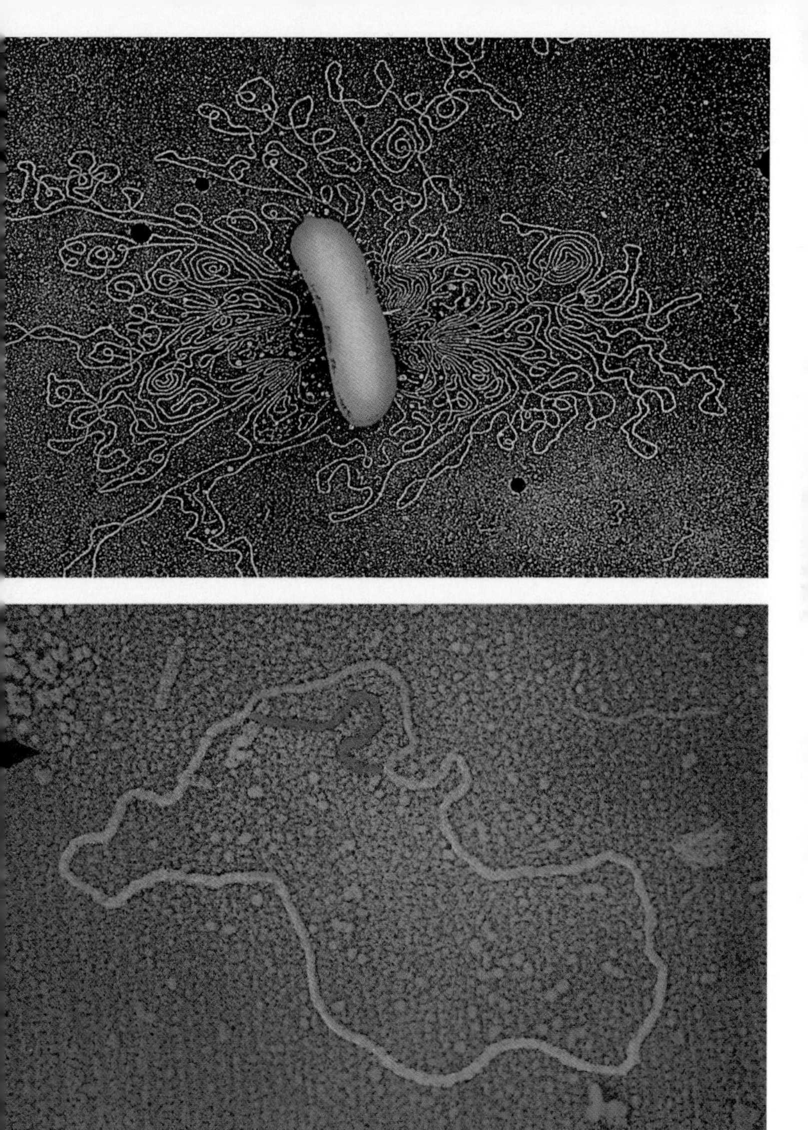

Dieser Wollknäuel ist der genetische Bauplan eines Bakteriums. Er enthält alle Anweisungen, die für das Wachstum und die Vermehrung einer Zelle notwendig sind (oben). Neben dem Generalplan können in einer Zelle noch kleine Pläne herumliegen (unten). Sie sind das Ziel der Gen-Ingenieure. Denn in sie läßt sich leicht fremde Erbinformation einschleusen.

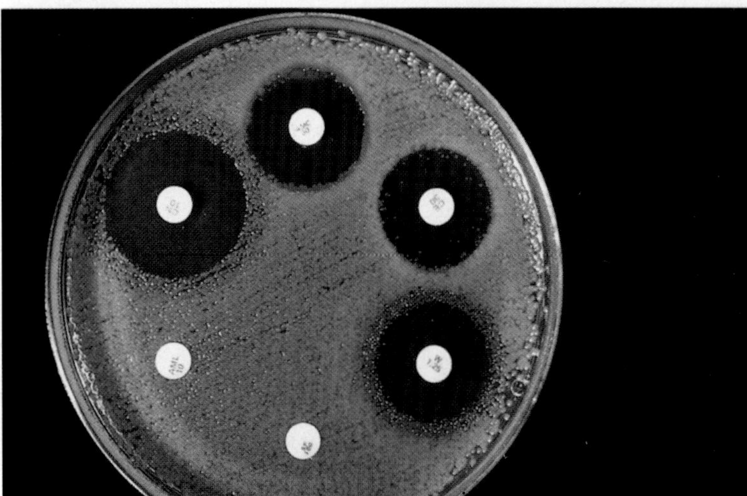

Oben: Statt Mikroorganismen werden zunehmend auch tierische und pflanzliche Zellen in Bioreaktoren gezüchtet. Die hier abgebildeten menschlichen Zellen produzieren Interferon.
Unten: Ein einfacher Wirksamkeitstest: Der Extrakt verschiedener Mikroorganismen wird an sechs Stellen auf einen Bakterienrasen geträufelt. Enthält der Extrakt ein Antibiotikum, so sterben die Bakterien ab, und es bildet sich ein klarer Hof.

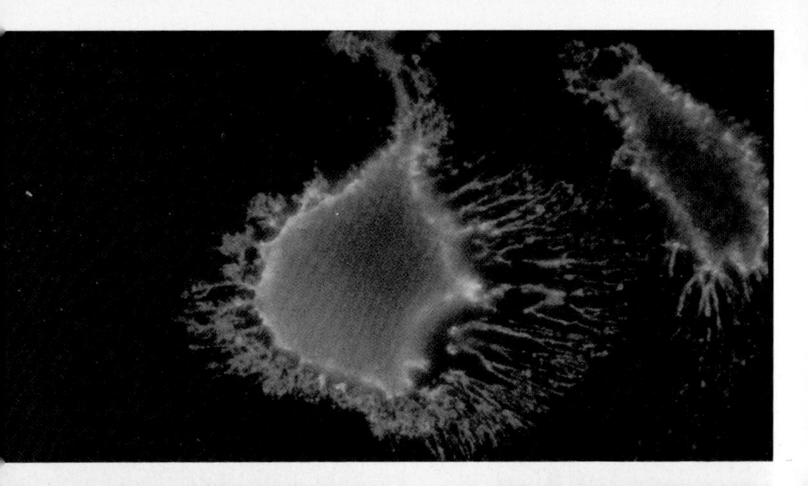

Oben: Speziell gefärbte monoklonale Antikörper stürzen sich auf eine Krebszelle und machen diese sichtbar.
Unten: Aus mikroskopisch kleinen Einzelzellen lassen sich bei vielen Arten wieder komplette Pflanzen erzeugen. Diese Methode ist ungeheuer platz- und zeitsparend.

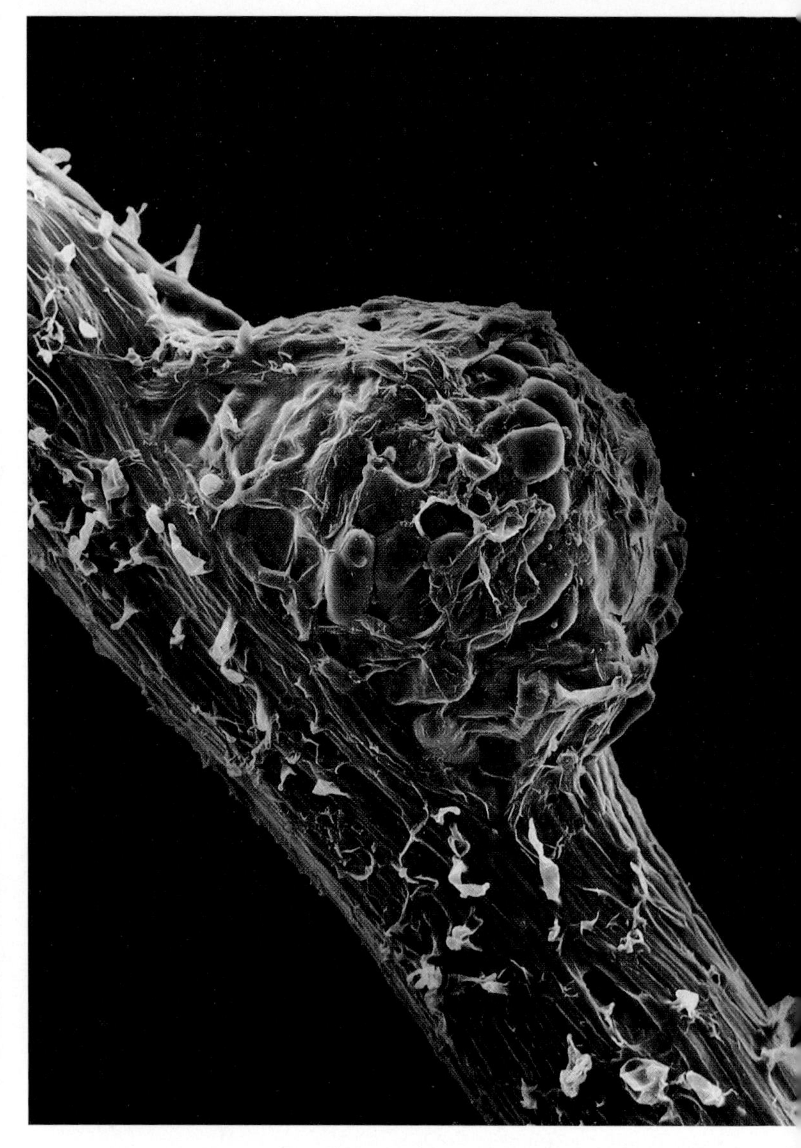

Manche Pflanzen beherbergen Bakterien in ihren Wurzeln. Beide Partner ziehen Nutzen aus dieser Verbindung: Die Pflanze erhält gebundenen Stickstoff, die Bakterien bekommen Zucker. Ließe sich diese Strategie auf andere Pflanzen übertragen, so würde die Stickstoffdüngung überflüssig.

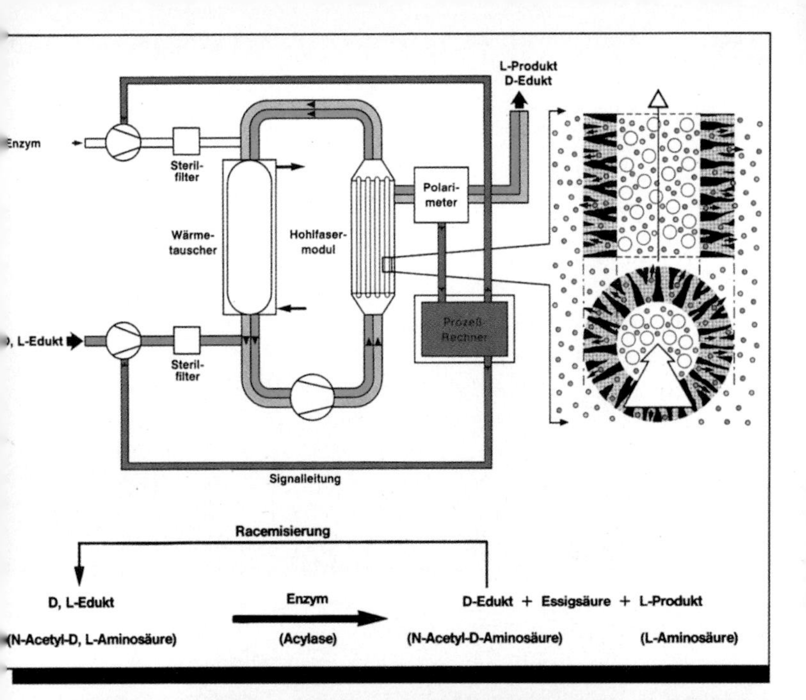

Der Enzym-Membran-Reaktor ist eine zukunftweisende Entwicklung deutscher Biotechnologen. Statt ganzer Zellen verwendet er lediglich einzelne Enzyme, die einen Ausgangsstoff in das gewünschte Produkt umsetzen.

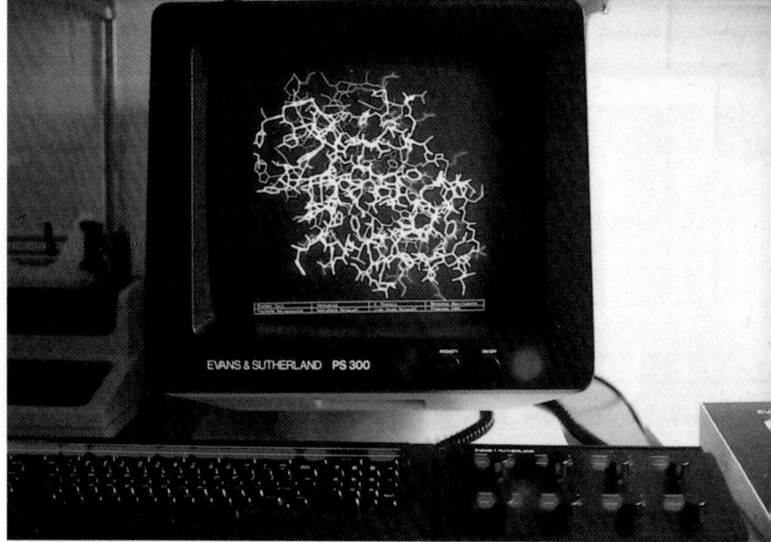

Der Computer hält Einzug in die Welt der Biotechnologen. Mikroben und Moleküle nach Maß werden die Zukunft dieser Wissenschaft bestimmen.

in manchen Landesteilen um bis zu 43 Prozent. Doch Brasilien, so argumentieren Regierungsvertreter, sei ein großes Land. Selbst 1990, wenn die Spritpflanzenfläche nochmals verdoppelt sei, betrage ihr Anteil lediglich 10 Prozent der landwirtschaftlich genutzten Fläche. Und wenn es trotzdem zu Engpässen bei der Nahrungsversorgung kommen sollte, so ließe sich die Nutzfläche noch beträchtlich steigern. Nur ein Fünftel der nutzbaren Fläche, so meinen Agrarexperten, werde in Brasilien bislang auch tatsächlich genutzt. Über die Folgen der abgeholzten tropischen Regenwälder dürfen sich dann Klimaforscher die Köpfe zerbrechen. Dies gehört nicht mehr in den Zuständigkeitsbereich der Biotechnologen und Landwirtschaftsplaner...

Doch auf die Umweltprobleme der Biospritherstellung müssen die Südamerikaner nicht erst warten. Einige davon sind schon heute sichtbar. Denn das »Proalcool«-Programm wurde in so kurzer Zeit und in so großen Dimensionen durchgezogen, daß für ökologische Belange zunächst kein Platz blieb. Mikroorganismen leben nur in wäßriger Umgebung. Biotechnologie ist deshalb immer mit riesigen Wassermengen verbunden. In den hochentwickelten Ländern gibt es inzwischen etliche Verfahren, bei denen das benötigte Wasser im Kreislauf geführt und – zum Teil selbst wieder mit biotechnologischen Mitteln – gereinigt wird.

Doch diese Art von Umweltschutz ist teuer und findet in den ärmeren Ländern wenig Verständnis. Waschwässer und Destillationsrückstände, sogenannte Schlempe, fließen deshalb auch heute noch oft ungeklärt in brasilianische Flüsse und Seen. Pro Liter Alkohol fallen 100 Liter Waschwasser und 13 Liter Schlempe an. Diese Schmutzfracht enthält noch einen hohen Anteil von organischen Bestandteilen, die die alkoholproduzierenden Mikroorganismen nicht verdauen können. Dagegen ist dieses Abwasser ein gefundenes Fressen für deren »wildlebende« Kollegen in den Gewässern, die sich massenhaft vermehren. Dabei verbrauchen die Bakterien und Algen aber so viel Sauerstoff, daß für die Fische nichts mehr übrigbleibt. Tote Fische werden deshalb zu Erntezeiten gleich tonnenweise an die Ufer gespült. Selbst die Trinkwasserversorgung mancher Städte war schon überfordert und mußte zeitweilig stillgelegt werden.

Neue Großprojekte zur Alkoholgewinnung sind deshalb auch in

Brasilien heftig umstritten. Die geplante Anlage »Fazenda Bodoquena« im Bundesstaat Mato Grosso soll täglich 1,5 Millionen Liter Alkohol liefern. Das entspricht dem Abwasseraufkommen einer Großstadt mit sechs Millionen Einwohnern. Als Bauplatz ist ausgerechnet ein bislang unberührtes, riesiges Sumpfgebiet vorgesehen, in dem sich auch schon in Südamerika selten gewordene Tierarten wie Krokodile, Riesenschlangen und Jaguare tummeln. Doch langsam setzt auch in Brasilien ein Umdenken ein. Statt wie bislang nur neue Produktionsverfahren fördert die Regierung nun auch Forschungsprojekte, die dem Schutz der Umwelt dienen. Allerdings sollen sich auch die Umweltschutzinvestitionen in Cruzeiros und Centavos auszahlen. Denn die organischen Abfälle enthalten ja noch wertvolle Stoffe wie Proteine, Fette und schwerverdauliche Kohlenhydrate. Daraus wollen die Brasilianer Dünger und Futtermittel herstellen und den Klärschlamm zur Biogaserzeugung nutzen. Die Fasern des Zuckerrohrs brennen fast so gut wie Holz. Sie werden deshalb bereits heute verbrannt und decken damit den Energiebedarf für die Destillation des Alkohols. Neue Technologien sollen den Wirkungsgrad so verbessern, daß die Destillen sogar noch Strom ins öffentliche Netz abgeben können.

Die größten Hoffnungen setzen die Brasilianer aber in ihre Zuckerrohrforschung. Einige Experimentalsorten liefern bereits einen Hektarertrag von 250 Tonnen. Das ist das Fünffache der bisher üblichen Menge. Das Ganze soll dabei nicht mit höheren Kosten für Dünger und Pflanzenschutzmittel erkauft werden müssen. Im Gegenteil, mit Methoden des integrierten Pflanzenschutzes will man die hohen Kosten für Agrochemikalien sogar noch drücken.

Ein etwas längerfristiges Ziel biotechnologischer Forschung weltweit ist es, die beachtlichen Energiereserven der Zuckerrüben und anderer Pflanzen direkt für die Alkoholherstellung zu nutzen. Bislang können die industriell eingesetzten Mikroorganismen lediglich Zucker und die aus Zuckermolekülen aufgebaute Stärke zu Alkohol vergären. Das mengenmäßig wichtigste pflanzliche Produkt ist jedoch Cellulose. Sie besteht zwar auch aus einzelnen Zuckerbausteinen. Diese sind aber etwas komplizierter zusammengesetzt, so daß viele Organismen Schwierigkeiten haben, sie zu knacken. Die Tiere und der Mensch können Cellulose überhaupt nicht verwerten; für sie sind es Ballaststoffe. Da in der Natur ein ständiges, gutgeregeltes Gleichgewicht zwischen Auf- und Abbau herrscht, muß es Mikroorganismen geben, die Cellulose verdauen. Dies ist auch der Fall. Allerdings arbeiten diese Organismen, meist Pilze, so langsam, daß sie bislang für einen technischen Einsatz nicht in Frage kamen. Zahlreiche Gruppen von Wissenschaftlern sind deshalb dabei, diesen Pilzen eine bessere Arbeitsmoral beizubringen.

Neben der Cellulose das zweithäufigste pflanzliche Produkt ist der Holzzucker, im wissenschaftlichen Sprachgebrauch auch Xylose genannt. Ihr Anteil beträgt bei Holzpflanzen zwischen 20 und 30 Prozent. Vor allem bei der Papierherstellung fällt Xylose als Abfallstoff in großen Mengen an. Getreu nach dem Motto »Die Natur kann alles« gibt es natürlich auch wieder Mikroorganismen, die Xylose verwerten. Sie leben – siehe oben – in Gewässern, fressen sich an den Abfällen der Papierproduzenten satt, verschmutzen damit aber wiederum die Gewässer und nehmen den Fischen den Sauerstoff weg. Bis vor wenigen Jahren wußte man jedoch nur sehr wenig über diese Organismen. Erst 1980 gelang es einem amerikanischen Biotechnologen, Hefen zu finden, die Xylulose, ein Schwestermolekül von Xylose, zu Alkohol vergären können. Das Enzym, das Xylose in Xylulose umwandelt, ist völlig identisch mit dem Enzym, das aus Glucose Fructose macht. Diese Glucose-Isomerase wird bereits im Tonnenmaßstab produziert. Denn sie ist das Schlüsselenzym bei der Herstellung von Zuckersirup aus Mais. Die Glucose-Isomerase ist also so billig, daß schon bald ein zweistufiger Prozeß entwickelt wurde. Im ersten Schritt verwandelte das Enzym die Xylose in Xylulose, den zweiten Teil übernahmen die neuentdeckten Hefen, die aus Xylulose Alkohol herstellten.

Noch bevor dieses Verfahren so richtig zum Einsatz kam, hatten andere Wissenschaftler bereits wieder neue Hefen gefunden, die Xylose direkt, also ohne vorherige Umwandlung, in Alkohol umsetzen konnten. Die Entwicklung konzentriert sich deshalb inzwischen auf die Verbesserung dieser Organismen. Im Vergleich zu den »normalen« glucoseabbauenden Hefen wie der Bierhefe Saccharomyces cerevisiae sind diese neuentdeckten Hefen ziemlich faul. Saccharomyces arbeitet mindestens sechsmal schneller, liefert mindestens ein Drittel mehr Alkohol pro Zuckereinheit und verträgt auch einen um ein Drittel höheren Alkoholgehalt im Bioreaktor. Allerdings wird die Alkoholherstellung aus Glucose und mit Saccharomyces schon seit über hundert Jahren wissenschaftlich untersucht, die Xylosevergärung dagegen erst seit etwa fünf Jahren. Weitere Verbesserungen sind also zu erwarten.

Diesem Ziel ein gutes Stück näher gekommen ist bereits Prof. Cornelis Hollenberg am Institut für Mikrobiologie der Universität Düsseldorf. Hollenberg und seine Mitarbeiter arbeiten mit gentechnologischen Mitteln. Ihr Ausgangspunkt ist die gewöhnliche Bierhefe Saccharomyces cerevisiae. Da sie die Xylose nicht verwerten kann, versuchen die Düsseldorfer Wissenschaftler, der Bierhefe den Bauplan mit der Information zum Xyloseabbau einzupflanzen. Dabei benutzen sie nicht die Baupläne der neuentdeckten Hefe, sondern solche von Bakterien, zum Beispiel Bacillus subtilis. Denn die bakteriellen Enzyme sind leistungsfähiger als diejenigen ihrer Hefekollegen. Dadurch lernten nun auch die Bierhefen, wie sie den Holzzucker abzubauen und in Alkohol umzuwandeln haben.

Wenn nun aber die bakteriellen Enzyme leistungsfähiger sind als diejenigen von Hefen, weshalb nimmt man dann nicht gleich Bakterien zur Alkoholproduktion? Der Grund ist einfach. Denn diejenigen Bakterien, die effektiv Xylose abbauen können, sind außerstande, Alkohol herzustellen. Es bleibt sich also gleich, ob man den Bakterien die Alkoholproduktion oder den Hefen die Xyloseverwertung beibringt. Die Umsetzung dieser Forschungen in den technischen Maßstab ist gegenwärtig im Gange. Es erscheint deshalb wahrscheinlich, daß es in ein paar Jahren kombinierte Verfahren geben wird, die sowohl Glucose als auch Xylose (und Cellulose) verwerten können und so die Abwasserreinigung und Alkoholerzeugung wirtschaftlicher machen. Denn bei der Herstellung des Alkohols mit biotechnologischen Verfahren sind die Rohstoffe, also die Pflanzen, das teuerste. Rund 70 Prozent der Gesamtkosten entfallen darauf. Es ist einsichtig, daß sich dieses Verhältnis rasch verbessert, wenn man nicht nur die 12 Prozent »normalen« Zucker, sondern auch Cellulose und Holzzucker nutzen kann, die zusammen etwa zwei Drittel der Pflanzenbausteine ausmachen. Damit fiele insgesamt weniger Abfall an, die Alkoholausbeute würde gesteigert und das gesamte Verfahren somit wirtschaftlicher.

Bereits heute hat eine Reihe von Ländern in Südamerika und Afrika das Konzept der Brasilianer übernommen. In Argentinien und Paraguay laufen Programme unter der Bezeichnung »Alconafta«. Dort wird dem Benzin zwischen 5 und 20 Prozent Alkohol beigemischt. Auch Südafrika, Kenia und Simbabwe strecken auf diese Weise ihren Benzinvorrat. Doch nicht nur Schwellenländer setzen auf die Produktion von Bioalkohol. In den USA dient Ethanol vorwiegend als Antiklopfzusatz zu bleifreiem Benzin. Der Anteil beträgt dort lediglich 5 bis 10 Prozent, denn die Absicht der Nordamerikaner ist es nicht in erster Linie, Mineralöl einzusparen. Dieser Effekt wird dort eher als willkommene Nebenerscheinung angesehen. Amerikanische Experten halten es deshalb auch für sinnlos, in ihrem Land unter den dortigen wirtschaftlichen Bedingungen das Benzin vollständig durch Ethanol zu ersetzen. Entsprechend erreicht die Jahresproduktion auch »nur« 1,5 Milliarden Liter, verglichen mit der brasilianischen Produktion von inzwischen über neun Milliarden Litern.

Bei diesen Zahlenverhältnissen wundert es nicht, daß der nordamerikanische Markt für Industriealkohol zunehmend von brasilianischen Produkten überschwemmt wird. Die 13 alkoholproduzierenden US-amerikanischen Unternehmen sehen sich deshalb gezwungen, ihre Wettbewerbssituation zu verbessern und neue Technologien und Verfahren zu entwickeln. Schwerpunkte bei diesen Anstrengungen bilden dabei die Verwendung und Konstruktion neuer Mikroorganismen, die mehr Pflanzenstoffe verwerten oder einen höheren Alkoholgehalt ertragen können (siehe oben). Aber auch Verfahrensingenieure sind an diesem Konkurrenzkampf beteiligt. Sie entwickeln zum Beispiel Systeme, bei denen sich der Alkohol während der Produktion zunächst an Trägerstoffe bindet und anschließend ohne aufwendige Destillation wieder in reiner Form ablöst. Ein anderes Verfahren greift zwar ebenfalls auf die Destillation zurück. Allerdings wird der ganze Bioreaktor dabei unter Druck gesetzt, so daß der Alkohol schon bei den üblichen Herstellungstemperaturen von etwa 30 °C kocht und aus der Nährlösung entweicht.

80 Prozent des in den USA produzierten Industriealkohols stammen aus biotechnologischen Anlagen. Den Rohstoff dazu – vorwiegend Stärke – liefern die Landwirtschaftsbarone des mittleren We-

stens mit ihren riesigen Maisplantagen. Lediglich ein Fünftel des Alkohols wird noch chemisch aus Rohöl hergestellt. Bioalkohol ist gegenüber »Chemoalkohol« in den USA also nicht nur konkurrenzfähig, sondern hat diesen bereits weitgehend verdrängt. Möglich wurde dies allerdings nur, weil die Amerikaner die Nebenprodukte ebenfalls gewinnbringend absetzen: Glycerin und organische Säuren als Grundstoffe für die chemische Industrie, Proteine als Futtermittelzusatz und Öle zur Herstellung von Margarine.

Warum sollte dies nicht auch in Europa gelingen? Haupthindernis ist die europäische Agrarmarktordnung. Sie garantiert den Landwirten Preise, die sonst nirgendwo auf der Welt gezahlt werden. Wenn die Bauern ihre Überschüsse statt an die EG zu verkaufen zu Alkohol verspritten würden, müßten sie drauflegen. Trotzdem wird das Motto der neunziger Jahre lauten: »Benzin vom Bauern« (DIE ZEIT). Denn die Überlegung von EG-Bürokraten und Landwirtschaftslobby heißt: Es ist vernünftiger, die Subventionen für umweltfreundlichen Biosprit auszugeben als für die sinnlose Endlagerung in Kühlhäusern.

Landwirtschaftsminister Ignaz Kiechle setzte deshalb in der Bundesregierung durch, daß sie »Bestrebungen der EG-Kommission befürwortet, die Umwandlung von Getreide und Rüben in Ethanol zu fördern, sofern dies wirtschaftlich vertretbar ist«. Als wirtschaftlich vertretbar wird definiert: »Die entstehenden Kosten für die Förderung dürfen mittelfristig nicht höher sein als die Ausgaben für die Überschußverwertung von Getreide.« Ab 1990 soll nach Kiechles Plänen allein in der Bundesrepublik Deutschland jährlich eine Million Tonnen Getreide zu Sprit verarbeitet werden. Würden die anderen EG-Länder Kapazitäten in ähnlichen Größenordnungen aufbauen, so ließe sich schnell der bislang aufgetürmte Getreideberg wegschmelzen, und die Bauern wären aus dem Kreuzfeuer der Kritik.

Die multinationalen Ölkonzerne entwickeln jedoch andere, aus Erdöl gewonnene Zusätze, die ebenfalls das Blei im Benzin ersetzen können. Bei dem in den nächsten Jahren stark zunehmenden Absatz von bleifreiem Benzin dürfte sich also eine heftige Konkurrenz zwischen Erdöl- und Agrarlobby entwickeln. Die Bauern stehen indes bei diesem Poker um Milliardensubventionen nicht allein da. Sie erhalten massive Schützenhilfe von dem italienisch-amerikanischen Großkonzern Ferruzzi, durch dessen Bücher allein 50 Prozent des amerikanischen Weizenumsatzes laufen. Gemeinsam mit dem Mailänder Chemiekonzern Montedison baute Ferruzzi in New Orleans ein Werk, das jährlich eine halbe Million Tonnen Getreide in 160 000 Tonnen Ethanol und 140 000 Tonnen Futtermittel verwandeln soll. Diese Investition betrachtet Ferruzzi, gleichzeitig Europas größter Zuckerhersteller, als Test für eine größere Serie europäischer Werke. Allein für die Versorgung Italiens mit 5 Prozent Ethanol im bleifreien Kraftstoff müßten vier Anlagen in der Größenordnung des amerikanischen Vorbildes gebaut werden.

In der Bundesrepublik gibt es bisher zwei »Agraralkoholversuchsanlagen«. Die eine steht seit 1983 in Ochsenfurt und wird von der Frankenzucker GmbH betrieben, die andere wurde 1985 in Ahausen-Eversen gebaut. Beide Pilotprojekte wurden vom Bundeslandwirtschaftsministerium mit insgesamt 18 Millionen Mark bezuschußt. Unter den derzeitigen wirtschaftlichen Bedingungen arbeiten beide nicht rentabel. Der Liter Alkohol aus Mineralöl kostet etwa 65 Pfennig, die Herstellung des Bioalkohols verschlingt gegenwärtig noch das Doppelte bis Dreifache. Der Ölpreis müßte also entweder auf 70 Dollar pro Barrel steigen, oder die Biotechnologen müßten bessere Verfahren entwickeln, um die Ethanolherstellung von den EG-Subventionen unabhängig zu machen. Bei Produkten wie Antibiotika ist es nicht so gravierend, wenn ab und zu mal eine Produktion in den Sand gesetzt wird oder nicht optimal ausgenutzt wird. Sie haben eine so komplizierte Molekülstruktur, daß eine chemische Synthese wesentlich teurer käme. Will die Biotechnologie aber in Bereiche vordringen wie die Herstellung solch einfacher Stoffe wie Alkohol, so muß sie die bestehenden chemischen Verfahren verdrängen, die über Jahrzehnte optimiert worden sind. Solange dies nicht der Fall ist, wird die subventionierte Bioethanolherstellung fast genauso umstritten sein wie die gegenwärtige Überschußproduktion.

Kaum umstritten sind dagegen einige Prozesse, bei denen die Ethanolherstellung nicht der Überschußverwertung, sondern der Abfallbeseitigung dient. Rechnet man die Marktpreise für den Alkohol gegen die Kosten der Abwasserbehandlung auf, so macht so manches Unternehmen dabei ein gutes Geschäft. Zum Beispiel die Firma

Pfeifer und Langen in Dormagen. Sie nahm erst kürzlich eine Großanlage in Betrieb, die in zwei 70 000-Liter-Bioreaktoren und einer angeschlossenen Destille täglich rund 10 000 Liter 96prozentigen Alkohol produziert. Dabei fand erstmals ein ganz neues Verfahren Anwendung, das die Dormagener Ingenieure gemeinsam mit dem Institut für Biotechnologie der Kernforschungsanlage Jülich entwickelt hatten. Der wesentliche Unterschied liegt dabei in der Biologie: Statt den bislang üblichen Hefen besorgen nun Bakterien das Geschäft. Sie wachsen etwa doppelt so rasch und produzieren den Alkohol dabei sechs- bis siebenmal schneller. Dies liegt wahrscheinlich daran, daß die gegenüber den Hefen wesentlich kleineren Bakterien die Nährstoffe aus ihrer Umgebung besser aufnehmen und den Alkohol rascher ausscheiden können. Außerdem gewinnen sie ihre Energie über eine andere, weniger effektive Stoffwechselroute. Sie müssen deshalb mehr Zucker zu Alkohol vergären, um auf dasselbe Gewicht zu kommen wie die Hefen. Deshalb werden etwa 5 Prozent mehr Zucker im Alkohol umgesetzt. Doch damit nicht genug. Die Hefen benötigen zum Bau einiger lebenswichtiger Bestandteile etwas Sauerstoff. Allerdings darf auch nicht zuviel Sauerstoff in den Bioreaktor gelangen, weil die Hefen sonst ihren Stoffwechsel umstellen und statt Alkohol nur noch Kohlendioxid und Wasser (also Sprudel!) produzieren. Die Sauerstoffversorgung ist also bei Hefen sehr kritisch und muß peinlichst genau dosiert und kontrolliert werden. Die alkoholproduzierenden Bakterien der Art Zymomonas mobilis benötigen dagegen keinen Sauerstoff für ihr Wachstum. Andererseits nehmen sie es auch nicht so übel, wenn doch einmal ein bißchen Luft in den Reaktor gelangt. Die Prozeßführung wird also wesentlich einfacher. Das schnellere Wachstum von Zymomonas erlaubt es zudem, Alkohol in einem kontinuierlichen Verfahren zu produzieren. Dies bringt gegenüber dem herkömmlichen »batch«-Verfahren eine Reihe von Vorteilen.

Für den Begriff »batch« kennt die deutsche Sprache wieder einmal keinen vollständig treffenden Ausdruck. Die Übersetzung »Schub« erklärt nur unzureichend, was damit gemeint ist. Die Engländer kannten dieses Wort jedoch schon lange, bevor es industrielle Prozesse gab. Es bezeichnete früher die in Backhäuschen »auf einmal gebackene Menge Brot«. Also rohes Brot in den Ofen rein, ein bis zwei

Stunden warten, dann das fertige Brot herausnehmen, den Ofen neu beschicken und so weiter. Genauso funktioniert auch ein biotechnologischer »batch«-Prozeß: Mikroorganismen rein in den Bioreaktor, warten, bis sie ihr Produkt hergestellt haben, dann den Reaktor ernten, spülen, putzen, mit Nährlösung füllen, sterilisieren und erneut mit Mikroorganismen beschicken.

In den vergangenen Jahren gab es jedoch zunehmend Bestrebungen, diesen »batch«-Ansatz durch kontinuierlich laufende Prozesse zu ersetzen. Dies hat mehrere Vorteile. So entfallen die Leerlaufzeiten für das Säubern der Reaktoren und für die Anzucht der Mikroben. Außerdem häufen sich die Produkte nicht an und können deshalb ihre eigene Herstellung auch nicht hemmen. Stets gleichbleibende Bedingungen bringen die Zellen nicht in unnötigen Streß und machen den Prozeß besser kontrollierbar. Entscheidende Impulse in Richtung kontinuierlicher Prozesse sind von der »abbauenden Biotechnologie« ausgegangen. Denn die meisten Verfahren zur Abwasserbehandlung müssen ja schon wegen der großen Mengen kontinuierlich betrieben werden. Aber auch für die Alkoholproduktion ist diese Technik nicht völlig neu. Bereits in den zwanziger Jahren waren zwei Prozesse in Betrieb, mit denen kontinuierlich Bäckerhefe und Alkohol hergestellt wurden.

Die Firma Pfeifer und Langen stellt unter anderem reinen Traubenzucker aus Weizenmehl her. Dabei fallen große Mengen Abfallstärke an, die ebenfalls enzymatisch zu Traubenzucker gespalten wird und dann den Alkoholproduzenten als Futter dient. Haben sie sich über die Kraftnahrung hergemacht, dann bleibt immer noch ein Rest übrig, der auch ihnen nicht schmeckt. Dieses bereits von der Reststärke befreite Abwasser enthält vorwiegend Fasern, Eiweiße und Fette. Aber auch diese organischen Reststoffe werden – ähnlich wie im brasilianischen Prozeß – noch sinnvoll verwertet. In einer Biogasanlage freuen sich bereits verschiedene Methanbakterien darauf. Allerdings haben die Zymomonaden auch einige Nachteile gegenüber den Hefen. Sie sind anfälliger für Infektionen mit Milchsäurebakterien und können manche Zuckerarten nicht verwerten. Prof. Hermann Sahm von der KFA Jülich ist jedoch zuversichtlich, daß sich die Zymomonas-Bakterien noch weiter verbessern lassen. Denn sie sind im Gegensatz zu den Hefen wesentlich einfacher gebaut und damit gentechnologischen Methoden viel zugänglicher. Vielleicht gelingt es sogar, die erstmals aus dem mexikanischen Getränk Pulque isolierten Zymomonaden eines Tages so weit zu bringen, daß auch die Vergärung von Überschußzucker wirtschaftlich wird.

Bei den Stichworten »Zucker« und »Stärke« denken die Biotechnologen nicht in erster Linie an Biosprit. Denn diese beiden Rohstoffe sind die wichtigsten Grundstoffe für fast jeden biotechnologischen Prozeß. In der Europäischen Gemeinschaft stellen gegenwärtig rund 50 größere Firmen etwa 100 verschiedene biotechnologische Produkte her. Dazu gehören Antibiotika, Enzyme, organische Säuren, Vitamine, Lösungsmittel und Biopolysaccharide. Die größten Mengen an Zucker und zuckerhaltigen Pflanzenprodukten benötigen die Hersteller von Back- und Bierhefen sowie von technischen Enzymen, Citronensäure, Glutamat, Lysin und Penicillin. Die dänische Firma Novo und die niederländische Firma Gist Brocades sind weltweit die größten Produzenten von Enzymen und Penicillin.

Citronensäure ist ein ideales Beispiel für ein biotechnologisches Produkt. Sie ist absolut harmlos und begegnet uns täglich in vielerlei verschiedenen Formen. Ungefähr 70 Prozent der jährlich rund 400 000 Tonnen Citronensäure wandern in die Lebens- und Genußmittelindustrie. Von dort erscheint sie uns in Form von alkoholfreien Erfrischungsgetränken, Konfitüren, Konserven, als Tortenfüllungen, Fruchtcremes und Speiseeis. Doch nicht nur ihr saurer, erfrischender Geschmack ist gefragt, sondern ihre Eigenschaften als Konservierungsstoff. Sie hält die Lebensmittel frisch, indem sie den frühzeitigen Abbau von Vitaminen und Aromen verhindert. In der üblichen Konzentration von ein bis zwei Gramm pro Liter vermag sie auch die unerwünschten Schwermetalle zu binden und unschädlich zu machen. Den meisten Fäulniserregern ist sie zu sauer. Deshalb bleiben sie Produkten fern, die Citronensäure enthalten. Denselben Effekt macht sich auch die Pharmaindustrie zunutze, die mit 15 Prozent am Citronensäurekonsum beteiligt ist. Als Stabilisator von Tropfen und Siruplösungen ist sie genauso nützlich wie als Mittel, das die Gerinnung von Blutkonserven verhindert. Stark zunehmend ist die Tendenz in der Waschmittelindustrie. Dort dient sie als zwar relativ teurer, aber aus Umweltschutzgründen vorteilhafter Ersatz von Phosphaten.

Citronensäure entsteht in jedem Lebewesen. Vom einfachsten Bakterium bis hin zum Menschen ist sie ein zentrales Zwischenprodukt beim Abbau der Nahrung. Jeder Mensch produziert täglich bis zu zwei Kilogramm Citronensäure. Natürlich nicht alles auf einmal, aber als Zwischenschritt bei der Verdauung. Dies erklärt, daß Citronensäure sowohl für Mensch und Tier als auch für die Umwelt völlig unschädlich ist. Im Gegenteil, im Abwasser ist sie ein beliebtes Kraftfutter für die abbauenden Bakterien. In der Bundesrepublik und einigen anderen Ländern wird Citronensäure deshalb auch gar nicht in der Liste der Lebensmittelzusatzstoffe geführt, sondern als Lebensmittel selbst.

In der Natur ist die Citronensäure weit verbreitet. Nicht nur in Pflanzen und Früchten, sondern auch in der Milch. Die höchsten Mengen findet man – der Name legt es nahe – in Zitronen. Aus Zitronen wurde die beliebte Säure denn auch bis in die zwanziger Jahre dieses Jahrhunderts gewonnen. Der Saft einer Zitrone enthält jedoch auch nur etwa 3 bis 9 Prozent Citronensäure. Die Isolierung war deshalb recht aufwendig und unwirtschaftlich. Das änderte sich im Jahre 1923. Schon damals lernten die ersten »Biotechnologen« (diesen Begriff gab es damals noch gar nicht), den Schimmelpilz Aspergillus niger großtechnisch zu züchten. Er scheidet die Citronensäure unter natürlichen Bedingungen in größeren Mengen aus. Mit einer ständigen Stammentwicklung brachte man die Aspergillen inzwischen so weit, daß sie fast 90 Prozent des ihnen als Futter angebotenen Zukkers in Citronensäure umwandeln. In Bioreaktoren mit einer Größe von über 200 000 Litern stellen die Firmen das Kilogramm Citronensäure heute zu einem Preis von vier bis fünf Mark her.

Um an ihre Nahrungsstoffe heranzukommen, lassen sich Mikroorganismen allerhand einfallen. Was sie nicht direkt verschlingen können, wird einfach vorverdaut. Dazu gehören vor allem ölige Stoffe. Sie müssen erst emulgiert werden, damit die Zellen sie fressen können. Auch die Tiere und der Mensch emulgieren Öle und Fette, bevor sie die Darmwand passieren. Dazu scheidet die Gallenblase Gallensäuren aus. Sie umhüllen das Fett und verpacken es in kleine, handliche Tröpfchen. Genau dasselbe machen Bakterien und Hefen auch. Nur haben sie keine Galle und keinen Magen, in den sie die oberflächenaktiven Substanzen absondern können. Deshalb scheiden sie ihre »Gallensäuren« einfach in die Umgebung aus. So gelingt es manchen Mikroben beispielsweise, auf reinem Erdöl zu wachsen. Die »Gallensäuren« der Bakterien sind allerdings chemisch ganz anders gebaut als bei Mensch und Tier. Sie besitzen deshalb Eigenschaften, die in einer ganzen Reihe technischer Prozesse genutzt werden. Unter der Bezeichnung »Biotenside« finden sie Verwendung als Benetzer und Lösungsmittel, zur Schaumbildung und zur Beseitigung von Ölverschmutzungen. Außerdem finden sie zunehmend Absatz als Mittel zum Herauslösen auch noch letzter Ölreste aus bereits weitgehend ausgebeuteten Lagerstätten. Bei steigenden Ölpreisen wird sich hier ein gewaltiger Markt eröffnen, den Experten bis zur Jahrtausendwende auf mehrere Milliarden Mark schätzen. Bisher wird der größte Teil der Biotenside noch in der Lebensmittelindustrie verwendet als Zusatz zu Puddings und ähnlichen Produkten. Denn bei zunehmendem Figurbewußtsein sind Stoffe gefragt, die gut schmekken, aber unverdaulich sind. Bislang wird erst Xanthan, ein Produkt von Xanthomonas campestris, großtechnisch hergestellt, jährlich etwa 20 000 Tonnen. Der Rest stammt aus Algen, die man aus Meereskulturen gewinnt. Inzwischen wurden aber ähnliche Verbindungen entdeckt, die noch bessere Eigenschaften aufweisen. Sie bestehen alle aus langen, nur schwer abbaubaren Zuckerketten. Zucker ist deshalb auch das beste Futter für diese Mikroben.

Gegenwärtig produziert die Europäische Gemeinschaft 14 Millionen Tonnen Zucker jährlich. Dies entspricht einem Anteil von etwa 10 Prozent der Welterzeugung. Der Bedarf der europäischen Bevölkerung ist aber weit geringer. Jede dritte Tonne muß zu Niedrigstpreisen im Ausland verschleudert werden. Im Gegensatz dazu importiert die Industrie zu etwa demselben Preis unreine Melasse, ein Abfallprodukt der Zuckerherstellung, von Übersee. Melasse ist aber stark mit Stoffen verunreinigt, die für die Mikroorganismen nur schwer verdaulich sind. Sie erfordert deshalb einen stark erhöhten Aufwand und belastet zudem die Umwelt. Eine widersinnige Praxis, die von der EG-Zuckermarktordnung diktiert wird. Einige Firmen haben ihre biotechnologischen Produktionsbetriebe deshalb bereits in Nicht-EG-Länder mit billigeren Agrarrohstoffen ausgelagert. Die Kosten für die Rohstoffe betragen immerhin zwischen 30 und 70 Prozent. So stieg der Anteil der Citronensäureproduktion Österreichs, bezogen auf den EG-Markt, von 15 Prozent im Jahre 1976 auf 25 Prozent im Jahre 1983. In der EG sinken die absoluten Produktionsmengen, während Länder wie die Schweiz, Finnland, Norwegen und Schweden dank des freien Zugangs zum Weltmarktzucker ihre Kapazitäten ständig aufstocken.

Der Verband der Chemischen Industrie (VCI) kommt in einer Studie zu dem Schluß, daß es sinnlos sei, auf der einen Seite die biotechnologische Forschung zu unterstützen, wenn nicht gleichzeitig sichergestellt sei, daß die Produkte wettbewerbsfähig hergestellt werden können. Die Chemiekonzerne wollen trotzdem nicht auf weitere Forschung verzichten. Gegenwärtig untersuchen sie Möglichkeiten, wie sie Zucker auch zunehmend in klassisch chemischen Verfahren einsetzen können. Geplant ist unter anderem die Veresterung zu Detergentien, die leichter abbaubar sind, und die Veretherung mit Isocyanaten zu Polyurethan-Kunststoffen. Auch Stärke könnte zunehmend in Herstellungsprozesse für Kunststoffe und in chemische Synthesen fließen. Kunststoffe werden dadurch leichter bedruckbar und ebenfalls schneller biologisch abbaubar. Bei der Herstellung von Phenolharzen könnte Stärke zumindest teilweise das giftige Formaldehyd ersetzen. Die chemische Industrie ist jedoch nur bereit, ihre Entwicklungen verstärkt in diese Richtung zu lenken, wenn die politischen Rahmenbedingungen in ihrem Sinne geschaffen werden.

Zucker ist jedoch nicht der einzige Pflanzenstoff, den Biotechnologen und Chemiker verwerten können. Bereits heute sind rund 10 Prozent der Rohstoffe in der chemischen Industrie pflanzlichen Ursprungs. Der Düsseldorfer Waschmittel- und Chemiekonzern Henkel verarbeitet jährlich allein 200 000 Tonnen Kokosöl zu Shampoos und Schaumbädern. Aber auch weniger exotische Öle und Fette sowie Stärke und Cellulose finden Verwendung in Binde- und Gleitmitteln, Klebern, Folien, Lösungsmitteln, Weichmachern und Wachsen. Hans Zoebelein, Direktor bei der Henkel KGaA und gleichzeitig Experte für nachwachsende Rohstoffe beim Verband der Chemischen Industrie, ist heute mehr denn je davon überzeugt, daß es für viele petrochemische Produkte billige pflanzliche Alternativen gibt.

In einem Positionspapier des VCI heißt es denn auch: »Die chemische Industrie ist stark daran interessiert, aus nachwachsenden Rohstoffen höherveredelte Produkte herzustellen. Hierin sieht sie eine

Chance, auch im Rahmen der Biotechnologie gegenüber wichtigen Drittlandskonkurrenten, wie USA und Japan, konkurrenzfähig zu sein.« Allerdings möchte auch der VCI auf Subventionen nicht verzichten. Zucker und Stärke seien in der Europäischen Gemeinschaft zu teuer, sie müßten der Industrie daher zu Weltmarktpreisen zur Verfügung gestellt werden. Unter diesen Bedingungen wäre die europäische Industrie nach eigenen Aussagen gegenüber ihren Konkurrenten wettbewerbsfähig und könnte ihren Bedarf von gegenwärtig 100000 Tonnen Zucker jährlich auf mindestens das Fünffache steigern. Zum Vergleich: Der gegenwärtige Weltmarktpreis für Zucker beträgt weniger als 400 Mark pro Tonne. Europäischer Zucker dagegen kostet rund 1500 Mark. Ähnlich sieht es bei Stärke sowie bei Ölen und Fetten aus. Auch deren Verarbeitung könnte die Industrie bei entsprechenden Preisen leicht verdoppeln und verdreifachen.

Die größte Verwendung hat die chemische Industrie bislang für Fette, Öle und Harze. Solche Produkte sind die eigentlichen Stärken von Pflanzen. Denn sie sind so kompliziert gebaut, daß der Chemiker Mühe hat, sie aus Erdöl neu zusammenzusetzen. Europaweit verarbeitet die chemische Industrie jährlich rund 3 Millionen Tonnen vorwiegend minderwertige Sorten, die als Abfallprodukte zum Beispiel bei der Fleischherstellung und der Speiseölraffination anfallen. Sie sind unentbehrliches Ausgangsmaterial für eine Vielzahl von Produkten wie Farben, Kosmetika, Medikamente und Kunststoffe. Zunehmend äußert die chemische Industrie jedoch auch den Wunsch nach Pflanzen, die speziell auf ihre Bedürfnisse zugeschnitten sind. Denn viele Pflanzen weisen nicht gerade die ideale Zusammensetzung als Chemierohstoffe auf. Sie müssen erst in langwieriger Züchterarbeit auf ihre neuen Aufgaben getrimmt werden.

Neben einem Niedrigpreismarkt für die Abfallprodukte aus der Ernährungsindustrie könnte so ein zweiter Markt für maßgeschneiderte industrielle Öle entstehen, der über höhere Einkommen pro Hektar den europäischen Landwirten zu einem nicht subventionierten Absatz ihrer Produkte verhelfen könnte. Auf der Wunschliste der Chemiker an die Pflanzenzüchter stehen Pflanzen wie Jojoba, Crambe, Cuphea, Sonnenblume und Wolfsmilchgewächse. Die Pflanzenzüchter sollten diesen Öllieferanten höhere Ausbeuten und vor allem eine höhere Reinheit bestimmter Inhaltsstoffe antrainieren. Dies würde die Kosten für die Trennung und Reinigung senken und den Anteil der wertlosen Abfallprodukte verringern. Die Chemiker verkennen allerdings auch nicht, daß solche Züchtungen viele Jahre in Anspruch nehmen und beträchtliche Anstrengungen erfordern werden.

Aber auch die Chemiker können nicht einfach von heute auf morgen ihre Produktionsprozesse umkrempeln. Denn die Forschung auf dem Gebiet der Fett- und Kohlenhydratchemie wurde seit dem Zweiten Weltkrieg gegenüber der Erdölchemie stark vernachlässigt. Etwas schneller zum gewünschten Erfolg könnten hier eventuell Biotechnologen kommen, die die entsprechenden Fette mit Hilfe von Mikroorganismen oder pflanzlichen und tierischen Zellkulturen herstellen. Dies ist allerdings ein Gebiet, das bislang noch recht wenig erforscht wird, das aber in Zukunft sicher größere Bedeutung erlangen wird. Untersucht wird derzeit ein Verfahren, bei dem Algen in Unterwasserkulturen gezüchtet werden. Algen produzieren vorwiegend Zucker, jedoch kaum Alkohole und Fette. Deshalb werden Bakterien und Hefepilze auf den Algen kultiviert, die dann ihrerseits aus den Algenzuckern Alkohol und Lösungsmittel herstellen.

Dies ist die Weiterentwicklung eines schon klassischen biotechnologischen Prozesses, bei dem die beiden organischen Lösungsmittel Aceton und Butanol erzeugt werden. Diese Lösungsmittel benötigt die Industrie in großen Mengen. In der ersten Hälfte dieses Jahrhunderts deckte die biotechnologische Produktion dieser beiden Stoffe mit Hilfe des Bakteriums Clostridium acetobutylicum einen Großteil dieses Bedarfs. Mit Einsetzen des Erdölbooms in den fünfziger Jahren war diese Methode dann nicht mehr länger wirtschaftlich. Die Verarbeitung des Öls lieferte Aceton und Butanol zu wesentlich niedrigeren Preisen. In einigen Ländern wurden die biotechnologischen Anlagen jedoch nie eingemottet, sondern sogar stets weiterentwickelt und verfeinert. Vor allem Südafrika ist heute auf diesem Gebiet führend, da es aus politischen Gründen stets mit Öl knapp gehalten wurde. Dieses Land sah sich deshalb gezwungen, auch bei höheren Kosten all diejenigen Stoffe entweder biologisch oder aus Kohle zu gewinnen, die auf diese Weise herzustellen sind. Mit den steigenden Rohölpreisen und Fortschritten auf dem Gebiet der Biotechnologie nahm auch die Bundesrepublik Deutschland Anfang der achtziger Jahre wieder die Forschung an dem Aceton-Butanol-Prozeß auf. Mit Hilfe von immobilisierten Mikroorganismen und einer kontinuierlichen Prozeßführung gelang es, die Ausbeute an Butanol und Aceton gegenüber dem herkömmlichen Verfahren um das Zweihundertfache zu steigern.

Die Verflüssigung von Biomasse mit rein technischen Verfahren wie Pyrolyse, Vergasung und Hydrierung scheint derzeit weniger sinnvoll als die Anwendung biotechnologischer Verfahren. Eine gemeinsame Forschungsgruppe aus der Abteilung Forschung, Energietechnik und Neue Technologien der Volkswagenwerk AG, des Instituts für Erdölforschung in Hannover und des Lehrstuhls für Biochemie und Biotechnologie der TU Braunschweig kam in einem Bericht an den Bundesforschungsminister zu folgendem Schluß: »Die häufig in Publikationen geweckten Hoffnungen auf eine großtechnische Produktion von Kohlenwasserstoffen oder Chemierohstoffen aus biologischem Material können leider nicht bestätigt werden.« Am wirtschaftlich interessantesten ist deshalb wohl die Umwandlung von Biomasse in Brennstoffe mit Hilfe biotechnologischer Systeme. Hier dürften auch noch die größten, bislang noch nicht annähernd ausgeschöpften Möglichkeiten liegen. Allerdings darf dabei nicht übersehen werden, daß auch biotechnologische Verfahren wieder zu Umweltproblemen führen können. Eine Großbrauerei etwa produziert soviel Abfall und Abwasser wie eine Stadt mit 200 000 Einwohnern. Dieser Abfall ist jedoch meist ungiftig und enthält noch viele verwertbare Stoffe. Es gilt deshalb, verstärkt solche biotechnologischen Prozesse zu entwickeln, die auch aus diesem »letzten Dreck« noch Energie und Rohstoffe herausholen und damit gleichzeitig die Umwelt entlasten.

Trotz aller Vorteile der biotechnologischen Gewinnung von Brennstoffen aus pflanzlichen Rohstoffen müssen die vielfältigen Auswirkungen und Folgen solcher Prozesse genauestens abgeschätzt werden, bevor sie in großtechnischem Maßstab eingeführt werden. Die sogenannte »Technologie-Folgenabschätzung« sollte also tatsächlich vor der Einführung einer neuen Technologie vorgenommen werden und nicht wie bislang meist üblich erst dann, wenn die Entscheidungen bereits gefallen sind. Dieses Verfahren wird häufig auf Schwierigkeiten stoßen, weil die an den entsprechenden Entwicklungen beteiligten Wissenschaftler und Industrieunternehmen verständlicherweise Angst davor haben, daß andere schneller sind und ihnen den Braten wegschnappen, ohne sich über die Folgen viel Gedanken zu machen. International verbindliche Vereinbarungen, etwa im Rahmen der Organisation für wirtschaftliche Zusammenarbeit und Entwicklung (OECD), könnten hier ein gewisses Maß an Gleichklang bringen. Ein Beispiel für einen möglicherweise sinnlosen, ja verheerenden Einfluß eines biotechnologischen Prozesses lieferte der amerikanische Wissenschaftler C. Radledge in einem durchaus glaubwürdigen Szenario: Um Öl zu ersetzen, wird in den USA verstärkt Maisstärke zu Alkohol umgesetzt. Dadurch steigen die Anbauflächen für Mais. Gleichzeitig bleibt weniger Platz für die Kultivierung von Baumwolle. Als Folge davon wird Baumwolle knapp und teuer. Dadurch sind Kunstfasern wieder konkurrenzfähig, und die Bekleidungsindustrie ersetzt Baumwolle durch Kunstfasern. Kunstfasern aber werden bislang vorwiegend aus Erdöl hergestellt. Der Ölverbrauch steigt, statt zu sinken.

Ein wichtiges Kriterium zur Abschätzung solcher Folgen und Vernetzungen ist deshalb das Nettoenergieverhältnis. Es bezeichnet das Verhältnis der aus den Pflanzen gewinnbaren Energie im Vergleich zu der Energiemenge, die zur Herstellung dieser Pflanzen benötigt wurde; also zum Beispiel Kraftstoff für Traktoren und die Energie, die in Schädlingsbekämpfungs- und Düngemitteln steckt. Dieses Verhältnis beträgt für viele Pflanzen 1,0. Das bedeutet, die Pflanze liefert nur so viel Energie, wie man vorher in sie hineingesteckt hat. Darauf eine Industrie zur Energiegewinnung aufzubauen ist natürlich sinnlos. Unter den gegenwärtigen Bedingungen liegt das Nettoenergieverhältnis für Zuckerrüben sogar knapp unter 1,0. Dagegen ist Zuckerrohr durchaus profital. Sein Quotient beträgt zwischen 3 und 5. Dies wurde nur mit einer »Strategie des ganzen Rohrs« möglich: Zucker liefert den Hauptrohstoff, der Preßrückstand wird verbrannt und daraus Wärme zur Erzeugung des Prozeßdampfes gewonnen, die restlichen Abfälle werden – wieder mit Hilfe von Mikroorganismen – zu Biogas und Futtermitteln verarbeitet.

Ein Problem sollte bei der Diskussion um nachwachsende Rohstoffe jedoch niemals außer acht gelassen werden: die Verwendung von Düngern und Pflanzenbehandlungsmitteln. Solange die Landwirte für die menschliche Ernährung produzieren, haben sie selbst ein gewisses Eigeninteresse, daß ihre Produkte nicht allzusehr von Pestizid- und Düngerrückständen verseucht sind. Auch der Gesetzgeber hat dafür strenge Richtlinien erlassen. Produziert der Landwirt aber nicht mehr direkt für den Menschen, sondern für die Industrie, so könnte manch einer der Versuchung erliegen, es mit der Schädlingsbekämpfung und dem Pflanzenschutz nicht mehr so genau zu nehmen und – vielleicht auch einfach wirtschaftlichem Druck gehorchend – wieder zu dem alten Motto »Viel hilft viel« zurückzukehren.

Langfristig sehen die meisten Wissenschaftler allerdings nur in sogenannten Photo- oder Solarbioreaktoren eine Zukunft. Nur die direkte Nutzung der Sonnenenergie bietet ihrer Meinung nach eine wirkliche Alternative zu Öl und Kohle. Sonnenenergie war eines der Schlagworte alternativer Energietechniker in den siebziger Jahren. Inzwischen ist es um die technische Nutzung der Sonnenenergie zur Strom- oder Wärmegewinnung ruhiger geworden. Denn selbst Enthusiasten mußten einsehen, daß die technische Verwirklichung dieser an sich faszinierenden Idee nur sehr mühsam vorankommt. Ein großes Problem dabei ist vor allem die Speicherung der Energie. Denn Solargeneratoren erzeugen meist vor allem dann Energie, wenn sie am wenigsten gebraucht wird: tagsüber und im Sommer.

In noch wesentlich kleineren Kinderschuhen als die technische Nutzung der Sonnenenergie steckt deren biotechnologische Ausbeutung. Auf lange Sicht bietet sie jedoch blendende Perspektiven. Denn Mikroorganismen können die Strahlungsenergie der Sonne in beliebig und einfach zu lagernde Energieträger wie Alkohol oder Wasserstoff umsetzen. Dabei wird der natürliche Mechanismus der Öl- und Kohleentstehung in einem Bioreaktor nachgeahmt. Algen und pflanzenähnliche Bakterien benötigen keine organischen Rohstoffe wie Zucker oder nährstoffhaltige Abwässer, sondern wachsen allein mit Sonnenlicht und dem in der Luft enthaltenen Kohlendioxidgas. Massenkulturen solcher Organismen könnten dann wiederum alkoholproduzierenden Hefen zum Fraß vorgeworfen werden.

Im Rahmen eines Sonnenenergieprogramms der Europäischen Gemeinschaft wurden solche Verfahren unter dem Schlagwort

»Meereskulturen an Land« getestet. Die Algen und Bakterien werden dabei nicht im Meer, sondern in speziellen Anlagen an Land gezüchtet. Benutzt werden jedoch Meeresorganismen, so daß man kein Süßwasser benötigt. Außerdem brauchen diese Mikroben ja auch keine fruchtbaren Böden. Diese Technik ist also speziell für sonnenreiche, küstennahe Wüstenregionen geeignet. Eine Demonstrationsanlage in Süditalien zeigte vielversprechende Ergebnisse. Eine Hochrechnung ergab, daß 1700 qkm Wüstenkultur ausreichen, um 5 Millionen Tonnen Biobrennstoff zu liefern. Zur Herstellung derselben Alkoholmenge aus Zuckerrohr sind dagegen 9000 qkm erforderlich.

Ein Projekt, das voraussichtlich in diesem Jahrtausend großtechnisch nicht mehr verwirklicht wird, ist die direkte Erzeugung von energiereichen Stoffen mit Hilfe von Mikroben. Die Massenkulturen müssen dabei also nicht erst an andere Mikroben verfüttert werden, die daraus zum Beispiel Alkohol herstellen. Sinnvoller wäre es, das Sonnenlicht direkt umzuwandeln. Vor allem einzellige Algen wie die Grünalge Chlorogonium sind in der Lage, mit Hilfe der Lichtenergie Wasserstoff herzustellen. Wasserstoff ist ein nahezu idealer Energieträger, denn er verbrennt mit Sauerstoff völlig rückstands- und abgasfrei zu ganz gewöhnlichem Wasser. Manche Energieexperten sagen deshalb dem Wasserstoff für das 21. Jahrhundert eine große Zukunft voraus. Sein Einsatz scheiterte bislang vor allem daran, daß die Spaltung von Wasser in Wasserstoff und Sauerstoff mehr Energie kostet, als hinterher wieder herauskommt. Mit einer verbesserten biologischen Wasserstoffherstellung könnte sich dies schlagartig ändern. Sowohl die biologischen als auch die technischen Probleme sind allerdings noch sehr groß.

Eines der Zentren, an denen Mikroorganismen auf deren Eignung zur Wasserstoffproduktion untersucht werden, ist das Institut für Pflanzenbiologie in Zürich. Allerdings sind die Versuche noch in einem frühen Stadium. Deshalb benutzen die Wissenschaftler zunächst noch nicht die erst wenig untersuchten Lichtmikroben, sondern arbeiten konventionell mit Organismen, die ganz gewöhnliche Nahrung fressen. Als Futter dienen vorwiegend Abwässer aus Molkereien und Zuckerraffinerien, aber auch ganz gewöhnliche Haushaltsabwässer. Dabei stellte sich heraus, daß die Abwässer meist zuviel

Stickstoff enthalten. Stickstoff verhindert aber die Bildung von Wasserstoff. Lediglich die Spülwässer aus der Zuckerverarbeitung erwiesen sich als günstig. Dort suchten die Züricher Forscher deshalb auch nach neuen Bakterien- und Algentypen, die mehr Wasserstoff produzieren sollten. Dabei wurden sie tatsächlich fündig. Allerdings ist noch eine Reihe von Problemen ungelöst. Eine Sterilisierung des Abwassers ist zu teuer. Deshalb befinden sich darin auch Konkurrenten, die die wasserstoffproduzierenden Bakterien verdrängen oder den gerade gebildeten Wasserstoff sofort wieder wegfressen. Trotzdem sind die Aussichten nicht schlecht, auch schon diese Zwischenstufe auf dem Weg zu einer sonnigen Wasserstofftechnologie sinnvoll zu nutzen. Zumindest, wenn man nicht nur Wasserstoff herstellen will, sondern dieses Verfahren in ein vernetztes Konzept miteinbezieht: die Reinigung von Abwässern, die Herstellung von Wasserstoff und die Verwendung der überschüssigen Bakterien als Viehfutter. Ökologische und wirtschaftliche Belange würden damit gleichermaßen berücksichtigt.

Kapitel 9: Das Gute ins Töpfchen

Vom Labor in die Technik

»Scale-up« ist einer jener englischen Fachbegriffe, die so griffig sind und einen bestimmten Vorgang so genau auf den Punkt bringen, daß sie sich in der Wissenschaftssprache völlig mühelos eingebürgert haben. Auch dem Autor dieser Zeilen fiel keine treffende deutsche Bezeichnung ein. Der Vorgang sei deshalb etwas umständlich mit »die Leiter hinaufsteigen« charakterisiert. Die Leiter, die die Biotechnologen erklimmen müssen, reicht von dem Halb-Liter-Glaskolben bis hin zur riesigen Produktionsanlage mit zwei Millionen Liter Fassungsvermögen. Der Weg auf dieser Leiter birgt zahlreiche Fallstricke. Denn was im kleinen Laborfläschchen noch prächtig funktioniert, kann schon im 10-Liter-Minibioreaktor ganz anders aussehen – und selten besser.

Die Konstrukteure großer Bioreaktoren müssen sich deshalb häufig mit Forderungen herumschlagen, die sich gegenseitig ausschließen. Dazu zählen eine gute Übertragung von Wärme und Nährstoffen, vorwiegend Sauerstoff, idiotensichere Entkeimung, verläßliche Schaumbekämpfung und perfekte Durchmischung. Gleichzeitig sollten die Reaktoren einfach und schnell zu reinigen sein und für möglichst viele verschiedene Produktionsprozesse herhalten können.

Am Beginn jedes biotechnologischen Prozesses stehen die Experimente im Labormaßstab. Denn nur so können die Wissenschaftler mit geringem Aufwand die unterschiedlichsten Kulturbedingungen und Nährlösungszusammensetzungen ausprobieren. Würde man all diese Versuche gleich auch nur in einer kleinen Pilotanlage testen, so dauerte die Verfahrensentwicklung nicht nur Jahre, sondern Jahrzehnte. Viele der im kleinen Maßstab ermittelten Ergebnisse lassen sich auf die nächstgrößeren Bioreaktoren übertragen. Aber eben längst nicht alle. Die Temperatur kann man in Kolben ebenso konstant halten wie in großen Reaktoren. Auch die Sauerstoffversorgung können erfahrene Mikrobiologen einigermaßen zuverlässig abschätzen, wenn sie anfangs Kolben mit unterschiedlicher Zahl von Einbuchtungen benutzen, die die Bakterienbrühe unterschiedlich stark durcheinanderwirbeln.

Aber bei der Durchmischung beginnt die Sache, schon schwieriger zu werden. Sie ist aber erforderlich zur gleichmäßigen Verteilung von Sauerstoff, Wärme und den während der Fermentation zugegebenen Stoffen wie Säure und Lauge, die den pH-Wert konstant halten. Außerdem geben Meßgeräte nur dann ein zuverlässiges Bild aus dem Inneren des Reaktors, wenn überall etwa die gleichen Bedingungen herrschen wie in der Umgebung des Meßfühlers. Im einfachsten Fall werden Glaskolben auf einer dafür konstruierten Maschine einfach im Kreis geschüttelt. Bioreaktoren dagegen enthalten meist eine Art automatischen Kochlöffel, der die Mikrobenbrühe ständig rührt. Bei großen Reaktoren müssen die Kochlöffel aber sehr viel kräftiger rühren als bei kleinen, um dieselbe Durchmischung zu erreichen. Jeder, der Spaghettis schon mal für sich allein und im großen Topf für zehn Personen gekocht hat, kennt diese Erfahrung. Einige Mikrobenarten fühlen sich bei dieser hohen Rührgeschwindigkeit aber überhaupt nicht wohl; vor allem solche, die in Geflechten wachsen, werden brutal auseinandergerissen.

Es ist also schon aus rein mathematischen Gründen nicht möglich, alle Kulturbedingungen konstant zu halten. Wählt man zum Beispiel in einem 10000-Liter-Produktionsreaktor dieselbe Rührerdrehzahl wie im 80-Liter-Kleinreaktor, so sinkt die Geschwindigkeit an der Rührerspitze auf 4 Prozent, und die Durchmischung ist entsprechend miserabel. Bessere Rührerkonstruktionen und die Kombination verschiedener Systeme wie Turbine und Schiffspropeller können die Schwierigkeiten verringern. Trotzdem ist das Erklimmen der Leiter bis zur Produktionsstufe ein mühseliges Geschäft, das immer wieder Änderungen der einmal als optimal erkannten Bedingungen erfordert. Prof. Marvin Charles, einer der führenden Scale-up-Spezialisten in den USA, kritisiert denn auch die gebräuchlichen Strategien. Sie seien »Warenkörbe aus Kunst, Erfahrung, überlieferten Tricks und Wunschdenken«.

Bei der großtechnischen Herstellung eines biotechnologischen Produkts müssen die einzelnen Stufen dieser Leiter immer wieder aufs neue durchlaufen werden. Läßt sich eine kleine Laborflasche mit wenigen Litern Kulturflüssigkeit noch mit weniger als einem Schnapsgläschen voll Zellen beimpfen, so würde diese Technik bei 100 000 Liter fassenden Reaktoren viel zu lange dauern. Folglich züchten die Biotechnologen zunächst nur wenige Zellen, indem sie eine Laborflasche mit frischen, tiefgefrorenen Zellen beimpfen. Haben sich diese genügend vermehrt, wird der Flascheninhalt in einen 10-Liter-Laborreaktor gekippt, der neun Liter Nährflüssigkeit enthält. Darin läßt man die Mikroben sich wieder vermehren und pumpt nach ein bis zwei Tagen dessen Inhalt in einen 100-Liter-Reaktor. So geht das Spielchen weiter, bis schließlich die Produktionsgröße von bis zu 100 000 Litern erreicht wird. Erst dort erhalten die Zellen genügend Zeit, ihr Produkt auch herzustellen.

Eine häufige Strategie beim Scale-up ist, einen bestimmten Wert auf allen Stufen konstant zu halten, von dem man weiß, daß er besonders wichtig ist. Ein solches Kriterium ist bei fast allen biotechnologischen Prozessen die Versorgung der Mikroorganismen mit Sauerstoff. Dabei hat der Sauerstoff die unterschiedlichsten Auswirkungen auf die verschiedenen Systeme. Gewöhnliche Bäckerhefe wächst am besten dann, wenn sie ausreichend mit Sauerstoff versorgt wird. Die Hefeproduzenten werden also bemüht sein, stets einen gewissen Überschuß an Sauerstoff im Bioreaktor zu haben. Dagegen produziert das Bakterium Bacillus subtilis den Chemierohstoff Anthranilsäure am besten, wenn seine Atmung etwas unterdrückt wird. Also wird man versuchen, ihm nie so viel Sauerstoff zur Verfügung zu stellen, wie es eigentlich haben wollte. Das krasse Gegenteil der Hefen sind etwa Milchsäurebakterien, die ihre Milchsäure nur herstellen, wenn sie absolut luftdicht verschlossen sind. Andererseits sind auch Hefen manchmal unter Luftabschluß nützlich. Und zwar immer dann, wenn man nicht einfach große Mengen Hefe als Treibmittel beim Backen oder für die Bierherstellung züchten will, sondern wenn diese Hefen dann zum Beispiel Alkohol produzieren sollen, ohne selbst weiterzuwachsen.

Bei der Herstellung von Antibiotika muß meist auf eine ausreichende Sauerstoffversorgung geachtet werden. Deshalb führten die Fermentationsspezialisten Hilfsgrößen ein, die mehrere Einzelwerte in sich vereinigen. Der »Sauerstoffübergangskoeffizient« ist solch eine Hilfsgröße, in die Daten wie Reaktordurchmesser, Füllhöhe, Rührleistung, Belüftungsrate, Zusammensetzung der Nährlösung und selbst die Struktur der Mikroorganismen eingehen. Kennt der Biotechnologe all diese Beziehungen, so kann er zum Beispiel die Rührleistung senken und die Belüftungsrate erhöhen, ohne daß sich der Koeffizient ändert. Mit dieser Methode erzielte man bei der Produktion von Bäckerhefe die gleiche Ausbeute in einem 19-Liter-Bioreaktor und einer Rührgeschwindigkeit von 600 Umdrehungen pro Minute wie in einem 114 000-Liter-Reaktor ohne jegliche Rührung.

Ein nicht zu unterschätzendes Problem ist auch die Sterilisierung von Bioreaktoren und Nährlösungen. Sie wird zwangsläufig immer schwieriger, je größer die Reaktoren sind. Die häufigste Methode zur Sterilisierung ist das Aufheizen, meist sogar unter Dampfdruck, so daß wäßrige Lösungen auf über 120 °C erhitzt werden. Dasselbe Prinzip wird auch bei der Milch angewandt. Sie wird kurzzeitig auf etwa 65 °C erhitzt. Dabei sterben alle krankheitserregenden Bakterien ab. Die Milch ist »pasteurisiert«. Diese Bezeichnung wurde zu Ehren des großen französischen Bakteriologen Louis Pasteur gewählt. Dann enthält sie aber immer noch die zwar ungefährlichen, aber eben fäulniserregenden Bakterien. Sie wird nach einigen Tagen sauer. Sollen auch noch diese Mikroorganismen beseitigt werden, so muß die Milch bereits in der Molkerei mit überspanntem Dampf auf über 100 °C ultrahocherhitzt werden. Nichts anderes geschieht in der biologischen Steriltechnik. Dabei ist es offensichtlich, daß ein haushoher 100 000-Liter-Tank längere Zeit zum gleichmäßigen Aufheizen benötigt als ein kleiner Laborreaktor. Dabei besteht die Gefahr, daß manche Bereiche zu hoch erhitzt werden und manche empfindlichen Bestandteile wie etwa Vitamine dies nicht aushalten.

Manche Bakterien, die sehr widerstandsfähige Dauerformen, sogenannte Sporen, bilden, sind sehr hartnäckig und können manchmal die Hitzesterilisierung überleben. Will man sie sicher beseitigen, so muß man zur chemischen Keule greifen. Dies ist aber meist teurer und bringt wieder andere Probleme mit sich. Deshalb nehmen es die Biotechnologen in den meisten Fällen in Kauf, daß sich die wenigen Überlebenskünstler gegen die Übermacht der Produzentenzellen durchsetzen und im Durchschnitt etliche von hundert Produktionen verderben.

Ein generelles Problem bei der Arbeit mit lebenden Organismen ist der Massentransfer, also die Frage der Verteilung und Aufnahme der angelieferten Stoffe. Am Beispiel der Sauerstoffversorgung wird dies deutlich. Sauerstoff ist ein Gas, das wir Menschen und Tiere direkt aus der Luft über unsere Lungen einatmen. Erst an der Grenzfläche zwischen Lungenbläschen und Blutkreislauf geht es in die wäßrige Phase, also ins Blut, über und wird dort gelöst. Gasförmiger Sauerstoff löst sich jedoch ausgesprochen schlecht in wäßrigen Flüssigkeiten. Wir Menschen und auch die höheren Tiere besitzen deshalb spezielle Transportmoleküle im Blut, die sich mit Sauerstoff beladen und ihn erst dort im Körper wieder abgeben, wo er gebraucht wird. Anders die Mikroorganismen. Sie können nur denjenigen Sauerstoff verwerten, der bereits in der Suppe gelöst ist, in der sie schwimmen. Deshalb suchen Biotechnologen ständig nach besseren Möglichkeiten, den gasförmigen Sauerstoff möglichst schnell in der Fermentationsbrühe zu lösen und ihn somit den Bakterien und Pilzen rasch verfügbar zu machen.

Die älteste Methode dafür ist, daß man Luft in den Bioreaktor bläst und sie über möglichst kleine Löcher in die Flüssigkeit strömen läßt. Denn je kleiner eine Luftblase ist, desto schneller wird sie in dem sie umgebenden Wasser gelöst. Dieselbe Methode wendet jeder Aquarianer in seinem Fischbassin an. Bakterien und noch mehr Pilze besitzen jedoch die unangenehme Eigenschaft, daß sie gar nicht gerne in einem Bioreaktor herumschwimmen wollen, sondern sich lieber an einem gemütlichen Plätzchen ausruhen. Bevorzugte Ruhekissen sind solche Luftaustrittslöcher. Sie dürfen deshalb nicht zu klein bemessen werden, sonst sind sie rasch von Mikroorganismen verstopft. Also bohrt man etwas größere Löcher, die größere Luftblasen erzeugen. Der Erfolg: Die Sauerstoffversorgung wird schlechter. Aber auch dafür gibt es einen altbewährten Trick. Man zerschlägt die Luftblasen einfach mit einem Kochlöffel, dem Rührwerk.

Doch, wie könnte es bei den anspruchsvollen Mikroorganismen auch anders ein, auch ein sogenannter »Rührkesselreaktor« ist nicht immer der Weisheit letzter Schluß. Denn es gibt eine Unzahl empfindlicher Zellen, denen der Rührstreß schlecht bekommt.

Für solche Fälle entwickelte die Arbeitsgruppe um Prof. W. Hartmeier an der Technischen Hochschule Aachen interessante Kniffe, die zu einer zusätzlichen Sauerstoffversorgung führen. Die Aachener Wissenschaftler mischen der Nährlösung das gut lösliche Wasserstoffperoxid zu. Diese Verbindung enthält gegenüber gewöhnlichem Wasser ein weiteres Sauerstoffatom, das leicht abgespalten werden kann. Ein spezielles Enzym, die Katalase, trennt Wasserstoffperoxid in Wasser und Sauerstoff. Damit gelingt es, ständig beliebig viel Sauerstoff in Wasser zu lösen und die Mikroorganismen stets optimal zu versorgen. Die Sache hat jedoch noch einen Haken. Denn bei der Spaltung des Peroxids entsteht zunächst für einige Sekundenbruchteile atomarer Sauerstoff. Dieser ist sehr aggressiv und kann empfindlichen Zellen stark zusetzen. Die Aachener Forscher fanden einen Weg, die schädigende Wirkung des Peroxids zu vermindern. Sie schlossen die Zellen in kleine Gelkügelchen ein und verhüllten diese mit einer Membran. Die Enzyme bewegen sich dabei zwischen der äußeren Wand der Gelkügelchen und der Hüllmembran. Der atomare Sauerstoff wird also in der äußeren Hülle erzeugt und hat seine Aggressivität bereits verloren, wenn er die Zellen im Inneren der Gelkugeln erreicht.

Bei sehr großen Reaktoren ist manchmal nicht die Versorgung mit bestimmten Stoffen, sondern die Ableitung der von den Mikroben erzeugten Wärme der begrenzende Faktor. Die entstehende Hitze wird dann zu groß, um von den Kühlkreisläufen abgeleitet werden zu können, die die Reaktoren umhüllen. Eine bessere Kühlung erzielt man daher mit Kühlschlangen, die in das Gefäß eingebaut sind. Sie verringern jedoch das Arbeitsvolumen, verschlechtern die Durchmischung und führen zu Problemen bei der Reinigung und Sterilisierung. Ideal wären in diesem Fall wärmeliebende Bakterien, die auch eine erhöhte Betriebstemperatur nicht ins Schwitzen bringen kann. Die Erforschung solcher Mikrobenarten steht allerdings erst am Anfang. Deshalb wird es auf längere Sicht notwendig sein, daß die verfahrenstechnischen Grundlagen für ein erfolgreiches Scale-up verbessert werden. Es gilt, die neuentwickelten Meßverfahren und Computermodelle ausgiebig zu nutzen, um eine ausreichende Datenbasis für rationale Strategien entwickeln zu können. Die physikalischen Eigenschaften einer großen Zahl verschiedener Mikroorganismen müssen ebenfalls erforscht werden wie die Kenngrößen aller möglichen Nährlösungen. Doch selbst dann wird das perfekte Scale-up-Verfahren noch ein unerfüllbarer Wunschtraum bleiben. Denn wichtige physikalische Eigenschaften wie Zähflüssigkeit und Oberflächenspannung ändern sich im Laufe eines biotechnologischen Prozesses oft gewaltig. Ein für die Anfangsphase der Fermentation optimal gestylter Reaktor wird deshalb nach zwei bis drei Tagen nur noch schlechte Resultate liefern.

Am Schluß jedes biotechnologischen Prozesses steht die Aufarbeitung, also die Reinigung der von Mikroorganismen oder Zellkulturen produzierten Stoffe. Sie bereitet den Biotechnologen oft große Schwierigkeiten. Denn die Zellen liefern häufig sehr viele verschiedene Verbindungen, die dann von der gewünschten Substanz abgetrennt werden müssen. Die Aufarbeitung entwickelte sich deshalb zu einem eigenständigen und wichtigen Wissenszweig der Biotechnologie. Die verschiedenen Gebiete sind teilweise schon so eigenständig, daß sie in verschiedenen Institutionen untergebracht sind und von Wissenschaftlern unterschiedlicher Fachrichtung bearbeitet werden. Bei mangelnder Kommunikation können dabei neue Probleme entstehen. So passiert es nicht selten, daß ein Mikrobiologe, der ein verbessertes Nährmedium entwickelt, dazu Stoffe benutzt, die sich nach der Fermentation nur sehr schwer abtrennen lassen. Der isolierende Chemiker nimmt dies vielleicht schimpfend hin in der Annahme, daß die Organismen diesen Stoff eben brauchen. Würden Mikrobiologe und Chemiker miteinander reden, so ließe sich wahrscheinlich auch ein Weg finden, den betreffenden Stoff durch einen anderen zu ersetzen.

Doch nicht erst bei Wahl des Mikrobenmenüs, sondern bereits bei der Auswahl der Mikroben selbst beginnt die Entscheidung über Last oder Lust beim Putzen. Das bislang von allem bei gentechnologischen Prozessen am häufigsten verwendete Bakterium E. coli hat zum Beispiel den gravierenden Nachteil, daß es kaum bereit ist, die von ihm produzierten Stoffe herzugeben. Also muß die Zelle erst aufwendig geknackt werden, um an das kostbare Produkt heranzukommen. Die Colis beherbergen in ihrer Hülle jedoch sehr giftige Substanzen, die beim Aufknacken ebenfalls frei werden. Die Reinigung wird also immens erschwert. Deshalb wird in vielen Labors versucht, die genetischen Baupläne in andere Organismen zu stecken. Bacillus subtilis und Hefen sind dafür gute Kandidaten. Denn sie verfügen schon natürlicherweise über eine Reihe von Ausscheidungssystemen, die sich auch für industriell erzeugte Produkte nutzen lassen. Die Hefen haben als Lebewesen mit echtem Zellkern zudem den Vorteil, daß sie dem Menschen – biochemisch gesehen – wesentlich näherstehen als die Bakterien.

Ihre Zellmaschinerie kann deshalb Stoffe produzieren, die den Bakterien nicht gelingen. Dies sind vor allem Proteine, an die noch einige Zuckerketten geknüpft sind. Die Interferone sind ein typisches Beispiel für diese Substanzklasse. Werden sie in Bakterien produziert, so müssen Chemiker nach der Reinigung des Proteingerüsts noch die erforderlichen Zuckerketten anhängen. Hefen schaffen dies in einem Arbeitsgang. Mit anderen Produkten verhält es sich ähnlich. Deshalb werden die für die Reinigung zuständigen Wissenschaftler darauf drängen, daß die Mikrobiologen möglichst für jeden Stoff ein ganz bestimmtes, speziell dafür geeignetes Labortierchen verwenden und sich nicht auf ihren wenigen Lorbeeren ausruhen.

Allerdings sind sich auch die Aufarbeiter nicht immer einig, welche Organismen für welchen Stoff geeigneter wären. So ist ein heftiger wissenschaftlicher Streit darüber entbrannt, ob es nicht doch sinnvoller sei, die gewünschten Stoffwechselprodukte zunächst in den Zellen zu belassen. Denn dort liegen sie bereits in einer Konzentration von bis zu 40 Prozent vor, allerdings vermischt mit vielen anderen Zellbestandteilen. Ins umgebende Medium ausgeschiedene Stoffe erreichen dort allenfalls eine Konzentration von knapp über 10 Prozent, meist liegt sie sogar unter 1 Prozent. Dafür ist die Abtrennung der anderen Stoffe, vor allem Wasser, meist unproblematischer. Mit immobilisierten Enzymen oder Mikroorganismen ist dagegen eine hohe Dichte möglich, so daß weniger Kulturbrühe zur Herstellung derselben Produktmenge erforderlich ist.

Insgesamt ist der Wasserbedarf bei biotechnologischen Prozessen immens. Besonders in wasserarmen Gebieten wie Australien versuchen deshalb Wissenschaftler, salztolerante Mikroben einzusetzen. Das Prozeßwasser bräuchte dann nicht mehr aufwendig zu Süßwasser gereinigt werden.

Zahlreiche Aktivitäten entwickelten Chemiker und Biochemiker in den letzten Jahren zur Reinigung von Proteinen, die in der Biotechnologie zunehmend an Bedeutung gewinnen. Die meisten Hormone und alle Enzyme gehören chemisch zu dieser Gruppe. Je nach ihrem späteren Verwendungszweck werden sehr unterschiedliche Ansprüche an ihren Reinheitsgrad gestellt. Für technische Katalysatoren ist lediglich eine gewisse Anreicherung erforderlich sowie die Entfernung einiger störender Begleitenzyme. Für analytische Zwecke, etwa zur Bestimmung von Blutwerten, ist dagegen bereits eine weit höhere Reinheit erforderlich. Die höchsten Ansprüche werden jedoch von solchen Substanzen erwartet, die medizinisch eingesetzt werden. Sie müssen zu fast 100 Prozent sauber sein.

Die Proteine sind aus 20 verschiedenen Untereinheiten, den Aminosäuren, aufgebaut. Die einzelnen Aminosäuren hängen aneinander wie die Glieder einer Kette. Zusätzlich besitzen die Aminosäuren Hände und Füße, mit denen sie sich gegenseitig festhalten. So bleibt die Kette nicht länglich gestreckt wie ein Faden, sondern ähnelt vielmehr einem Wollknäuel, das einer Katze in die Pfoten geraten war. Die einzelnen Hände greifen sich dabei nicht zufällig, sondern nach einem von ihrer chemischen Struktur festgelegten Plan. Die bloße eindimensionale Reihenfolge der Aminosäureglieder birgt deshalb bereits die Information dafür, wie sich die Kette zu einem Knäuel falten wird. Allerdings kann diese Faltung erheblich gestört oder verändert werden. Zu hohe oder zu tiefe Temperaturen, zu viel oder zu wenig Salze, zu hoher oder zu tiefer Druck, zuviel Säure oder zuviel Base – dies alles sind Faktoren, die die dreidimensionale Gestalt der hochempfindlichen Proteine verändern. Bereits die geringste Änderung kann jedoch dazu führen, daß das Protein seine Aufgaben nicht mehr erfüllt, daß der Schlüssel nicht mehr ins Schloß paßt. Bei der Isolierung und Reinigung von Proteinen muß daher unter allen Umständen darauf geachtet werden, daß die natürliche Form erhalten bleibt oder – wenn dies nicht möglich ist – zumindest wiederhergestellt wird. Die Aufarbeitung von Proteinen ist deshalb eine der anspruchsvollsten und heikelsten Aufgaben im Rahmen der Biotechnologie. Im Labormaßstab existiert zwar inzwischen eine Fülle raffinierter Methoden. Nur wenige davon eignen sich aber für großtechnische Zwecke.

Die Proteine besitzen zudem die unangenehme Eigenschaft, daß sie sehr anfällig gegenüber proteolytischen, also proteinspaltenden Enzymen sind. Und davon gibt es in jeder Bakterienbrühe unzählige. Zur Lösung dieses Problems bedienen sich verschiedene Forschergruppen der Ergebnisse aus einem anderen Feld der Biotechnologie. Sie benutzen Enzym-Hemmer (siehe Kapitel 2) und binden diese an Kügelchen, die sich in einem Rohr befinden. Durch diese chromatographische Säule läßt man die von den Bakterien befreite Kulturbrühe fließen. Die Enzym-Hemmer verhindern eine Spaltung der Proteine, und spezielle Greifer-Moleküle auf den Kügelchen können sich dann in aller Ruhe die gewünschten Proteine herausfischen.

Es gibt jedoch nicht nur Proteine, die unstabil sind, sondern viele andere Produkte, die oft schon wieder abgebaut werden, bevor der Fermentationsprozeß beendet ist. Oft kennt man die Enzyme gar nicht, die für diesen Abbau verantwortlich sind, und kann deshalb auch keine Enzym-Hemmer gegen sie einsetzen. In solch hartnäckigen Fällen versuchen Biotechnologen, das entsprechende Produkt schon im Bioreaktor abzufangen und es in eine Form zu bringen, in der es nicht mehr abgebaut werden kann. Eine häufig genutzte Möglichkeit besteht darin, spezielle Harzkügelchen in den Bioreaktor zu schütten, an die das Produkt bindet. Der Nachteil dieser Methode ist, daß sich oft auch andere, unerwünschte Stoffe an diese Harze anlagern. Besonders fatal ist dies dann, wenn die Kügelchen statt des Produkts die Nährstoffe abfangen.

In manchen Fällen gelingt auch die Extraktion in einem Lösungsmittel. Dies ist immer dann sinnvoll, wenn das Produkt schon von sich aus das Bestreben hat, das Wasser zu verlassen und sich statt dessen etwa in Alkohol zu lösen. Die abbauenden Enzyme schaffen diesen Sprung von einem Lösungsmittel in das andere meist nicht und können somit ihre Opfer nicht mehr verfolgen. Beschränkt auf die Produktion von flüchtigen Stoffen ist die Vakuumdestillation. Sie wird bei manchen Verfahren zur Alkoholherstellung aus Zucker verwendet. Dabei kommt ein zweiter Effekt mit ins Spiel, der auch viele andere Prozesse behindert: die Produkt-Hemmung. Konkret am Beispiel der Alkoholproduktion heißt dies, daß ein zu hoher Alkoholgehalt, kaum anders als beim Menschen, die Mikroorganismen lahmlegt. Sie weigern sich, weiterhin Alkohol zu produzieren. Wenn der Alkohol nun aber unter Druck aus dem Bioreaktor abdestilliert wird, arbeiten die Mikroben willig weiter.

Die traditionellen Reinigungs- und Abtrennungsverfahren wie Druckfilter und Zentrifugen wirbeln die empfindlichen biotechnologischen Produkte meist wie in einer Achterbahn umher und erzeugen eine starke Hitze. Deshalb geht der Trend eindeutig in Richtung schonender Membranfiltersysteme. Vor allem der Kunststoffindustrie ist es zu verdanken, daß es immer mehr und immer bessere Membranen gibt, die nur ganz bestimmte Moleküle passieren lassen. Über mehrere Verfeinerungsstufen gelangt man schließlich zu einem reinen Produkt. Die zu großen Moleküle werden in vorgeschalteten Filtern zurückgehalten, die zu kleinen flutschen durch die Membran hindurch. Zurück bleiben nur diejenigen, die genau die gewünschte Größe haben. In der Regel reicht jedoch eine einzige Technik wie zum Beispiel die Membrantrennung nicht aus, um alle Reinigungsstufen zu durchlaufen. Meist sind Kombinationen so unterschiedlicher Verfahren wie Zentrifugation, Filtration, Extraktion und Chromatographie nötig.

Diese einzelnen Techniken gliedern sich wiederum in eine Vielzahl verschiedener Abwandlungen auf. Sie beruhen darauf, daß die zu trennenden Substanzen unterschiedliche physikalische Eigenschaften haben, zum Beispiel Molekülgewicht und Größe, Löslichkeit oder Ladung. Für die letzte Stufe, die zur höchsten Reinheit führt, gewinnt die Affinitäts-Chromatographie immer mehr an Bedeutung. Sie nutzt nicht die relativ groben physikalischen Unterschiede aus, sondern verwendet chemische und strukturelle Eigenschaften. Affinität bedeutet soviel wie »gegenseitige Anziehung«. Damit ist das Funktionsprinzip eigentlich bereits klar. Man muß nur noch geeignete Stoffe finden, die genügend wählerisch sind, um genau den zu reinigenden Stoff an sich zu ziehen. Dies können zum Beispiel Enzyme sein, die zu ihrem Substrat passen wie ein Schlüssel zum Schloß. Wie bei natürlichen Schlössern gibt es auch in der molekularen Dimension unterschiedliche Güteklassen: nur von Computern lesbare Spezialschlüssel auf der einen Seite und Schlösser, die von jedem

Dietrich geöffnet werden können, auf der anderen Seite. Zu den besten Schließanlagen gehören die monoklonalen Antikörper, die sich ihre Partner ganz gezielt angeln.

Bei allen Reinigungsverfahren stehen die Biotechnologen jedoch vor der schwierigen Aufgabe, die erforderliche Reinheit bei minimalem Substanzverlust zu gewährleisten. Denn es ist keineswegs so, daß bei mehreren hintereinandergeschalteten Reinigungsschritten jeweils die gesamte Substanzmenge in die nächste Stufe hinübergerettet würde. Stets bleibt ein Teil des wertvollen Produkts im abgetrennten Dreck hängen.

Kapitel 10: Asche zu Asche, Staub zu Staub

Rohstoffe aus giftigen Abfällen

Die Verseuchung unserer Umwelt mit chemisch synthetisierten, in der Natur nicht vorkommenden Stoffen wurde weltweit zu einem bedrohlichen Problem. Vor allem die chlorierten Phenole aus landwirtschaftlichen und industriellen Quellen bereiten den Ökologen besonderes Kopfzerbrechen, da diese Verbindungen sehr giftig und kaum biologisch abbaubar sind. Allein von dem Stoff Pentachlorphenol (PCP) werden jährlich über 50 000 Tonnen hergestellt und als Unkraut oder Schädlingsbekämpfungsmittel in die Umwelt entlassen. Andere industriell verwendete Stoffe gelangen zwar meist auf eine Giftmülldeponie. Aber die Berichte über unzuverlässige Deponien, aus denen die Gifte wieder entweichen, sind schon Legende. Mikroorganismen bieten sich deshalb als winzige Heinzelmännchen beim Abbau solcher Stoffe geradezu an. Das Problem ist jedoch, daß die Bakterien und Pilze die meisten dieser Stoffe gar nicht kennen, weil sie ja bis vor wenigen Jahren in der Natur nicht vorkamen. Die Mikroorganismen haben deshalb meist noch nicht gelernt, wie man diese Stoffe effektiv knackt. Die Biotechnologen sind inzwischen dabei, ihnen dieses Wissen anzutrainieren.

Die Forschung steckt hier allerdings noch in den Kinderschuhen. Viele Fragen sind noch nicht geklärt. Welches sind die biochemischen Pfade, auf denen der Abbau der Giftstoffe verläuft? Können sich die im Labor verbesserten Organismen auch unter den harten Bedingungen in der freien Natur durchsetzen?

Wenn Bakterien in der Natur auf eine neue, ihnen unbekannte Chemikalie treffen, so werden diejenigen überleben, deren Emzyme zufällig so verändert sind, daß sie den neuen Stoff abbauen können. Treten in der nächsten Generation dann wieder neue Veränderungen auf, die den Fremdstoff noch besser verwerten können, so werden sich wiederum diese Veränderungen durchsetzen und ausbreiten. An diesem Beispiel läßt sich die Darwinsche Evolutionstheorie von dem »survival of the fittest«, dem Überleben des Bestangepaßten, direkt nachvollziehen. Quasi Evolution im Zeitraffertempo.

Diesen Evolutionsprozeß beschleunigen die Biotechnologen im Labormaßstab um ein Vielfaches. Der weltweit führende Spezialist für mikrobielle Abbauprozesse, der Amerikaner Ananda Chakrabarty, züchtete zum Beispiel in einer Nährlösung Bakterien der für ihre außerordentlich guten Abbauleistungen besonders berühmten Art Pseudomonas cepacia. Dabei ließ er in den Bioreaktor ständig neue Nährlösung nachfließen und entnahm eine entsprechend große Menge Bakteriensuspension. Dadurch blieben nur diejenigen Bakterien im Kulturgefäß, die am schnellsten wuchsen, denn die zu langsamen wurden ja ständig ausgeschwemmt. Dann fügte er der Nährlösung eine geringe Menge des Unkrautvertilgers 2,4,5-T zu. Diejenigen Bakterien, denen diese Giftbrühe nicht bekommen war, wurden ausgeschwemmt. Schritt für Schritt erhöhte er die 2,4,5-T-Konzentration und übte damit auf die Bakterien einen starken Selektionsdruck aus. Das heißt, nur jeweils die Bakterien überlebten, die durch zufällige Veränderungen in ihrer Enzymstruktur das giftige 2,4,5-T am besten verdauen konnten. Am Schluß seines Experiments hatte Chakrabarty ein ganzes Kulturgefäß voll Spezialisten für den 2,4,5-T-Abbau.

Eine andere Forschergruppe trainierte ein Bakterium namens Arthrobacter im Labor auf maximalen PCP-Abbau. Als sie diese Spezialisten unter PCP-verseuchten Boden mischten, war die Hälfte des PCPs bereits nach einem Tag abgebaut. Die normalerweise im Boden lebenden »Generalisten« benötigen dazu fast drei Wochen. Die Geschwindigkeit des Abbaus hängt dabei von vielerlei Faktoren ab, die in jedem Einzelfall wieder neu ermittelt werden müssen. Solche Faktoren sind zum Beispiel Bodenbeschaffenheit, Wassergehalt, Säuregrad, Temperatur, Durchlüftung und natürlich die PCP-Konzentration sowie die Menge der zum Animpfen verwendeten Bakterien. Sandige Böden wurden etwas langsamer vergiftet als solche mit einer reichen Humusschicht.

Die Entwicklung von biologischen Abbauverfahren für die beiden Modellsubstanzen PCP und 2,4,5-T ist also bereits weit fortgeschritten. Das Problem ist jedoch, daß die Chemiker gegenüber den Biotechnologen einen enormen Vorsprung haben. Prof. Friedrich Schmidt-Bleek von der »Gesellschaft für Strahlen- und Umweltforschung« (gsf) in München-Neuherberg schätzt, daß die chemische Industrie in diesem Jahrhundert bereits mindestens 50000 künstlich von Menschenhand geschaffene Stoffe in die Umwelt gebracht hat. Zusammen mit den daraus entstehenden Umwandlungsprodukten ergibt dies 200000 oder vielleicht auch eine halbe Million Fremdstoffe – kein Wissenschaftler kann bislang die Zahl auch nur abschätzen geschweige denn deren Wirkungen für Mensch und Natur überblicken. An vielen Stellen auf der ganzen Welt versuchen Umweltforscher zwar seit einigen Jahren, diese Vielfalt zu sichten, zu katalogisieren und die Stoffströme, die Verteilung der Substanzen zu beschreiben. Doch angesichts der ungeheuren Menge ist dies ein Vorhaben, das Jahrzehnte in Anspruch nehmen wird.

Die ersten Früchte dieser Arbeit sind jedoch bereits greifbar. So zum Beispiel eine Prioritätenliste von mehreren hundert Stoffen, die bereits als besonders gefährlich erkannt wurden und die in besonders großen Mengen hergestellt werden. Auf diese Stoffe werden sich in den nächsten Jahren sicherlich viele Biotechnologen stürzen, bieten sie doch angesichts zunehmend strenger werdender Auflagen genügend Chancen, aus mikrobiellen Abbauverfahren Kapital zu schlagen. Gerade für kleine Teams von Wissenschaftlern eröffnen sich Möglichkeiten zur Gründung eigener Firmen – nach dem Vorbild etwa der amerikanischen Firma BioTrol, die jetzt den PCP-Abbauprozeß mit Flavobakterien erfolgreich vermarktet. Weitere Kandidaten für eine biotechnologische Lösung sind so drängende Umweltprobleme wie Dioxin oder PCB. Auch hierbei können gentechnologische Methoden helfen, wenn nicht die allesfressende Supermikrobe, so wenigstens Stämme zu konstruieren, die mehrere ähnliche Giftstoffe gleichzeitig verdauen.

Bislang bereiten den Mikroorganismen vor allem jene Stoffe Probleme, die eine große Anzahl Halogenatome, etwa Chlor, Brom oder Fluor, enthalten. Wie kaum anders zu erwarten, sind diese stark halogenierten Verbindungen auch die besten Schädlingsvertilger, Lösungsmittel und Konservierungsstoffe. Einige Chemiekonzerne haben dieses Dilemma inzwischen erkannt und gehen dazu über, für manche Anwendungsbereiche schwächer halogenierte Chemikalien zu entwickeln. Solche Maßnahmen erleichtern es den Mikroben, den Dreck zu entgiften, den wir in der Umwelt abladen.

Ein lukratives Geschäft ist schon heute die Beseitigung von Mineralöl aus Böden. Dies funktioniert ganz ohne gentechnologische Methoden, denn die Mikroben »kennen« die natürlichen Öle ja schon seit Jahrmillionen. Biotechnologen müssen den Bakterien lediglich günstige Bedingungen für ihre Arbeit schaffen.

In der Nähe der saarländischen Stadt Homburg kam es vor einigen Jahren in einem mineralölverarbeitenden Betrieb zu einem Unfall, bei dem etwa 50 bis 100 Tonnen Pyrolysebenzin im Erdreich versikkerten. Daraufhin wurden Spezialisten aus dem Fachbereich medizinische Mikrobiologie und Hygiene der Homburger Universitätskliniken zu Rate gezogen. Ihnen war bekannt, daß die meisten Bodenbakterien grundsätzlich die Fähigkeit besitzen, mineralölhaltige Verunreinigungen ganz oder teilweise abzubauen. Allerdings fehlt es den meisten Böden an genügend Sauerstoff, um den abbauenden Mikroorganismen geeignete Milieubedingungen für ihre Arbeit zu verschaffen. Die Hygieniker entnahmen deshalb zunächst einmal Bodenproben und beobachteten das Schicksal des Benzins. Es stellte sich schnell heraus, daß sich unter diesen Bedingungen keine Bakterien anreichern ließen, die das Benzin abbauen könnten.

Im Gegenteil, das Benzin war so stark konzentriert, daß es die meisten Organismen sogar vegiftete. Daraufhin fütterten die Wissenschaftler die Bakterien mit Nitrat, einer anorganischen Verbindung aus Stickstoff und Sauerstoff. Denn in tiefere Bodenschichten dringt kein freier Sauerstoff mehr vor. Deshalb haben sich die dort lebenden Organismen darauf eingestellt, ihren Sauerstoffbedarf nicht direkt aus der Luft zu beziehen, sondern aus anorganischen Stoffen, die Sauerstoff enthalten. Normalerweise enthält der Boden nur so wenig Nitrat, daß dies den Bakterien wenig mehr als ein Dahinvegetieren ermöglicht. Wenn sie nun plötzlich in riesigen Benzinseen schwimmen, sind sie einfach überfordert. Denn zu dessen Abbau benötigen sie viel mehr des gebundenen Sauerstoffs. Nachdem sie im Homburger Laborversuch ausreichende Mengen Nitrat erhielten, zeigten sie sich dankbar und fraßen die unterirdischen Benzinseen weg. Entsprechende Ergebnisse erzielten die Wissenschaftler auch, wenn sie statt Pyrolysebenzin Heizöl verwendeten, das ja ebenfalls nicht selten in die Umwelt gelangt. Mit diesen Resultaten sollte es in Zukunft möglich sein, die Gefahren bei Ölunfällen in Grenzen zu halten.

Inzwischen gibt es auch in der Bundesrepublik Deutschland einige private Unternehmen, die sich zum Ziel gesetzt haben, aus dem Dreck der Industrie Geld zu machen. Eines davon ist das Berliner »Labor für Umweltanalytik«, kurz LFU. Es ist derzeit damit beschäftigt, den Boden unter einer Tankstelle in Berlin-Schmargendorf zu sanieren. Zehn Tonnen schmieriges Dieselöl sitzen dort, die aus einem durchgerosteten Tank ausgelaufen sind. Weil das Öl das Grundwasser verschmutzen könnte, bestehen die Behörden auf seiner Beseitigung. Beseitigung, das konnte bislang nur heißen, die Tankstelle abzureißen, den Boden auszubaggern und ihn für hohe Gebühren auf einer Sondermülldeponie zu lagern. Das Problem ist damit nicht gelöst, sondern allenfalls verlagert. Zudem ist dieses Verfahren nicht gerade billig. Weit über eine Million sah der Kostenvoranschlag vor. Doch in diesem Fall schnappte ein findiger Biochemiker den Tiefbauunternehmern den Braten weg. Dieter Debus, Chef des LFU, bot seine Hilfe weit billiger an. Weniger als ein halbe Million Mark soll die Entseuchung mittels Mikroben kosten. Im Prinzip geht er nicht anders vor als die Hygieniker aus Homburg. Auch er entnahm dem verseuchten Boden erst einmal ein Probe von Mikroorganismen und las dann im Labor diejenigen aus, denen das Dieselöl am besten schmeckte. Diese wurden massenhaft vermehrt und über mehrere Bohrlöcher an ihren Einsatzort gebracht. Im Unterschied zu dem mit ausgelaufenem Pyrolysebenzin verseuchten Boden versorgte Debus die Mikroben direkt mit Luftsauerstoff, den er über die Bohrlöcher in das Erdreich blies.

Die biologische Bodenentseuchung könnte in den nächsten Jahren zu einem Milliardenmarkt werden. Denn allein schon fast jede zweite Tankstelle, so wird geschätzt, hat Probleme mit ausgelaufenem Treibstoff. Die Wirtschaftsförderungsgesellschaft in Berlin schloß deshalb flugs rund 20 Berliner Biounternehmer zu einem Arbeitskreis zusammen, der sich mit der biotechnischen Reinigung industriell belasteter Böden befassen soll. Bereits länger im Geschäft ist die Firma »Biodetox« im westfälischen Bückeburg. Sie ist ein Tochterunternehmen der Noggerath-Gruppe und vertreibt schon seit Jahren Mikroorganismen für die Abgas- und Abwasserreinigung unter dem niedlichen Namen »Noggies«. Die Noggies sollen sich nun auch auf verseuchte Böden stürzen und der Firma damit neue Absatzmärkte erschließen. Geschäftsführer Hein Kroos sieht rosigen Zeiten entgegen: »Der Markt ist immens. Im Prinzip ist jedes Industriegelände irgendwie belastet.« Rund 50 Anfragen erhält er Woche für Woche von Firmen und Gemeinden, die ein Umweltproblem von Bakterien lösen lassen wollen.

Inzwischen wollen sogar die großen Ölkonzerne nicht weiter abseits stehen und sich das lohnende Geschäft wegschnappen lassen. Auch sie sind daran interessiert, nicht nur am Verkauf an Öl und Ölprodukten zu verdienen, sondern auch an deren Beseitigung. Wie groß der Markt dafür ist, wissen die Ölkonzerne selbst wohl am besten. Denn sie haben auf ihren eigenen Betriebsgeländen wohl die größten Probleme. Die Deutsche Shell AG zum Beispiel riß auf ihrer Raffinerie in Hamburg-Harburg unlängst ein großes Heizöltanklager ab. Dabei stellten die Mitarbeiter fest, daß – wie so oft in diesen Fällen – Öl ins Erdreich ausgelaufen war. Bislang brachte die Shell solch verseuchte Böden entweder in die Sondermülldeponie nach Schönberg oder verbrannte sie in einem Spezialofen. Doch diesmal versuchten die Verantwortlichen einen anderen Weg. Sie streuten Kiefernborke auf den verseuchten Boden und überließen dieses Gemisch sich selbst. Die Hamburger Umweltbehörde war begeistert und genehmigte dieses Pilotprojekt, »so schnell eine Behörde genehmigen kann«, wie ein Shell-Mitarbeiter äußerte. Weshalb aber gerade Kiefernborke, und was hat dies mit Biotechnologie zu tun?

Die Idee zu diesem Verfahren verdanken die Shell-Leute einem Zufall. Kiefernborke ist ein Abfallprodukt von Papierfabriken und Möbelherstellern, das vor allem in Schweden in großen Mengen anfällt. Die Schweden überlegten deshalb schon vor Jahren, was sie mit der vielen Borke anfangen sollen, und kamen auf die Idee, sie zu mahlen, zu trocknen und in Kunststoffsäcke zu verpacken. Auf diese

Weise wurde der lästige Abfall zu einem wahren Exportschlager. Denn die Borke schwimmt sehr gut auf Wasser und kann sehr viel Öl in sich aufsaugen. Bei Ölunfällen in Gewässern wird deshalb seit einigen Jahren stets Borke auf den Ölteppich geschüttet. Sie saugt das Öl auf und kann dann wie der Rahm von der Milch abgeschöpft werden. Allerdings gelingt es nur selten, die öldurchtränkte Borke wieder vollständig einzusammeln. Wind und Wellen treiben stets einen Teil davon in unzugängliche Gebiete an Uferzonen. Mit der Zeit häuften sich die Berichte, daß sich in solchen Zonen ein bis zwei Jahre nach dem Ölunfall die Vegetation üppiger entwickelt hatte als andernorts. Die Shell AG beauftragte Wissenschaftler, dieses Phänomen zu untersuchen. Dabei zeigte sich, daß Borkenreste die Humusbildung im Boden gefördert hatten und somit die Voraussetzungen für das üppige Pflanzenwachstum geschaffen hatten. Für diese Erkenntnis allein benötigt man jedoch keine Wissenschaftler. Professionelle wie Hobbygärtner nützen diesen Effekt schon lange aus, indem sie kleingehackte Borken unter ihre Komposthaufen mischen.

Doch die Wissenschaftler erkannten noch ein zweites Phänomen: Das Öl in den Borkenresten war fast völlig verschwunden. Sie suchten deshalb auf der Borke nach Bakterien, die für den Ölabbau verantwortlich sein könnten – und fanden sie auch in großer Zahl. Das Verblüffende daran ist jedoch, daß die Bakterien auch auf frischer Borke leben, die noch keinen Kontakt zu Mineralöl hatte. Des Rätsels Lösung ist einfach, wenn man weiß, wie Mineralöl entsteht. Es ist nichts anderes als abgestorbene Pflanzenreste, die durch Gletscher und gewaltige Erdbewegungen weit unter die Oberfläche gedrückt worden waren und sich dort in Jahrmillionen unter dem gewaltigen Druck der Erdoberfläche chemisch verändert haben. Einige Pflanzen enthalten jedoch bereits zu Lebzeiten Harze und andere Stoffe, die dem Mineralöl sehr ähneln. Dieses Potential will die chemische Industrie ja auch künftig stärker nützen und damit langfristig einen Teil des Erdöls ersetzen (siehe Kapitel 7). Die Kiefer ist nun eine solche Pflanze, deren Borke besonders viele ölähnliche Harze enthält. Es verwundert deshalb nicht, wenn sich dort zahlreiche Bakterien finden, die diese Harze fressen können. Diese Organismen finden offensichtlich das Mineralöl genauso lecker wie die Kiefernharze und fressen sich an beidem weidlich satt.

Statt diese Mikroorganismen wie in den oben geschilderten Fällen aufwendig zu isolieren und anzureichern und sie dann in den verseuchten Boden zu mischen, gehen die Shell-Ingenieure pragmatischer vor. Sie kleideten eine Grube mit einer Kunststoffolie aus und schütteten darauf eine Mischung aus dem verseuchten Boden und den von Natur aus bakterienhaltigen Kieferborken. So stellten sie sicher, daß die Mikroorganismen möglichst schnell an das Öl herankommen. Zur besseren Luftversorgung wurden Drainagerohre verlegt, die sauerstoffgesättigtes Wasser auch in die tieferen Schichten des Mikrobenbeetes führen. Inzwischen wurde der Erdhügel mit Gras bepflanzt, damit der Wind die Borkenteilchen nicht wegweht und damit auch das Ganze auch »schön biologisch« aussieht. Die ersten Ergebnisse zeigen, daß dieses einfache Verfahren sehr kostengünstig ist und ein großer Teil des Öls auch tatsächlich zu Wasser und Kohlensäure abgebaut wird.

Daß nicht nur große Forschungsteams mit millionenschweren Etats in der Lage sind, neue biotechnologische Verfahren zu entwikkeln, bewiesen unlängst zwei Ingenieure im Schwarzwaldstädtchen Dornstetten. Vater und Sohn Eppler leiten dort ein Ingenieurbüro mit 36 Angestellten, das sich vorwiegend mit Fragen der Trinkwasseraufbereitung und des Baus von Wasserwerken beschäftigt. Bei ihrer Arbeit wurden die Ingenieure immer stärker mit der Nitratbelastung des Trinkwassers konfrontiert. Denn speziell in Oberschwaben, am Oberrhein und in den Weinbaugebieten des unteren Neckars steigt die Verschmutzung des Grundwassers mit Nitrat infolge zu starker Düngung ständig an. Mit dem herkömmlichen technischen Mitteln wollten sich die Ingenieure aber nicht länger zufriedengeben. Denn die beiden hauptsächlich angewandten Verfahren – Bindung des Nitrats an Ionenaustauscher und Filtrationen durch extrem feinporige Membranen – sind sehr teuer und schaffen wieder neue Probleme. Denn die Nitrate werden dabei lediglich aus dem Trinkwasser abgetrennt und nicht zerstört. Sie müssen also in irgendeiner Form abgelagert werden, etwa auf Sondermülldeponien.

Die beiden Ingenieure beschlossen deshalb, es »wie die Natur« zu machen. Dabei wurden sie zu waschechten Biotechnologen. In jahrelanger Tüftelei haben sie ein Verfahren zur biologischen Denitrifikation entwickelt. Sie benutzen dazu ganz gewöhnliche, im Boden und in Gewässern vorkommende Bakterien, die in der Lage sind, Nitrat in seine ungiftigen Bestandteile Sauerstoff und Stickstoff zu zerlegen. Auf diese Weise wird das Nitratproblem nicht nur verlagert, sondern an seinen Wurzeln gepackt. Die Bakterien gehören übrigens zu derselben Gruppe wie diejenigen, die den Homburger Boden von Pyrolysebenzin befreit haben. Ihnen diente der Abbau von Nitrat lediglich als Mittel zum Zweck, bei den Schwarzwälder Mikroben ist der Nitratabbau dagegen Selbstzweck. Dieses Beispiel zeigt, daß in der Biotechnologie in einem Fall genau das Gegenteil von dem sinnvoll sein kann, was in einem anderen Fall nützlich ist: Wurden in Homburg die Bakterien absichtlich mit Nitrat gefüttert, damit sie das Benzin besser abbauten, so werden sie im Eppler-Prozeß mit Alkohol gefüttert, um Nitrat vertilgen zu können.

Das Verfahren zur mikrobiellen Denitrifikation, also zur Beseitigung von Nitrat mit Hilfe von Bakterien, arbeitet unter Luftabschluß. Denn die Mikroorganismen benutzen ja gerade den im Nitrat gebundenen Sauerstoff für ihre Atmung. Würde man sie belüften, so könnten sie viel einfacher den Luftsauerstoff verwerten und würden das Nitrat unbeachtet links liegen lassen. Solche Prozesse unter Luftabschluß bezeichnen die Wissenschaftler als anaerob. Sie gewinnen in der modernen Abwasserbehandlung mehr und mehr Bedeutung. Bislang arbeiten die meisten biologischen Verfahren in den Kläranlagen mit aeroben Systemen, die viel Sauerstoff benötigen. Es ist jedoch sehr teuer und aufwendig, das ganze Klärbecken ständig so stark zu rühren, daß die sauerstoffliebenden Bakterien bei Laune bleiben. Anaerobe Verfahren benötigen deshalb wesentlich weniger Energie.

Es läßt sich aber längst nicht jeder sauerstoffzehrende Prozeß durch einen sauerstofffreien ersetzen. Denn manche Stoffe können nur mit Hilfe von Sauerstoff effektiv beseitigt werden. Dies ist der Fall, wenn nicht Nitrat, sondern Ammoniak vernichtet werden soll. Vor allem Raffinerieabwässer sind sehr reich an Ammoniak. Statt einer Denitrifikation, also einem Abbau von Nitrat zu unschädlichem Stickstoffgas, ist zunächst einmal die Nitrifikation angesagt. Aus dem Ammonium wird erst Nitrat gebildet. Das besorgen die beiden Bakterienarten Nitrosomonas und Nitrobacter. Die ersteren veratmen Ammonium zu Nitrit, die letzteren veratmen Nitrit zu Nitrat. Pro

Ammoniumteilchen benötigen die Bakterien dazu zwei Sauerstoffmoleküle. Das ist recht viel. Die Kläranlagenkonstrukteure haben deshalb in den letzten Jahren Strategien ersonnen, wie sie den Sauerstoff besser ausnutzen können. Statt flacher Becken, wie man sie heute meist noch in kommunalen Kläranlagen sieht, benutzt vor allem die Industrie inzwischen vorwiegend tankartige Gebilde, die im Prinzip wie »echte« Bioreaktoren aussehen (siehe Kapitel 6). Die Wassertiefe beträgt statt etwa 4 bis über 20 Meter, und die Luft wird von unten über spezielle Einspritzdüsen eingeblasen. Dadurch wird die Luft besser ausgenutzt. Bei einem vergleichbaren Volumen benötigt eine solche »Turmbiologie« (Bayer AG) 11 000 Kubikmeter Luft pro Stunde im Vergleich zu über 70 000 Kubikmeter in einer herkömmlichen »Flachbecken-Biologie«.

Nachdem Ammonium auf diese luftige Weise in Nitrat umgewandelt wurde, muß der Stickstoff nun wieder vom Sauerstoff befreit werden. Dies geschieht wie oben geschildert in einer anaeroben Stufe unter Luftabschluß. Bei der Abwasserreinigung unter Luftabschluß entsteht wesentlich weniger Klärschlamm, da die luftscheuen Bakterien langsamer wachsen. Sie produzieren statt dessen energiereiche Gase, vor allem Methan, das über geeignete Vorrichtungen aufgefangen werden kann. Luftscheue Organismen können gemäß biochemischen Gesetzen nur wesentlich weniger Energie gewinnen als solche, die direkt Sauerstoff atmen. Deshalb enthalten ihre Stoffwechselprodukte, das Biogas, auch noch wesentlich mehr Energie, die sich nutzen läßt. Der geringere Energiegewinn hat jedoch auch zur Folge, daß die »Anaerobier« langsamer wachsen. Dies ist der Grund, weshalb sie erst heute in größerem Unfang für die Abwasserreinigung eingesetzt werden. Die Behandlung von Abwasser erfordert wegen der großen Mengen stets einen kontinuierlichen Betrieb. Langsam wachsende Bakterien könnten aber mit dem Abwasserstrom nicht mithalten und würden ausgeschwemmt.

In letzter Zeit entwickelten Biotechnologen daher Methoden zur Immobilisierung von Mikroorganismen. Das heißt, sie heften die wertvollen Mikroben an bestimmten Oberflächen an oder schließen sie gar in kleine Kügelchen ein. Das Vorbild dafür lieferte die Natur selbst. Denn in ihrer natürlichen Umgebung klammern sich mehr als 90 Prozent aller Mikroorganismen an irgendwelche Oberflächen.

Wissenschaftler des Instituts für Biotechnologie in der Kernforschungsanlage Jülich (KFA) machten die besten Erfahrungen mit porösen Glasteilchen. Auf diesen Glasschwämmen gefällt es den abwasserfressenden Archaebakterien besonders gut. Bei der Behandlung von Abwässern aus der Zellstoffindustrie, aus Brauereien sowie aus Gärungsbetrieben erzielten sie mit dieser Technik ungewöhnlich hohe Abbauleistungen. Oft enthalten diese Abwässer organische Säuren, vor allem Essigsäure. Die Archaebakterien spalten diese Säuren in Kohlendioxid und Methangas. Dabei entstehen pro Liter Abwasser bis zu 60 Liter Biogas. Die bisher im Technikumsmaßstab ausgeführten Versuche werden gegenwärtig in großtechnische Anlagen umgesetzt. Für die kommerzielle Nutzung hat die KFA Lizenzverträge mit der Firma Kraftwerk-Union in Offenbach abgeschlossen sowie mit den Glaswerken Schott, die das Sinterglas entwickelt hatten.

Außer auf Immobilisierung setzt Prof. Horst Chmiel auf mehrstufige Verfahren. Denn Methan wird nicht nur in einem Schritt von einer Bakteriensorte hergestellt. In komplex zusammengesetzten Abwässern muß der Abfall zunächst in organische Säuren umgewandelt werden und erst aus diesen Säuren entsteht dann Methan. Die Bakterien, die diese beiden verschiedenen Umsetzungen vornehmen, wachsen jedoch unterschiedlich schnell und haben auch ganz andere Ansprüche an ihre Umgebung. Im Stuttgarter Fraunhofer-Institut für Grenzflächen- und Bioverfahrenstechnik entwickelten Chmiel und seine Mitarbeiter deshalb einen zweistufigen Prozeß, der sich diesem Verhalten anpaßt. Dabei gingen die Wissenschaftler nicht von irgendwelchen theoretischen Laborabwässern aus, sondern arbeiteten von Anfang an mit einer Fabrik zusammen, die Tomaten verarbeitet. Aus dem Laborverfahren entstand zunächst eine Pilotanlage, und inzwischen wurde ein richtiger Großreaktor gebaut, dessen zwei Türme insgesamt 700 000 Liter Tomatenabwasser aufnehmen und kostengünstig reinigen können.

»Bis über beide Ohren eingedeckt« mit Aufträgen ist auch der Reutlinger FH-Professor Dietrich Frahne. Seine Biofilter liefert er ebenfalls nicht von der Stange, sondern schneidert sie den jeweiligen Anforderungen entsprechend nach Maß. Da die Reutlinger Fachhochschule aus einem Technikum für die Textilindustrie hervorgegangen ist, beschäftigt sich Frahne vorwiegend mit dem Abbau von Färbereiabwässern. Bäche und Flüsse in der schwäbischen Textilmetropole wechselten noch bis vor wenigen Jahren oft mehrmals täglich ihre Farben – je nachdem, welche Stoffe gerade eingefärbt wurden. Dies hat sich inzwischen geändert. Die Abwässer werden in Rohrleitungen gesammelt und den Kläranlagen zugeführt. Dort vermischen sie sich dann zu einem einheitlichen Grau. Herkömmliche Klärverfahren sind gegen diesen Farbstrom weitgehend machtlos. Frahne schwört jedoch: »Mir kam noch kein Farbstoff unter die Finger, der nicht biologisch abbaubar gewesen wäre.« Frahnes Trick dabei: Er arbeitet in einem Mischbeet mit Bakterien, die sich normalerweise gegenseitig ausschließen. So laufen nebeneinander faulende und sauerstoffzehrende Prozesse ab, ohne daß Fäulnisgeruch auftritt.

Bei Phosphat, neben Nitrat eine der Hauptursachen für die Überdüngung von Flüssen und Seen, funktioniert der Abbau nicht so einfach. Dieses Salz läßt sich nicht ohne weiteres in seine gasförmigen Bestandteile zerlegen. Manche Mikroorganismen besitzen jedoch die Fähigkeit, Phosphat bis zu einem Fünftel ihres Körpergewichts zu speichern. Das Phosphat wird also dadurch entfernt, daß man die Mikroben sich vollfressen läßt und sie dann aus dem Klärbecken herausfiltriert. Dieser Mikrobenschlamm gibt dann wieder einen hochwertigen Dünger ab. Das Phosphat wird also wieder in den natürlichen Kreislauf eingeschleust.

Giftige und unerwünschte Stoffe bereiten nicht nur in Abwässern und verseuchten Böden Probleme, sondern auch in Abgasen. War die Abwasserreinigung schon seit Jahrzehnten eine Domäne der Biotechnologie, so taten sich die Biologen mit der Entgiftung von Abgasen bislang stets schwer. Denn Mikroorganismen trocknen an der Luft rasch aus. Sie müssen deshalb stets in wäßriger Lösung gehalten werden. Doch nach und nach dringen biotechnische Verfahren auch in den von Ingenieuren beherrschten Bereich der Abgasreinigung vor. Ein niederländisches Verfahren entfernt zum Beispiel gasförmiges Vinylchlorid, das bei der Herstellung von PVC entsteht. Vinylchlorid ist eigentlich kein Umweltgift, denn es zersetzt sich in den oberen Luftschichten in wenigen Tagen und reichert sich deshalb nicht in der Natur an. Allerdings findet man in der Nähe von vinylchloridverarbeitenden Fabriken oft stark erhöhte Konzentrationen.

Dies erhöht bei den Arbeitern und Anwohnern das Risiko, an Krebs zu erkranken. Es gelang den Niederländern zwar, den Ausstoß von Vinylchlorid seit Mitte der siebziger Jahre drastisch zu senken. Doch die Fabriken pusten immer noch mehr von dem krebserzeugenden Stoff aus, als den Anwohnern lieb sein kann. Physikalische Verfahren wie die Anlagerung des Vinylchlorids an Aktivkohlefilter vermögen jedoch die noch verbleibenden Restmengen nicht mehr aus dem Abgasstrom herauszufischen. Wissenschaftler der Universität Wageningen trimmten deshalb Bakterien der Gattung Mycobacterium auf optimalen Vinylchloridverdau. Da natürlich auch Mycobakterien nicht im Abgasstrom überleben können, leiten die Forscher das Abgas in einen Bioreaktor. Dort löst sich das Gas und wird für die Organismen verdaulich. In Technikumsversuchen schafften es die Mycobakterien, über 90 Prozent des einströmenden Vinylchlorids zu vertilgen.

Der Nutzen biotechnologischer Verfahren zur Zerstörung von giftigen und unerwünschten Substanzen liegt auf der Hand. Er wird besonders dort deutlich, wo es gelingt, solche Stoffe zu entseuchen, die in der Umwelt bereits fein verteilt sind und denen anders gar nicht mehr beizukommen wäre. Aber auch eine solche für unsere Umwelt nützliche Technologie lädt zum Mißbrauch ein. So könnten manche Chemie-Manager auf die Idee kommen, noch ungehemmter und noch unkontrollierter als bislang gefährliche Chemikalien zu produzieren und dafür neue Anwendungsbereiche zu suchen. Stets mit dem Argument, daß es ja nun Verfahren zu deren Abbau gäbe.

Auch Prof. Ananda Chakrabarty, einer der Vorreiter biotechnologischer Abbauverfahren, argumentiert in diese Richtung. Herkömmliche Pestizide und ähnliche Stoffe seien viel zu nützlich, um sie abzuschaffen. »Deshalb ist es sinnvoller, sie weiterhin einzusetzen und sie aber zu entgiften«, meint Chakrabarty. Den Schwarzen Peter für die gegenwärtige Umweltkrise schiebt er allein der Politik zu: »Der chemischen Industrie wurde es erlaubt, die Umwelt zu verschmutzen, aber uns ist es verboten, die Verschmutzung mit gentechnologisch veränderten Organismen zu beseitigen.« Chakrabarty hält inzwischen eine Vielfalt von Patenten auf chemikalienfressende Mikroben. Allerdings dürfen nur diejenigen das Labor verlassen, die – wie oben beschrieben – mit herkömmlichen Methoden gezüchtet worden sind. Deshalb wünscht er sich, daß die Chemiekonzerne dazu verpflichtet werden, jede in die Umwelt gebrachte giftige Chemikalie mit Mikroben zu neutralisieren. Daraus ließe sich natürlich in Zukunft mehr Kapital schlagen, als wenn die nützlichen Mikroorganismen nur den bereits bislang in die Umwelt gelangten Dreck beseitigen müßten. Trotzdem ist es die bessere Strategie, gefährliche und schwer abbaubare Stoffe nach und nach durch harmlosere biologische Produkte zu ersetzen. Das eine Feld der Biotechnologie – der Abbau von Stoffen – hätte dann nur so lange Hochkonjunktur, wie das andere – die Herstellung umweltverträglicher Stoffe – noch nicht genügend entwickelt ist.

Bevor allerdings zum Beispiel umweltfreundliche oder gar biologisch produzierte Kraftstoffe zur Verfügung stehen, wird die Weltbevölkerung noch viele Milliarden Tonnen Öl und Kohle verbrennen. Schon heute aber werden qualitativ hochwertige Lagerstätten knapp, die nur wenig Schwefel und Stickstoff enthalten. Rohöl ist je nach seiner Herkunft mit einem Schwefelgehalt zwischen 0,05 und 5 Prozent verschmutzt. Bei Kohle liegen die Werte noch schlechter. Sie enthält bestenfalls 0,5 Prozent, in ungünstigen Lagerstätten dagegen bis zu 11 Prozent. Schwefel- und stickstoffhaltige fossile Brennstoffe sind aber nicht nur hauptverantwortlich für das Waldsterben, sondern auch für die Korrosion von Pipelines und Kohlemühlen. Statt Millionen von Autos und private Heizungen sowie Hunderte von Kraftwerken mit teuren Abgasreinigern auszustatten, wäre es sinnvoller, Öl und Kohle schon vor der Verbrennung von Schwefel und Stickstoff zu befreien.

Intensive Studien in den vergangenen zehn Jahren haben deutlich gemacht, daß biotechnologische Verfahren diese Aufgabe grundsätzlich erfüllen können. Das bestuntersuchte schwefelverdauende Bakterium ist Thiobacillus ferrooxidans. Es bringt unlösliche Verbindungen aus Schwefel und Metallen in eine lösliche Form. Sowohl Öl als auch Kohle enthalten jedoch auch bis zu 200 verschiedene organische Schwefelverbindungen. Ein effektiver Schwefelabbau gelingt deshalb lediglich mit Mischkulturen verschiedener Mikroorganismen. Auf organische und vor allem aromatische Schwefelverbindungen sind wiederum die Pseudomonaden spezialisiert, die auch bei der Beseitigung von Ölrückständen und synthetischen Chemikalien wertvolle Dienste leisten. Allerdings muß man dabei aufpassen, daß die Mikroben nicht zu großen Appetit entwickeln und statt des Schwefels auch die energiereichen Kohlenstoffverbindungen wegfressen.

Für einen genetisch veränderten Stamm der Art Pseudomonas alcaligenes wurde bereits ein spezieller Bioreaktor konstruiert, der im wesentlichen aus halbdurchlässigen Membranen besteht. Die Pseudomonaden oxidieren die in Wasser nicht löslichen organischen Schwefelverbindungen zu wasserlöslichen Produkten. Die Membran trennt dann den wäßrigen Teil von dem entschwefelten Öl. Mikroorganismen, die unter den harten Bedingungen der Öl- und Kohleentschwefelung arbeiten, müssen besonders widerstandsfähig sein. Sie müssen nicht nur hohen Schwermetallkonzentrationen und giftigen Kohlenwasserstoffen trotzen, sondern auch extreme Temperaturen und pH-Werte aushalten. Diese Probleme sind nach Meinung vieler Experten aber leichter zu lösen als die vor allem noch im Großanlagenbau bestehenden verfahrenstechnischen Einschränkungen. Dies belegen auch Forschungsergebnisse einer fünfzehnköpfigen »biologischen Arbeitsgruppe« der Essener Firma Bergbau-Forschung. Als Ausgangsmaterial benutzte sie eine Mikrobenmischung, die 70 Prozent des in der Kohle enthaltenen anorganischen Schwefels innerhalb von vier Wochen abbaute. Inzwischen schaffen die hochgezüchteten Bakterien 95 Prozent in der halben Zeit. Diese Schwefelfresser dürfen nun ihr Können in einer kontinuierlich betriebenen Pilotanlage unter Beweis stellen. Die Essener Forscher denken jedoch auch über originelle Alternativen zu herkömmlichen Bioreaktoren nach. Ein Schiffsbauch wäre ihrer Meinung nach sehr wohl ein brauchbarer Behälter. Auf einer Fahrt von Australien nach Europa hätten die Mikroben dort genügend Zeit, die Kohle zu entschwefeln.

Wie kurz in der Biotechnologie der Schritt vom Abbau lästiger Substanzen zur Herstellung nützlicher Stoffe ist, zeigt das Beispiel der bakteriellen Laugung. Denn der Schwefel ist nicht nur in Kohle, sondern auch in anderen Lagerstätten mit Metallen verbunden. Dieselben Bakterien, die den Schwefel aus der Kohle holen, machen dadurch auch die schwerlöslichen Metalle mobil. Wie wir Menschen kohlenstoffreiches Fleisch und Gemüse letztlich mit Sauerstoff zu Kohlendioxid verbrennen, so veratmen die Mikroben die Erze zu Schwefelsäure. Auf organische, kohlenstoffhaltige Nahrung sind die meisten von ihnen gar nicht angewiesen. Sie begnügen sich mit einer Steinsuppe. So enthält das Sickerwasser von Gruben und Abraumhalden Metalle im Grammbereich. Vor allem die giftigen Schwermetalle darunter bereiten den Bergleuten Kopfzerbrechen. Wenn sie unkontrolliert versickern, belasten sie die Umwelt. Allerdings ist der Metallgehalt so gering, daß es nicht lohnt, die Metalle daraus zu gewinnen. Die Bergbauunternehmen gehen deshalb zunehmend dazu über, die Sickerwässer zu sammeln und sie erneut so lange durch die Halden sickern zu lassen, bis sie sich genügend mit Metallen angereichert haben. Um den in feinsten Ritzen und Spalten lebenden Mikroben die Arbeit zu erleichtern, werden sie zusätzlich mit Sauerstoff versorgt. Weltweit, so eine Schätzung, werden bereits 5 Prozent der Metalle auf diese Weise gewonnen. In den USA, wo viele Minen bereits bergmännisch stark ausgeplündert sind und die Mikrobentechnik zuerst entwickelt wurde, beträgt der Anteil bereits über 13 Prozent. In der Bundesrepublik fährt die Preußag als größtes deutsches Bergbauunternehmen für Buntmetalle inzwischen ebenfalls Praxisversuche. Damit hofft sie, die tausendjährige Geschichte der Grube Rammelsberg bei Goslar noch eine Weile verlängern zu können. Ohne die Hilfe der Mikroben wäre dieses älteste Bergwerk Europas bald erschöpft.

Speziell die Entwicklungs- und Schwellenländer setzen auf die bakterielle Laugung. CEPAL, die Wirtschaftskommission für Lateinamerika, hält die Biolaugung für das bedeutendste biotechnologische Verfahren in Lateinamerika, vor allem für die Kupferexporteure Chile, Bolivien und Peru. Aber auch afrikanische Staaten wir Zaire und Simbabwe zeigen großes Interesse. Denn die Biolaugung ist eine typische »low-level«-Technologie, die unter vielen Bedingungen mit geringem Aufwand betrieben werden kann. Im Vergleich zu anderen Bergbautechniken erfordert sie nur geringe Kapitalinvestitionen und verschlingt nur wenig Energie. Außerdem führt sie im Gegensatz zu Erzhütten zu keinerlei Luftverschmutzung. Auch die mikrobiologischen Prozesse sind in der Handhabung nicht sonderlich kompliziert, da man keinerlei hochgezüchtete Bakterien benötigt. Es gilt lediglich, den natürlich vorhandenen Mikroben ein angenehmes Arbeitsklima zu verschaffen, indem man sie zum Beispiel ausreichend mit Sauerstoff versorgt. Schon der um die Jahrhundertwende in Paris forschende russische Wissenschaftler Winogradsky machte sich über Bittsteller lustig, die von ihm Bakterienkulturen anforderten. Winogradsky war einer der ersten, die sich mit der bakteriellen Laugung beschäftigt hatten, und er fand dabei zahlreiche neue Stämme. In Hinblick auf die zahlreichen Interessenten meinte er, daß sie alle diese Mikroben auch an ihren eigenen Schuhen finden könnten. Zahlreiche internationale Organisationen wie UNIDO und UNESCO haben hierin eine Chance erkannt und unterstützen solche Laugungsprojekte in der dritten Welt.

Kapitel 11: Der Pilz und die Pille

Biologie und Chemie arbeiten Hand in Hand

Die moderne Industriegesellschaft verdankt ihre Leistungsfähigkeit vor allem einem Prinzip: der Arbeitsteilung. Wenn nicht mehr jeder alles machen muß, sondern sich auf bestimmte Arbeiten spezialisieren kann, so wird er diese wenigen Tätigkeiten bald sehr viel besser ausüben als jeder andere. In Wissenschaft und Technik ist dies nicht viel anders. Allerdings fehlt der Wissenschaft häufig eine ordnende Struktur, ein Wissenschaftsmanagement, das die Beziehungen zwischen den Forschungsaktivitäten herstellt. So kommt es, daß die gegenseitige Befruchtung verschiedener Wissensgebiete vielfach ausbleibt. Seit die Naturwissenschaften in den Dienst der industriellen Produktion gestellt worden sind, hat sich dies zumindest für deren anwendungsbezogene Bereiche allmählich geändert. Denn die Wissenschaftler in der Industrie suchen ja nicht nur nach puren Naturzusammenhängen, sondern sie müssen mithelfen, ein konkurrenzfähiges Produkt herzustellen. Ihre Arbeiten sind deshalb im Gegensatz zu vielen Arbeiten an den Hochschulen eindeutig an einem Ziel orientiert. Dieses gemeinsame Ziel zwingt die Wissenschaftler aus verschiedensten Disziplinen zu einer engen Zusammenarbeit. Solch fachübergreifende Zusammenarbeit von zum Teil extremen Spezialisten ist heute mehr denn je gefordert und wird in den kommenden Jahren noch an Bedeutung gewinnen.

Speziell für den Bereich der Biotechnologie bedeutet dies, daß Biologen und Chemiker sich ihre Arbeitslast immer mehr teilen und sich gegenseitig aushelfen. Die einfacheren Schritte bei einer mehrstufigen Synthese übernimmt die Chemie, die schwierigeren, gezielteren werden von lebenden Zellen oder aus ihnen isolierten Enzymen ausgeführt. Das war nicht immer so. Zwei wirtschaftlich sehr bedeutende Beispiele mögen dies illustrieren: die Herstellung von Antibiotika, die früher eine ausschließlich Domäne der Biologen war, und die Herstellung von Steroiden, ehedem ein reines Arbeitsgebiet für Chemiker, auf dem die Biologen nichts verloren hatten. In beiden Bereichen hat inzwischen eine Verschmelzung stattgefunden, die eine Zuordnung zu den ursprünglichen Fächern nicht mehr ohne weiteres zuläßt. In Fachkreisen hat sich deshalb der Begriff »biochemische Verfahrenstechnik« eingebürgert.

Außer intakten Zellen erfreuen sich vor allem daraus isolierte Enzyme bei der gezielten Umwandlung von Stoffen zunehmender Beliebtheit. Bei dem ersten Beispiel wird sowohl das Substrat, also der umzuwandelnde Stoff, als auch das Enzym mit Hilfe von Mikroorganismen gewonnen. Es ist die Spaltung des Antibiotikums Penicillin in die Amino-Penicillansäure. Diese Amino-Penicillansäure ist Ausgangspunkt für die chemische Veränderung. Denn auf der Stufe dieses schon sehr komplizierten Moleküls können Chemiker einfacher als Mikroorganismen noch einige kurze Seitenketten anhängen, um die Wirksamkeit oder die Stabilität des Penicillins zu erhöhen. Solche Stoffe heißen semi- oder halbsynthetische Antibiotika, weil ein Teil von Mikroorganismen hergestellt und ein anderer Teil von Chemikern synthetisiert wird.

Manche Bakterien haben die für Patienten unangenehme Eigenschaft, daß sie gegen Antibiotika wie zum Beispiel Penicillin widerstandsfähig sind. Dies ist ein Grund dafür, daß ständig neue Antibiotika entwickelt werden müssen, neben den natürlichen eben auch halbsynthetische. Aber gerade bei der Herstellung halbsynthetischer Antibiotika schlagen die Biotechnologen die Mikroben mit deren eigenen Waffen. Denn eine Ursache, weshalb ein Antibiotikum einem Bakterium plötzlich nichts mehr anhaben kann, ist, daß dieses Bakterium gelernt hat, das Antibiotikum zu spalten. Das ganz gewöhnliche Darmbakterium Escherichia coli oder kurz E. coli besitzt das Enzym Penicillin-Acylase, das Penicillin genau an der Stelle spaltet, wo es die Biotechnologen wollen. Wissenschaftler der Gesellschaft für Biotechnologische Forschung (GBF) in Braunschweig haben im Rahmen einer Stammverbesserung den Coli-Bakterien mit gentechnologischen Methoden beigebracht, noch viel mehr von diesem Enzym zu produzieren. Zusätzlich haben sie ein Verfahren entwickelt, um das Enzym effektiv zu reinigen. Damit dient es heute als wirkungsvolle Axt zur Spaltung des Penicillins.

Das zweite Beispiel sind die Steroide. Die Grundstoffe der industriell gefertigten Steroide stammen zwar aus Pflanzen und sind damit auch biologischen Ursprungs. Doch die technische Herstellung beschränkte sich noch bis vor wenigen Jahren auf rein chemische Schritte. Die Steroidindustrie verbraucht jährlich über 2000 Tonnen des Pflanzenstoffes Diosgenin und macht daraus Produkte im Wert von mehreren Milliarden Mark. Orale Kontrazeptiva, also die »Pille«, tragen mit rund 40 Prozent zu diesem Umsatz bei. Mengenmäßig machen sie aber lediglich etwa 5 Prozent aus. Denn seit Mitte der siebziger Jahre wurde die Dosis der Hormone in der Pille auf etwa ein Zehntel gesenkt, allerdings ohne eine merkliche Verbilligung des Produkts. Den größten Teil des Steroidmarktes machen die Corticosteroide aus, die vorwiegend zur Behandlung von Immunerkrankungen eingesetzt werden.

Die Geschichte der Steroide zeigt, wie biologische Prozesse immer weiter in klassische chemische Domänen vorgedrungen sind. Sie zeigt jedoch auch, daß Chemie und Biologie auf vielen Gebieten Hand in Hand gehen und sich sinnvoll ergänzen können. Vor 1950 wurden die Sexualhormone der Klasse der Androgene und Östrogene mittels einer sehr umständlichen und aufwendigen chemischen Reaktionsfolge aus Cholesterin hergestellt. Vor allem ein Schritt, das scheinbar simple Anhängen eines Wassermoleküls an das Zwischenprodukt Progesteron, war für die Chemiker ungewöhnlich schwierig und teuer. Für diesen Schritt setzten findige Biotechnologen deshalb einen Mikroorganismus ein, Rh. nigricans. Er ist in der Lage, Progesteron zu fressen und das entsprechende Hydroxy-Progesteron wieder auszuscheiden. Allein dieser Schritt senkte die Kosten für Cortison von 200 $ auf weniger als 1 $ pro Gramm. In der Folgezeit wurden weitere solcher Biotransformationen in den Herstellungsprozeß von Steroiden eingeführt. Dies ist zu einem großen Teil das Verdienst der mexikanischen Regierung. Sie wollte allerdings mit ihrer Aktion etwas ganz anderes bezwecken. Bis 1975 war das pflanzliche Produkt Diosgenin das wichtigste Ausgangsmaterial für die Steroidsynthese. Diosgenin kommt hauptsächlich in der Wurzel der Barbascopflanze und diese wiederum hauptsächlich in Mexiko vor. Mexiko glaubte also, für den Rohstoff der sehr einträglichen Steroidwirtschaft ein Monopol zu besitzen. Vielleicht inspiriert von den Erfolgen des OPEC-Kartells ein Jahr zuvor, entschloß sich das der mexikanischen Regierung angegliederte Unternehmen Proquivenex, den Preis für Diosgenin auf das bis zu Zehnfache anzuheben.

Das wollten sich die diosgeninverarbeitenden Pharmakonzerne nicht gefallen lassen. Sie entwickelten rasch Alternativmethoden, vor allem den mikrobiellen Abbau des weltweit verfügbaren, aus den billigen Sojabohnen gewonnenen Sitosterols. Damit konnten sie schon bald alle Produkte herstellen, für die sie zuvor Diosgenin benötigt hatten. Schon zwei Jahre nach ihrer drastischen Preiserhöhung sahen sich die Mexikaner gezwungen, den Preis für ihr einstiges Monopolprodukt wieder ebenso drastisch zu senken. Doch auch dies konnte die Umstellung auf biotechnologische Methoden nicht aufhalten. Zu tief saß der Schock unsicherer Rohstofflieferungen bei den Abnehmern. Inzwischen ist der Markt für Diosgenin vollständig zusammengebrochen. Eine Erfahrung, wie sie auch das einst übermächtige OPEC-Kartell mit Öl gerade macht. Sie zeigt, daß in der Biotechnologie kein Stoff unersetzlich ist und daß es immer wieder Organismen und Verfahren gibt, die unter veränderten Rahmenbedingungen neue Wege aufzeigen. Ein vollständiger Ersatz chemischer Reaktionen durch biologische erscheint jedoch bei den Steroiden derzeit wenig sinnvoll. Denn es gibt eine ganze Reihe von Schritten, bei denen die chemischen Prozesse wesentlich einfacher und zuverlässiger arbeiten.

Weit mehr noch als lebende Zellen haben die aus ihnen gewonnenen Enzyme einen großen Teil der klassischen Chemie verdrängt. Diese Entwicklung begann schon kurz nach der Jahrhundertwende. Damals isolierte Otto Röhm zum erstenmal Enzyme vom Typ der Proteinasen für die technische Anwendung. Proteinasen sind biochemische Fließbandarbeiter, die Proteine, also Eiweißstoffe, zerkleinern können. Heute verwenden zahlreiche Wirtschaftszweige solche Proteinasen für eine Vielzahl von Arbeitsgängen. Zum Beispiel werden damit die von Pflanzenresten stammenden Trübungen in Fruchtsäften geklärt, der Getreidekleber bei der Keksherstellung entfernt, das Fleisch von zähen Sehnen befreit und der Wein stabilisiert. Bei manchen dieser Anwendungen mag man über deren Sinn oder Unsinn streiten. Besonders Weinliebhaber jedoch möchten auf die Stabilisierung des Traubensaftes mit Enzymen nicht mehr verzichten. Denn als einzige Alternative für einen lagerfähigen Wein bleibt die Filtrierung über Bentonit. Daran bleiben aber nicht nur die Proteine hängen, sondern auch viele der so geschätzten Farb- und Geschmacksstoffe. Papain, ein aus der Papayafrucht gewonnenes Enzym, ist ebenfalls eine Proteinase. Sie wurde als zweites Enzym ab 1911 industriell eingesetzt – zur Stabilisierung von Bier. Allerdings verbietet das Reinheitsgebot dessen Anwendung in Deutschland.

Größte wirtschaftliche Bedeutung erlangte in den vergangenen zehn Jahren die Verarbeitung von Stärke mit Hilfe von Enzymen. Als natürlicher Süßstoff in Getränken, vor allem Limonaden, fand bislang vorwiegend »normaler« Zucker aus Zuckerrüben oder Zuckerrohr Verwendung. Dieser als Saccharose bezeichnete Zucker besteht aus je einem Teil Traubenzucker (Glucose) und Fruchtzucker (Fructose). Die Fructose ist noch süßer als Saccharose. Fruchtzucker wird deshalb inzwischen großtechnisch mit Hilfe von Enzymen aus Maisstärke gewonnen und ersetzte den guten alten Rübenzucker in vielen Getränken. Cola besteht inzwischen fast zur Hälfte aus dem biotechnologischen Produkt HFCS. HFCS ist die Abkürzung des englischen Ausdrucks »high fructose corn syrup«. Dieser Syrup entsteht aus gemahlenen und gequollenen Maiskörnern, deren Hauptbestandteil Stärke zunächst mit einem Enzym namens Amylase in seine Einzelbestandteile, die Traubenzuckermoleküle, abgebaut wird. Der Begriff Amylase rührt vom lateinischen Wort für Stärke (= amylum). Die Endung -ase deutet auf ein Enzym hin. Der entstehende Traubenzucker ist jedoch weniger süß als Rüben- oder Fruchtzucker. Deshalb wird er in einen der beiden umgewandelt.

Zur Herstellung von Rübenzucker wäre zusätzlich die gleiche Menge Fruchtzucker erforderlich. Die Spaltung von Stärke liefert jedoch nur Traubenzucker. Also bleibt nur der eine Weg: die Umwandlung von Trauben- in Fruchtzucker. Diese Umwandlung besorgt ebenfalls ein Enzym, die Glucose-Isomerase. In den USA werden auf diese Weise jährlich über zwei Millionen Tonnen Fruktosesirup gewonnen mit steigender Tendenz. Die Kosten für die Enzyme belaufen sich dabei lediglich auf rund 2 Prozent der gesamten Herstellungskosten für den zuckersüßen Sirup.

Ähnliche Kostenvorteile bringt der Einsatz der biochemischen Helfer auch bei der Konservierung von Lebensmitteln. Furchtsäfte, vor allem solche aus Südfrüchten, werden meist weit weg von dem Ort produziert, an dem sie später getrunken werden. Solche Säfte bestehen aber zum allergrößten Teil aus Wasser. Die Lieferanten dieser Getränke wollten nun nicht länger über Tausende von Kilometern vorwiegend Wasser transportieren, als sie sahen, daß es auch anders geht. Inzwischen ist es übliche Praxis, Orangen, Maracuja- oder Zitronensäfte in den südlichen Herstellerländern auf ein minimales Volumen einzudicken und sie erst im Verbraucherland wieder mit Wasser aufzufüllen. Möglich wurde dies erst durch die Verwendung spezieller Enzyme, die verhindern, daß sich das Fruchtsaftkonzentrat auf seiner Reise gen Norden zersetzt. Auf diese Weise, so behaupten zumindest die Hersteller, lasse sich sogar der ursprüngliche Geschmack der Fruchtsäfte besser erhalten als durch den altmodischen Transport in Tankwagen.

Eine wahre Goldgrube, die sich die Enzymologen derzeit erschließen, ist die Verarbeitung von Molke. Molke, das Abfallprodukt der Milchherstellung, enthält noch viele wertvolle Bestandteile, die bislang kaum genutzt werden. Im Gegenteil, den meisten Molkereien bereitet die Vernichtung dieses Abfalls große Sorgen, weil er die Umwelt stark belastet. Molke fällt in so großen Mengen an, daß sich der Butterberg dahinter leicht verstecken könnte. Ähnlich wie die Stärke ließe sich auch Molke enzymatisch zu einem Sirup aufbereiten. Damit könnten Bäcker ihre Brote bräunen, Köche in Salatsoßen Zucker und Emulgatoren ersetzen, und selbst hochwertige Erfrischungsgetränke ließen sich daraus zaubern. Der Phantasie biotechnologisch versierter Produktmanager sind keine Grenzen gesetzt.

Die Biotechnologie befindet sich gegenwärtig in einer Umbruchphase. Viele neue Verfahren werden in Labors entwickelt und auf Pilotanlagen getestet. Das führt dazu, daß für ein und dieselbe Aufgabe Lösungen aus den verschiedensten Bereichen der Biotechnologie kommen. Dies erschwert heute die Abschätzung, welche dieser parallelen Techniken sich letztlich am Markt durchsetzen werden. Die Investoren sind deshalb verunsichert. Weil sie nicht wissen, auf welches Pferd sie setzen sollen, lassen sie häufig lieber ganz die Finger davon. Ein Beispiel dafür ist auch die Molkeverwertung. Molke kann neuerdings nicht nur enzymatisch, sondern auch biotechnologisch ab- und zu Alkohol umgebaut werden. Notwendige Voraussetzung dafür waren Mikroorganismen, die in der Lage sind, sowohl Milchzucker in Traubenzucker zu spalten als auch den Zucker zu Alkohol zu vergären. Der beste Kandidat für die Alkoholproduktion ist die Bierhefe Saccharomyces cerevisiae. Nur konnte sie bis vor kurzem den Milchzucker nicht verwerten. Wissenschaftler von der Universität von Kentucky halfen ihr jetzt auf die Sprünge.

Welches der beiden Verfahren wird sich wohl durchsetzen? Wahrscheinlich beide. Denn die Biotechnologie bietet eine dezentrale, den örtlichen Gegebenheiten leicht anzupassende Technik. Wie wir schon gesehen haben, kann es an einem Ort sinnvoll sein, aus Öl Viehfutter zu machen und an einem anderen aus Viehfutter Kraftstoff. Warum soll für verschiedene Molkereien in verschiedenen Ländern, die verschiedene Produkte herstellen, deshalb nur ein einziges biotechnologisches Entsorgungsverfahren möglich sein?

Etwas anders sieht es dagegen bei Prozessen aus, die der Herstellung verhältnismäßig kleiner und einfacher Biochemikalien dienen. Hier sind sowohl die Aufgabenstellung als auch die Lösungsmöglichkeiten eindeutig festgelegt und nicht so komplex und unterschiedlich wie bei der Verwertung von Molke. Einen guten Indikator dafür, wohin künftige Trends laufen könnten, geben die jungen Genfirmen in den USA ab. Etablierte Konzerne verhalten sich meist abwartend, beobachten die Aktivitäten der kleinen Spezialfirmen und kaufen deren Knowhow notfalls später auf. Solche Firmen wie etwa Genex in Maryland setzen gegenwärtig vor allem bei der Herstellung von Aminosäuren und ähnlichen Produkten eindeutig auf enzymatische Techniken. Der größte Nachteil enzymatischer Verfahren ist bislang, daß es eben bereits seit langem riesige Produktionsanlagen zur mikrobiologischen oder chemischen Herstellung gibt, die aus Kostengründen nicht einfach stillgelegt werden können. Allerdings sind auch die Rohprodukte teurer. Denn die Mikroben geben sich mit einfachen Zuckern zufrieden, den Enzymen muß man dagegen schon hochwertigere »Nahrung« anbieten.

Ein neuer Prozeß zur Herstellung der teuren Aminosäure Tryptophan benötigt zum Beispiel Glycin als Ausgangsmaterial. Nun ist Glycin zwar wesentlich billiger als Tryptophan – sonst würde sich der Aufwand ja gar nicht lohnen –, aber immer noch um einiges teurer als Zucker. Außerdem gibt es immer noch Probleme mit der Stabilität der beiden Enzyme, die Glycin zunächst zu Serin und Serin dann zu Tryptophan umbauen. Dagegen steht jedoch eine Reihe von Vorteilen. Vor allem die Abtrennung der fertigen Produkte von den unerwünschten Nebenprodukten und den unverbrauchten Rohmaterialien ist bei den Enzymprozessen wesentlich einfacher. Das macht die höheren Rohstoffkosten vielfach mehr als wett. Außerdem entsteht weniger Abfall, und auch die Kosten für Bau und Unterhaltung einer Enzymanlage sind geringer als die für einen Bioreaktor. Neue Produktionsstätten zur Herstellung des Süßstoffs Aspartam, des Konservierungsmittels Cystein oder des Sonnenölzusatzes Tyrosin werden deshalb wohl auf die Mitarbeit von lebenden Mikroben verzichten können. Die Mikrorganismen dienen dann lediglich als Enzymlieferanten.

Auch in dieser Eigenschaft sind die Mikroben immer wieder für Überraschungen gut. Die Halogenierung organischer Stoffe war bis vor kurzem eine klare Domäne der Chemie. Lösungs-, Kälte- und Desinfektionsmittel, Treibgase, feuerfeste Schutzstoffe, Agrochemikalien und allerlei chemische Zwischenprodukte enthalten Halogene. Für die Chemiker ist das Einfügen von Fluor, Chlor, Brom und Jod in organische Moleküle ein Kinderspiel. Allerdings verschlingt dieser Vorgang sehr viel Energie, weil er nur unter hohen Drücken und Temperaturen abläuft. Außerdem benötigt man giftige Gase, und es entsteht neben dem eigentlichen Produkt eine Reihe anderer Stoffe, die wie etwa Dioxin ebenfalls alles andere als harmlos sind. Technische Halogenierungen erfordern also ein Höchstmaß an aufwendigen Sicherheitsvorkehrungen – was nicht immer und überall gegeben ist: siehe Bhopal. Inzwischen fanden Wissenschaftler sehr viele Mikroben, die ebenfalls halogenierte Moleküle herstellen können.

Vor allem Meeresalgen sind besonders gute Kandidaten. Denn ihre Nahrung, das Meerwasser, enthält viele Salze, die zum Teil aus Halogenionen bestehen. Also ging man daran, die entsprechenden Enzyme zu isolieren und zu reinigen. Zunächst blieb die Ausbeute eher mager. Denn in der Natur schien es nur solche Enzyme zu geben, die lediglich einzelne Halogene einbauen konnten. Die chemische Industrie benötigt dagegen meist Moleküle, die aus Mischungen verschiedener Halogene bestehen. Nach dem Grundsatz, daß es in der Natur nichts gibt, was es nicht gibt, sind inzwischen auch solche Mischenzyme bekannt. Und mehr noch. Biotechnologen entdeckten Enzyme, die ein Fluoratom direkt an ein Kohlenstoffatom anhängen können. Dies haben bisher nicht einmal Chemiker geschafft. Bis zur industriellen Anwendung dieser Exoten dürfte noch eine Weile vergehen. Doch dann werden sie die gefährlichen chemischen Prozesse ersetzen und bei Raumtemperatur und Normaldruck aus harmlosen Salzen hochwertige Produkte herstellen. Allerdings sind halogenierte Substanzen grundsätzlich nur schwer abbaubar und belasten die Umwelt – egal, ob sie nun chemisch oder enzymatisch produziert wurden. Deshalb muß mit der Entwicklung schonender Produktionsverfahren die Entwicklung umweltverträglicherer Stoffe Hand in Hand gehen.

Nicht mehr wegzudenken sind Enzyme dagegen bereits seit langem aus einem ganz alltäglichen Bereich, der jeden angeht. 1970 setzte die Firma Henkel ihrem Massenwaschmittel »Persil« erstmals Protease aus Bakterien zu. Der Erfolg war durchschlagend. Eier- und Blutflecken lösten sich plötzlich ohne viel Rubbeln auf. Allerdings hatte die Sache einen Haken. Denn viele Hausfrauen reagierten auf diese Zusätze allergisch und bekamen Ausschläge an den Händen. Die Industrie mußte deshalb bald wieder auf diese Hilfsstoffe verzichten. Allerdings war den Enzymen wenige Jahre später ein Comeback beschieden. Die Waschmitteltechnologen hatten in der Zwischenzeit gelernt, den Enzymen ihre reizenden Gewohnheiten auszutreiben. Dazu hüllten sie sie in kleine gallertartige Kügelchen ein, die die Hausfrau vor den aggressiven Eigenschaften schützen. Inzwischen gibt es kaum noch Waschmittel, die ohne Enzyme auskommen. Zu den eiweißabbauenden Proteasen gesellen sich nun auch fettlösende Lipasen, stärkezerstörende Amylasen und einige weitere Spezialisten für besondere Zwecke. Sie stellen insgesamt den weitaus wichtigsten Teil industrieller Enzyme, sowohl hinsichtlich der Menge als auch hinsichtlich des Wertes. Allein von den Proteinasen werden jährlich etwa 500 Tonnen produziert.

Bei der Auswahl der jeweils besten Enzyme müssen sich die meist multinationalen Waschmittelhersteller auf ganz unterschiedliche Waschgewohnheiten einstellen. Die Japaner waschen am liebsten bei 30 °C, die Amerikaner bevorzugen Temperaturen bis 55 °C, und die deutschen Hausfrauen würden am liebsten immer noch alles verkochen. Obwohl dies – unter anderem dank der Enzyme – meist gar nicht mehr nötig wäre. Mit den Deutschen tun sich die Enzymtechnologen deshalb auch am schwersten. Denn Mikroorganismen leben in der Regel bei Temperaturen zwischen 10 und 40 °C. Deren Enzyme sind folglich an solche Temperaturen gut gewöhnt. Auch 50 °C oder 60 °C machen ihnen meist noch nichts aus. Dagegen gibt es wenige Enzyme, die kochendes Wasser aushalten. Allerdings entdeckten Wissenschaftler in letzter Zeit mehr und mehr Bakterien, die richtige Extremisten sind und sich bei Temperaturen um die 100 °C erst so richtig wohl fühlen. Solche Mikroben und deren Enzyme werden für technische Prozesse, vor allem in Kombination mit chemischen Verfahren, immer gefragter. Spezialist in Deutschland auf dem Gebiet der extremen Bakterien ist der Regensburger Mikrobiologe Prof. K. O. Stetter. Er entwickelte Techniken und spezielle Bioreaktoren, mit denen er die in unterseeischen Schwefelquellen und isländischen Geysiren gefangenen Urbakterien auch im Labor züchten und untersuchen kann. Inzwischen haben er und seine Mitarbeiter so viel Grundlagenforschung geleistet, daß sie nun versuchen können, für die hitze- und säurefesten Bestandteile und Stoffwechselprodukte industrielle Anwendungen zu finden.

Wenngleich die Industrie der mengenmäßig bedeutendste Abnehmer von Enzymen ist, so bedeutet das nicht, daß diese Stoffe in anderen Anwendungsbereichen keine Rolle spielten. Vor allem die Medizin setzt starke Hoffnungen in die Enzyme; und zwar sowohl in der Diagnostik als auch in der Therapie. Eine Standardmethode ist bereits seit einigen Jahren die Auflösung von Blutgerinnseln mit Streptokinase und Urokinase. Dies sind natürlich im menschlichen Körper vorkommende Enzyme, die auf das komplexe Blutgerinnungssystem wirken und – in hoher Konzentration mittels Katheder direkt in die Herzvene gespritzt – die bei einem Herzinfarkt verstopften Blutbahnen wieder durchgängig machen können (siehe Kapitel 4). Bislang heißt das Motto bei der Urokinaseherstellung noch »Profit aus dem Pissoir«. Denn dieses Enzym kommt vorwiegend im menschlichen Urin vor und wird auch heute immer noch daraus gewonnen. Inzwischen gibt es allerdings auch gentechnologisch veränderte Bakterien, denen man den Bauplan für die Urokinaseproduktion untergejubelt hat. Somit ist es nur noch eine Frage der Zeit, bis auch dieses Enzym wirklich biotechnologisch produziert wird.

Der Markt für solche aus Mikroorganismen gewonnenen Enzyme beträgt schon heute mehrere hundert Millionen Mark jährlich und wird bei der zunehmenden Verwendung landwirtschaftlicher Produkte als Ausgangsprodukte für biotechnologische Prozesse noch weiter wachsen.

Statt lebender Zellen verwenden Biotechnologen also zunehmend isolierte Enzyme, die einzelne Reaktionsschritte katalysieren. Die Isolierung der Enzyme aus Mikroorganismen ist jedoch recht schwierig und aufwendig. Die Kosten für Wegwerfenzyme zum Einmalgebrauch sind deshalb in den meisten Fällen zu hoch. Daher versuchen zahlreiche Forschergruppen seit Anfang der siebziger Jahre, diese wertvollen Enzyme zu immobilisieren, das heißt sie in einer Art und Weise unbeweglich zu machen, daß sie leicht von der Reaktionslösung abgetrennt und wiederverwendet werden können. Außerdem haben solche immobilisierten Enzyme den Vorteil, daß sie dichter gepackt werden können und dadurch die Reaktionszeiten zum Teil erheblich verkürzen. Inzwischen gibt es für die unterschiedlichsten Anwendungen sehr verschiedene Mittel, dieses Ziel zu erreichen.

Die älteste Methode ist die Bindung an einen Träger. Als Trägermaterialien kommen unlösliche Stoffe wie Polysaccharide, etwa Cellulose, Harzkügelchen, aber auch Kohlestückchen, Sand und poröses Glas in Frage. Je fester hierbei die Bindung, desto stärker wird das Enzym verändert und in seiner Reaktionsfähigkeit behindert. Dies gilt auch für ein zweites Verfahren, bei dem die einzelnen Enzyme untereinander vernetzt werden und somit ebenfalls ein unlösliches, leicht abzutrennendes Konglomerat bilden. Eine sehr milde Immobilisierungsmethode ist dagegen der Einschluß in kleine Gelkügelchen.

Das Gel besteht aus zwei verschiedenen Teilen, die beide für sich genommen unlöslich sind – ähnlich wie bei einem Zweikomponentenkleber. Die Enzyme werden zunächst mit einer dieser Komponenten vermischt. Dann tropft man die zweite Komponente zu, und es bilden sich je nach Reaktionsbedingungen Kügelchen mit einer bestimmten Größe. Daneben existieren noch einige Methoden, bei denen die Enzyme über Molekularsiebe filtriert werden.

Inzwischen gibt es sogar ein Verfahren, bei denen die Vorteile der Immobilisierung auch für die Rückhaltung lebender Zellen genutzt werden. Dieser Trend wird die breitere Anwendung kontinuierlicher Prozesse fördern, die aus energetischen Gründen den »batch«-Fermentationen theoretisch überlegen sind, aber bislang meist an praktischen Unzulänglichkeiten scheiterten. Eine Immobilisierung und damit Zurückhaltung ist immer dann sinnvoll, wenn die Mikroorganismen langsamer wachsen, als sie ihre Arbeit erledigen. Die Arbeit kann zum Beispiel die Herstellung eines Antibiotikums sein. Antibiotika werden aber in aller Regel gar nicht während des Wachstums gebildet, sondern erst, wenn die Organismen ihre höchste Zelldichte erreicht haben. Eine kontinuierliche Produktion solcher Antibiotika wäre also ohne Zellrückhaltung undenkbar, weil sonst ja die Zellen ständig ausgeschwemmt würden.

An der Entwicklung eines Immobilisierungssystems, das auf der Trennung von Enzymen mit ultrafeinen Membranen beruht, waren Mitarbeiter des Instituts für Biotechnologie in der Kernforschungsanlage Jülich maßgeblich beteiligt. In Zusammenarbeit mit Wissenschaftlern der Gesellschaft für Biotechnologische Forschung in Braunschweig und der Firma Degussa entwickelten sie den »Enzym-Membran-Reaktor«. Die Enzyme werden dabei in eine Kammer eingeschlossen, deren Zu- und Ablauf jeweils mit einer Membran abgedichtet ist. Je nach Größe der Enzyme kommen Membranen mit unterschiedlich großen Löchern zum Einsatz. Auf der einen Seite strömen die Substrate, zum Beispiel Aminosäuren, in die Kammer ein. Dort werden sie von Enzymen in der gewünschten Weise umgeformt und können dann auf der anderen Seite die Kammer wieder durch die Membran verlassen. Einzige Bedingung für die Funktion dieses Verfahrens ist, daß die Enzyme größer sind als die von ihnen umgesetzten Produkte. Denn sonst blieben ja die Produkte ebenfalls in der

Kammer gefangen. Die Firma Degussa betreibt seit 1981 einen Enzym-Membran-Reaktor, der in der vierten Scale-up-Stufe jährlich über 200 Tonnen Methionin liefert; dies ist die Hälfte des Weltumsatzes.

Methionin ist eine der zwanzig Aminosäuren, aus denen die meisten Eiweißstoffe bestehen. Einige dieser »Bausteine des Lebens« sind für Mensch und Tier lebenswichtig. Das heißt, unser Körper kann sie nicht selbst herstellen und muß sie deshalb mit der Nahrung aufnehmen. Die »flüssigen Schnitzel« in den Infusionsflaschen am Krankenbett enthalten neben Zucker vor allem diese lebenswichtigen Aminosäuren. Allerdings werden weltweit hundertmal mehr Aminosäuren hergestellt, als für medizinische Zwecke gebraucht würden. Eine davon ragt ganz besonders heraus, die Glutaminsäure. Sie ist in Form ihres Natriumsalzes vor allem bei Asiaten als Würzmittel und Geschmacksverstärker beliebt. Aber auch bei uns ist sie in den meisten handelsüblichen Würzmischungen zu finden. 300 000 Tonnen Glutaminsäure werden jedes Jahr biotechnologisch hergestellt. Der zweitgrößte Anteil verteilt sich auf die beiden Aminosäuren Lysin und Methionin. Ihr Anteil in den meisten Futtermitteln ist sehr gering. Deshalb wertet die Futtermittelindustrie ihre Produkte häufig mit diesen beiden Säuren auf. Sehr zum Ärger von Geflügel und Schweinen. Denn sie wachsen dadurch schneller und kommen deshalb früher zum Schlachter. Der gesamte Aminosäuremarkt wird auf über eine Milliarde $ geschätzt. Die Preise schwanken je nach Produkt zwischen 5 und 300 Mark pro Kilogramm.

Das Methionin wird zunächst chemosynthetisch hergestellt. Dabei entsteht jedoch ein Gemisch aus den beiden sehr ähnlichen Verbindungen D- und L-Methionin. D- und L-Formen sind zueinander spiegelbildlich wie die linke zu der rechten Hand. Der menschliche Körper kann allerdings nur jeweils die L-Formen verwerten. Die D-Formen mancher Verbindungen sind sogar regelrecht giftig. Da sich die beiden Stoffe zum Verwechseln ähnlich sehen, schaffen es die Chemiker kaum, sie mit einfachen Mitteln zu trennen. Enzyme sind dagegen auf solche Aufgaben geradezu spezialisiert. Über den Umweg eines Gemisches aus D- und L-Acetyl-Methionin spaltet das Enzym Aminoacylase jeweils nur das L-Acetyl-Methionin in L-Methionin. Zum Schluß ist das ganze L-Acetyl-Methionin in L-Methionin umgewandelt, und zurück bleibt lediglich die D-Form. Diese D-Form können die Chemiker wieder in ein Gemisch von D und L umwandeln und dann erneut im Enzym-Membran-Reaktor spalten lassen. Neben Methionin produziert Degussa auf dieselbe Weise die ebenfalls für den menschlichen Körper lebensnotwendigen Aminosäuren L-Valin, L-Trypthophan und L-Phenylalanin. In Braunschweig und Jülich arbeiten die geistigen Eltern des Enzym-Membran-Reaktors, die Professoren Maria-Regina Kula und Christian Wandrey, mittlerweile an weiteren Verbesserungen. So ist es ihnen zusammen mit japanischen Wissenschaftlern gelungen, ein verbessertes Enzym für die L-Leucin-Produktion aus dem wärmeliebenden Bacillus stearothermophilus zu gewinnen. Das Enzym ist längere Zeit stabil, verträgt höhere Temperaturen und arbeitet in einem breiteren pH-Bereich als seine Vorläufer aus normalen Bakterien. Damit dürfte auch dieser Prozeß bald Eingang in das Produktprogramm von Degussa finden.

Trägergebundene Enzyme leiden im Vergleich zum Enzym-Membran-Reaktor an mehreren Schwachstellen. So verlieren die Enzyme schon bei der Ankupplung an die Trägeroberfläche einen Teil ihrer Aktivität. Dann müssen die Ausgangsstoffe in die Poren des Trägermaterials eindringen und die Produkte wieder aus ihnen herauswandern. Dabei behindern sie sich oft gegenseitig und verlangsamen somit die Umsatzgeschwindigkeit. Außerdem besteht bei den nicht in Membrankammern eingeschlossenen Enzymen die Gefahr, daß sich Bakterien in den Reaktionskessel einschleichen und die sehr schmackhaften Enzyme einfach wegfressen.

Älter als die enzymatische Herstellung von Aminosäuren ist deren Produktion mit Mikroorganismen. In einigen Fällen, etwa bei der Glutaminsäure, bei Threonin, Isoleucin und Arginin, ist dies auch heute immer noch billiger und einfacher. Dr. Wolfgang Leuchtenberger von der Firma Degussa prophezeit denn auch: »Es ist zu erwarten, daß in Zukunft beide Herstellungsmethoden weiterhin ihre Bedeutung haben. Es muß nicht unbedingt zu einem Wettlauf zwischen Chemie und Natur kommen, bei dem zuletzt nur ein Sieger zu feiern ist.«

Einen Trick, der im Prinzip dem Enzym-Membran-Reaktor ähnelt, benutzen Biotechnologen, um den Mikroorganismen manche ihrer Enzyme zu entlocken. In den meisten Fällen müssen sie dazu die Bakterien oder Pilze aufbrechen und das gewünschte Enzym in einem komplizierten Prozeß reinigen. Im Falle des cellulosefressenden Pilzes Trichoderma reesei gelingt dies aber einfacher. Da der Pilz Cellulose fressen kann, braucht er ein Enzym, das diesen langkettigen Stoff in seine Einzelteile, simplen Traubenzucker, zerlegt. Dieses Enzym nennt man Cellulase. Cellulose ist aber ein so großes Molekül, daß es die Zellwand des Pilzes gar nicht durchdringen kann. Also wendet der Pilz einen Trick an: Er scheidet das Enzym Cellulase aus und verdaut so die riesige Cellulose außerhalb seines Körpers in handliche Stücke, die er dann schlucken kann. Die Biotechnologen sind nun noch trickreicher als der trickreiche Pilz. Sie lassen ihn im Bioreaktor wachsen, bieten ihm aber fast nur Cellulose als Nahrung an. Er wird also gezwungen, große Mengen Cellulase auszuscheiden. Diese Cellulase pumpen die Biotechnologen über ein entsprechend großes Molekularsieb ab und erhalten ohne viel Mühe ihr gewünschtes Enzym in hochreiner Form und großer Menge. Leider funktioniert dieses elegante Verfahren nur bei solchen Enzymen, die die Mikroorganismen ausscheiden können.

In den Vereinigten Staaten gibt es bereits seit einigen Jahren großtechnische Verfahren, die sich immobilisierter Enzyme bedienen. Beispiele sind die Glucose-Isomerase, mit deren Hilfe Fructosesirup gewonnen wird, und die Penicillin-Acylase, die das Benzylpenicillin in die Penicillansäure zerlegt. Dagegen hinkt in der Bundesrepublik Deutschland die Umsetzung trägergebundener Enzyme in die industrielle Anwendung noch etwas hinterher. Dr. Helmut Uhlig von dem Enzymhersteller Röhm GmbH in Darmstadt beklagt denn auch, daß hierzulande ausgedehnte toxikologische Tests – wie bei Arzneimitteln – für die Zulassung neuer Enzyme erforderlich seien. In Japan reichten dagegen wesentlich einfachere und damit billigere Tests. Uhlig: »Wir haben sehr restriktive Regelungen.«

Allein mit der Entwicklung von Immobilisierungstechniken und neuen Reaktorkonzepten möchten sich die Enzymologen nicht zufriedengeben. Sie legen inzwischen auch an die Enzyme selbst Hand an und verändern damit die in der Natur vorkommenden Moleküle nach ihrem eigenen Bedarf. Statt mühevoll in einem aufwendigen Screening in der Natur etwas zu suchen, was dann vielleicht doch nicht so ganz ihren Vorstellungen entspricht, wollen sie sich lieber auf ihren eigenen Sachverstand verlassen. Bei diesem Geschäft sind es zunächst wieder einmal die Chemiker, die den Biotechnologen helfen, die Natur im industriellen Sinne zu verbessern. Es zeichnet sich jedoch bereits ab, daß diese Aufgaben bald Molekularbiologen und Gentechnologen übernehmen und dabei wahrscheinlich noch sehr viel effektiver sein werden. »Enzymdesign« lautet das neue Schlagwort. Enzyme sollen nach Maß geschneidert werden.

Doch bislang kann von maßschneidern noch keine Rede sein. Zu komplex ist der dreidimensionale Aufbau der Enzyme, und zu vielfältig sind die gegenseitigen Wechselwirkungen. Deshalb benutzen Chemiker die natürlichen Enzyme und versuchen, ähnlich wie oben bei den halbsynthetischen Antibiotika beschrieben, neue chemische Gruppen anzufügen. Antibiotika selbst sind schon sehr komplizierte chemische Gebilde. Doch Enzyme sind noch um ein Vielfaches komplizierter. Entsprechend größer sind die Schwierigkeiten. Allerdings gelang es bereits in einigen Fällen, ein stärkeabbauendes Enzym dazu zu bringen, daß es auch Zucker spaltet. Andere Entwicklungen zielen darauf ab, die optimalen Säure- und Temperaturbereiche zu verändern.

Wie wir am Beispiel der Steroidherstellung gesehen haben, gibt es viele mehrstufige Prozesse, bei denen sich chemische und enzymische Reaktionen abwechseln. Dabei kommt es häufig vor, daß die chemischen Reaktionen unter ganz anderen Bedingungen ablaufen müssen als die enzymatischen. Ein Beispiel: Die chemische Reaktion A benötigt 90 °C und einen pH-Wert von 10, also eine sehr alkalische Umgebung. Das im nächsten Schritt eingesetzte Enzym B arbeitet dagegen nur bei 30 °C und im sauren Bereich. Also muß der gesamte Reaktorinhalt auf 30 °C abgekühlt und mit riesigen Säuremengen auf den erforderlichen pH-Wert angesäuert werden. Danach geschieht wieder gerade das Umgekehrte: Für die nächste chemische Reaktion C muß das Medium wieder mit Lauge alkalisch gemacht und erhitzt werden. Aus diesem Beispiel wird offensichtlich, daß ein Enzym, das ebenfalls bei hohen Temperaturen und in alkalischer Umgebung arbeiten kann, für die Industrie und auch für die Umwelt von großem Vorteil wäre. Hinzu kommt, daß die meisten chemischen Reaktionen in organischen Lösungsmitteln ablaufen; die Enzyme benötigen dagegen eine wäßrige Umgebung.

Aus der Sicht der chemischen Verfahrensingenieure ist dies der größte Nachteil der Enzyme. Andererseits sind organische Lösungsmittel giftig und gefährden die Gesundheit von Menschen und Umwelt. Die Entwicklung von Enzymen, die in organischen Lösungsmitteln arbeiten, ist daher wenig sinnvoll. Vielmehr sind Enzyme gefragt, die an der Grenzfläche zwischen beiden Flüssigkeiten aktiv sein können. Der Trend sollte also nicht in Richtung »Alles in organischen Lösungsmitteln« gehen, sondern nach dem Prinzip »Nur so viele organische Lösungsmittel, wie für die chemischen Prozesse unbedingt nötig«. Gerade bei Fetten und fettähnlichen Stoffen, die wasserunlöslich sind, sollten nur so viele Tröpfchen organischer Lösungsmittel fein verteilt sein, wie zur Lösung der Moleküle gerade erforderlich ist. Solche Prozesse wären nicht nur kostengünstiger, sondern würden auch weniger Abwasser produzieren.

Parallel zu diesen Arbeiten der Chemiker bringen Gentechnologen im Rahmen der Stammverbesserung den Mikroorganismen derzeit bereits sehr erfolgreich bei, die gewünschten Enzyme noch effektiver zu produzieren. Normalerweise enthält eine Bakterienzelle mindestens 300 verschiedene Enzyme. Da diese biochemischen Werkzeuge äußerst fleißig sind, benötigen die Zellen von jedem nur wenige Exemplare. Gentechnologen haben es jedoch in einigen Fällen geschafft, daß die Bakterien ein bestimmtes Enzym so stark überproduzieren, daß dieses bis zu 40 Prozent ihres Körpergewichts ausmacht. Die Biotechnologen sehen es aber eigentlich gar nicht so gern, wenn sich die Enzyme innerhalb der Zellen so stark anhäufen. Denn dann müssen sie die Mikroben mühsam aufbrechen und die Enzyme von den vielen anderen Zellbestandteilen abtrennen. Dies ist oft nicht nur sehr kompliziert, sondern auch teuer. Viel lieber ist es ihnen dagegen, wenn die Mikroorganismen die entsprechenden Enzyme kontinuierlich in das Kulturmedium ausscheiden. Leider tun die Mikroben ihnen diesen Gefallen äußerst selten. Die Cellulase ist eine dieser Ausnahmen, die die Pilze in ihre Umgebung abgeben, um die großen Celluloseketten in freßbare Bestandteile zu zerlegen. Gentechnologen können die Zellen mit Hilfe solcher ausgeschiedener Enzyme erfolgreich austricksen. Dazu verknüpfen sie den Bauplan für das normalerweise in der Zelle verbleibende Enzym mit dem Bauplan eines Enzyms, das die Zellwand durchdringen kann. Dabei entsteht mit ein bißchen Glück ein Doppelenzym, das ebenfalls ausgeschieden wird. Jetzt ist es ein leichtes, mit einer einfachen chemischen oder enzymatischen Reaktion die beiden Enzyme wieder voneinander zu trennen und sie somit in Reinform zu erhalten.

Solche Arbeiten bereiteten den Weg für ein noch sehr junges Gebiet der Biotechnologie, dem aber viele Experten eine große Zukunft verheißen. Enzymdesign lautet die Devise für die neunziger Jahre. Dann wird es möglich sein, Enzyme quasi auf dem Reißbrett zu entwerfen, die geforderten Eigenschaften in einen Computer einzugeben und daraus dann den Bauplan für das gewünschte Enzym zu entnehmen. Mit Hilfe von DNA-Synthesizern ist es heute schon möglich, beliebige Baupläne zu zeichnen. Die Mikroorganismen, denen man diese Baupläne eingepflanzt hat, können diese sogar lesen und versuchen auch brav, die in den Plänen enthaltenden Anweisungen zu erfüllen. Das Problem ist, daß wir heute noch viel zuwenig über die Entstehung komplizierter dreidimensionaler Strukturen wissen, um den Organismen auch sinnvolle Anweisungen geben zu können. Selbst die besten Computerprogramme reichen dazu heute noch nicht aus. Die Zellen mühen sich also redlich, die Informationen auszuführen, doch heraus kommt eben nur, was die Bildschirmbiologen hineingesteckt haben: Unsinn.

Eine andere Methode ist dagegen schon in der nahen Zukunft etwas erfolgversprechender. Statt den Mikroben völlig neue, von Menschen geschriebene Baupläne vorzulegen, benutzen manche Forscher die schon bekannten Baupläne der Natur. Diese verändern sie dann gezielt immer nur an einer ganz bestimmten Stelle und schauen, was dabei herauskommt. Diese Tätigkeit ist weit entfernt von wohlüberlegten, genau geplanten Veränderungen, sondern entspricht vielmehr dem Prinzip von Versuch und Irrtum. Aber dieses Prinzip ist so alt wie die Wissenschaft selbst und hat die Wissenschaftler zu vielen neuen Erkenntnissen geleitet, mit denen sie dann in Zukunft rationaler in das Geschehen eingreifen konnten. Genauso wird es auch den Gentechnologen ergehen. Aus den zahllosen Veränderungen, die sie in den Bauplänen bestimmter Enzyme vornehmen, werden sie irgendwann einmal Gesetzmäßigkeiten ablesen können. Und mit diesen Gesetzmäßigkeiten werden sie dann gezielt Enzyme mit ganz bestimmten Eigenschaften hervorbringen.

Doch auch schon auf dem Weg dorthin werden die Wissenschaftler manch eine Veränderung entdecken, die dem Enzym eine bessere Eigenschaft beschert. Sie gehen im Prinzip nicht anders vor, als es die Natur schon seit fast vier Milliarden Jahren tut: Der Bauplan für ein einmal entstandenes Enzym – oder sonstiges Zellprodukt – wird so lange verändert, bis er zu einem besseren, leistungsfähigeren Produkt führt. In der Natur ereignen sich die Veränderungen für menschliche Zeitbegriffe fast unmerklich infolge von natürlicher Strahlung. Die Entscheidung, welches der dabei entstandenen Produkte besser ist als das bereits bestehende, trifft die Natur selbst. Es überlebt, vereinfacht ausgedrückt, wer an die gerade herrschenden Umweltbedingungen am besten angepaßt ist. Dieses Prinzip gilt – selbstverständlich mit Einschränkungen und Ausnahmen – bis hinab in die molekulare Dimension. Im Falle des Proteindesigns entscheiden nun nicht zufällige Naturereignisse wie Strahlen über die Veränderungen im Bauplan, sondern die Gentechnologen. Die Auswahl unter den dabei entstehenden Produkten trifft aber weder die Natur noch der Gentechnologe; dafür gibt es eine noch modernere Entscheidungsinstanz: den Produktmanager.

Ein solcher Produktmanager war es wohl auch, der einer Gruppe amerikanischer Enzymdesigner Experimente an einem ganz bestimmten Enzym nahelegte, dem Alpha-Antitrypsin. Denn der Markt für ein gentechnologisch verbessertes Alpha-Antitrypsin ist riesengroß. Ein solches Enzym könnte viele Millionen Raucher aufatmen lassen – im wahrsten Sinne des Wortes. Denn Tabakrauch zerstört das Antitrypsin, und zerstörtes Antitrypsin zerstört die Lungen. Gelänge es, das Antitrypsin weniger anfällig gegen Rauch zu machen, so wäre Rauchen zwar immer noch nicht unschädlich, aber wenigstens doch etwas weniger gefährlich. Eine einfachere Lösung bestünde theoretisch darin, daß alle Raucher ihr Laster aufgeben. Doch die Praxis lehrt, daß es Wissenschaftlern eher gelingen könnte, das Rauchen irgendwann einmal völlig unschädlich zu machen.

Doch zurück zu den amerikanischen Enzymdesignern und ihrem Antitrypsin. 1985 gelang es ihnen erstmals nach einer langen Reihe erfolgloser Versuche, eine Stelle in dessen Bauplan ausfindig zu machen, die offensichtlich für eine Achillesferse des Enzyms verantwortlich ist. Zwar war es nicht genau die richtige Achillesferse, nämlich die Empfindlichkeit gegen Tabakrauch, sondern die ebenfalls hohe Anfälligkeit gegen Sauerstoff. Dies ist jedoch zunächst egal, denn das Experiment zeigte, daß die Methode im Prinzip klappt. Die Wissenschaftler gingen nun her und ersetzten die – nur winzig kleine – Schwachstelle im Bauplan durch verschiedene andere Möglichkeiten. Eine davon funktionierte so gut, daß sie die Wirkungsweise des Enzyms nicht beeinträchtigte, es aber gleichzeitig unempfindlich gegen Sauerstoff machte.

Dieses Ergebnis entstand in jahrelanger, mühsamer und von vielen Rückschlägen gezeichneter Kleinarbeit. Trotzdem mußte noch ein Faktor zum Gelingen beitragen: Glück. Denn das Alpha-Antitrypsin ist ein so großes und so kompliziertes Enzym, daß die genaue Berechnung seiner Struktur heute noch unmöglich ist.

Wissenschaftler am Münchner Gen-Zentrum unter der Leitung von Prof. Ernst-Ludwig Winnacker gehen deshalb einen etwas einfacheren Weg. Sie untersuchen nicht kompliziert gebaute Enzyme, sondern beschränken sich zunächst einmal auf Antikörper, jene vom menschlichen und tierischen Organismus im Blut gebildeten Moleküle, die sich auf ungebetene Eindringlinge wie Bakterien und Viren stürzen. Sie bestehen aus denselben biochemischen Bausteinen wie die Enzyme und sind diesen in vielerlei Hinsicht sehr ähnlich. Allerdings besitzen sie einen bedeutenden Vorteil. Große Teile ihres Bauplanes gleichen sich aufs Haar. Im menschlichen Körper gibt es zwar noch sehr viel mehr Antikörper als Enzyme; doch sie bestehen alle aus dem gleichen Grundkörper. Dies macht die Sache für die Gentechnologen wesentlich einfacher. Denn die von ihnen vorgenommenen Änderungen wirken sich nicht auf ein unüberschaubares Gewirr von Atomketten aus, sondern lediglich auf einen ganz bestimmten Bereich.

Das Ziel der Münchner Forscher ist es, diese gutuntersuchten Abschnitte zu Mini-Enzymen zu machen. Damit ließe sich einiges anfangen, zum Beispiel – aber das ist noch vage Spekulation – in der Krebsbekämpfung. Krebszellen tragen bestimmte Markierungen auf ihrer Oberfläche. Es ist inzwischen möglich, ganz bestimmte Antikörper herzustellen, die diese Markierungen erkennen und sich mit ihnen verbinden. Wenn es uns gelänge, in diese Antikörper Enzyme einzubauen, die die Krebszellen zerstören, so könnte dies erhebliche Fortschritte bei der Behandlung mancher Krebskrankheiten bringen. Es ist sogar denkbar, daß nach dem »Tapferen-Schneiderlein-Prinzip« Moleküle entstehen, die mehrere Fliegen mit einer Klappe schlagen, sprich: mehrere Enzymfunktionen in sich vereinigen. Solche Bastarde gibt es bereits bei den Interferonen. Der Name Interferon ist ja nur eine Sammelbezeichnung für Wirkstoffe mit zum Teil recht unterschiedlicher Wirkungsweise. Es lag deshalb nahe, die Vorteile aller drei Hauptgruppen, des Alpha-, Beta- und Gamma-Interferons, in einem einzigen Molekül zu vereinigen. Dabei entstand inzwischen auch ein Produkt, das tatsächlich Abschnitte aller drei Interferone in sich vereinigt. Nur: Es wirkt schlechter als jedes für sich allein.

Was eine perfekte Zusammenarbeit zwischen Chemikern und Biologen auf diesem Gebiet zu leisten vermag, zeigen derzeit zwei Forschergruppen in Zürich und München. Der Chemiker, Prof. Gutte von der Eidgenössischen Technischen Hochschule, lieferte das theoretische Fundament und ein Modell, anhand dessen der Biologe Prof. Mertz seine Mikroorganismen einen neuen Stoff herstellen läßt. Früher war es eher umgekehrt: Da lieferten Biologen den Chemikern einen neuen Stoff, den sie in der Natur gefunden hatten und den die Chemiker dann in ihren Labors zum Beispiel aus Erdöl billiger synthetisieren konnten. Das klassische Beispiel dafür ist Harnstoff. Er war die erste in Lebewesen vorkommende Substanz, die chemosynthetisch hergestellt werden konnte. Das war im Jahre 1828. In den folgenden eineinhalb Jahrhunderten lernten die Chemiker dann, nicht nur natürlich vorkommende Stoffe nachzubauen, sondern völlig neue Produkte zu schaffen – damit war die Kunststoffära eingeläutet. Inzwischen haben es die Chemiker zu so hoher Kunstfertigkeit gebracht, daß sie im Labor Verbindungen mit fast beliebigen Eigenschaften erzeugen können. Allerdings sind viele dieser Verbindungen so kompliziert, daß an eine großtechnische Herstellung bislang nicht zu denken ist. Genauso, wie vor 150 Jahren die Chemie der Biologie ausgeholfen hatte, indem sie einfach gebaute, natürliche Produkte wie etwa den Farbstoff Indigo billiger und damit in größeren Mengen herstellen konnte, so könnte nun bald die Biologie der Chemie aus der Klemme helfen. Denn biologische Systeme sind ja die Spezialisten für Kompliziertes.

So etwas Kompliziertes hat nun der Schweizer Chemiker Gutte

hervorgebracht. Er hatte sich zunächst überlegt, wie ein Molekül aussehen müßte, das an das Schädlingsbekämpfungsmittel und Umweltgift DDT bindet. Solch einen Stoff gibt es bislang in der Natur noch nicht. Theoretische Berechnungen führten ihn schließlich zu einem Modell, das aus 24 Aminosäuren besteht. Es gelang ihm dann auch, dieses Molekül mit chemischen Methoden zu synthetisieren. Allerdings war der Prozeß so teuer, daß er keine Chance hat, jemals industriell angewendet zu werden. Sein Münchner Kollege schaffte es nun jedoch, die Anweisung zum Bau dieses aus 24 Aminosäuren bestehenden Eiweißstoffes in die Sprache der Mikroorganismen zu übersetzen. Zur Zeit ist er dabei, diesen Bauplan in die Bakterien einzuschleusen und sie somit zu zwingen, dieses künstliche Protein billig und in großen Mengen zu produzieren. Gelingt dieses Vorhaben – und es spricht eigentlich nichts dagegen –, so würde zum erstenmal ein Lebewesen etwas produzieren, das Menschen nicht nur durch züchterische Maßnahmen verbessert haben, sondern das von Grund auf im Kopf eines Moleküldesigners ersonnen worden ist.

Ein Molekül, das lediglich an einen schädlichen Stoff wie DDT bindet, ist allerdings noch nicht viel wert. Es ist erst ein halbes Enzym. Denn Enzyme besitzen zwei Eigenschaften: Sie binden einen Stoff und verändern ihn dann. Also müßte man dem Molekül noch beibringen, sich wie ein richtiges Enzym zu verhalten und das DDT in unschädliche Abbauprodukte zu spalten. Dies ist zwar der schwierigere Schritt. Aber es ist sicher nur eine Frage der Zeit, bis Wissenschaftler auch dieses Problem lösen werden. Steht die Methode erst einmal, so wird es bald zur Routine werden, künstliche Enzyme im Baukastensystem zusammenzusetzen, die »jeden Dreck« abbauen können. Dies sollte allerdings nicht dazu führen, mit den gefährlichen Stoffen noch sorgloser als bislang schon umzugehen. Die beste Strategie im Umweltschutz bleibt nach wie vor, überflüssige Stoffe von vornherein zu vermeiden und giftige Stoffe durch harmlose zu ersetzen. Doch wo wie im Falle des DDT sich die Giftstoffe schon überall in der Umwelt angereichert haben, könnten solche synthetischen Enzyme eine sinnvolle Beschäftigung finden. Unter diesen Voraussetzungen könnte ein Schweizer Chemiker zum zweitenmal einen Nobelpreis für DDT erhalten. Paul Hermann Müller wurde 1948 mit dieser Ehrung ausgezeichnet, weil er die insektentötende Wirkung des DDT erkannt hatte und damit Millionen von Menschen vor dem Malariatod und vor Hungersnöten gerettet hatte. Prof. Gutte wäre ein Kandidat für diesen Preis, wenn es ihm gelingt, die Menschheit mit seinem künstlichen Molekül vor den schädlichen Folgen des DDT zu retten.

Kapitel 12: Der Geist aus der Flasche

Biotechnologie auf der grünen Wiese

Bakterien und mikroskopisch kleine Pilze waren die Pioniere in der Biotechnologie. Zunehmend gewinnen nun seit einigen Jahren tierische und pflanzliche Zellen an Bedeutung, die aus ihrem natürlichen Gewebeverband herausgelöst und wie bislang die Mikroorganismen in riesigen Bioreaktoren gezüchtet werden. Sie besitzen gegenüber den Mikroben eine Reihe von Vorteilen. Pflanzenzellen produzieren eine große Palette medizinisch bedeutsamer Stoffe wie die Alkaloide, Steroide oder Phenole, die seit Jahrhunderten mühsam aus Pflanzen extrahiert werden. Die biotechnologische Herstellung in Reaktoren liefert solche Substanzen in kürzerer Zeit, in größerer Menge und in höherer Reinheit. Biotechnologen müssen nicht wie Pflanzenzüchter auf die Jahreszeit Rücksicht nehmen. Sie können ihre Ernten einfahren, so oft sie wollen. Die Kapazität ist nur von der Größe der Reaktoren bestimmt.

Ähnliches gilt für tierische Zellen. Auch sie produzieren Substanzen, die man in Mikroorganismen nicht findet. Den Gentechnologen ist es zwar gelungen, die Bauanweisungen für Hormone wie das Insulin erfolgreich in Bakterien zu verpflanzen und die Bakterien auch dazu zu zwingen, Insulin in großen Mengen zu produzieren. Aber es gibt Stoffe, die noch wesentlich komplizierter gebaut sind als das Insulin und die die Bakterien nicht zusammenbasteln können. Ein Mensch ist eben doch ein etwas komplizierteres Gebilde als ein Bakterium. Beispielsweise ist an das Eiweißgrundgerüst der Interferone noch ein Zuckerteil angehängt. Den Bakterien fehlen jedoch die Werkzeuge, um solche kompletten Interferonmoleküle zu liefern. Sie können nur die Eiweiße produzieren. Deshalb müssen bislang Chemiker den Rest der Aufgabe übernehmen und die Verbindung vollenden.

Allerdings sind pflanzliche und vor allem tierische Zellkulturen wesentlich anspruchsvoller als Bakterien. Es hat sich deshalb schon bald herausgestellt, daß die für Mikroorganismen entwickelten Züchtungsmethoden für die Kultivierung der höheren Zellen kaum geeignet sind. Deshalb werden gegenwärtig große Anstrengungen unternommen, die Verfahren an die neuen Zellen anzupassen. Die Probleme stammen dabei nicht nur von den Zellen selbst, sondern vielfach auch von deren weit höheren Ansprüchen an die Zusammensetzung der Nährmedien. Mikroorganismen leben in der Regel in freier Natur und sind dort vielfältigen Klima- und Nährstoffänderungen ausgesetzt. Sie haben deshalb gelernt, sich an die unterschiedlichsten Bedingungen anzupassen, und nehmen es dem Biotechnologen nicht sehr übel, wenn dieser sie einmal statt mit Zukker mit Stärke füttert.

Menschliche und tierische Zellen dagegen sind sehr verwöhnt. Sie leben stets im Schutze des Körpers bei immer gleicher Umgebungstemperatur und auch nur gering schwankender Nahrungszufuhr. Zudem sind viele Zellen auf den Abbau ganz bestimmter Stoffe wie Zucker oder Fette spezialisiert, während jeder einzelne Mikroorganismus in der Lage ist, alle diese Stoffe selbst zu verwerten. Tierische und menschliche Zellen bestehen deshalb meist auf komplexen und sehr teuren Zusätzen wie etwa Kälberserum. Ein Liter Kälberserum kostet zwischen 300 und 400 Mark. Es wird dem Medium in Konzentrationen bis zu 10 Prozent zugesetzt. Diese Bestandteile neigen aber gerne zu starker Schaumbildung im Bioreaktor, was wiederum zu Einschränkungen bei der Durchmischung führt. In vielen Labors wird deshalb versucht, das teure Serum durch andere, definierte Substanzen zu ersetzen. Dies gelingt vor allem dann, wenn die Funktion des Serums erkannt wird. In einigen Fällen erhöhte das Serum lediglich die Viskosität, das heißt, es machte das Medium zähflüssiger und schützte die Zellen damit vor Scherkräften. Hier konnten die Forscher das Serum leicht durch billige hochmolekulare Verbindungen wie Polyglycol oder Dextran ersetzen, die denselben Effekt haben.

Noch aus weiteren Gründen ist ein Verzicht auf Serum wünschenswert. Es enthält Bestandteile, die sehr hitzeempfindlich sind und deshalb nicht mit der gebräuchlichsten Methode, der Hitzesterilisierung, keimfrei gemacht werden können. Serum muß deshalb durch feine Filter gepreßt werden, die Bakterien und Pilze zurückhalten. Im Serum schwimmen manchmal aber Erreger, die wesentlich kleiner sind als die Filterporen und deshalb durch sie hindurchschlüpfen können. Dazu zählen vor allem Mycoplasmen, zellwandlose, aber gegen Antibiotika äußerst widerstandsfähige Bakterien, aber auch Viren. Eine Gruppe britischer Wissenschaftler versucht, die Zellen im Bioreaktor genauso dicht wachsen zu lassen wie im Gewebeverband des Körpers. Die Zellen sollen sich durch diesen engen Kontakt gegenseitig zum Wachstum anregen. Damit würden die aus dem Serum stammenden Wachstumsfaktoren überflüssig. Weniger anspruchsvoll sind dagegen die sogenannten Hybridomzellen, die Verschmelzungsprodukte aus weißen Blutkörperchen und Krebszellen, die monoklonale Antikörper liefern. Für sie gibt es bereits ein serumfreies Kulturmedium.

Eine wichtige Eigenschaft trennt tierische und menschliche Zellen grundlegend nicht nur von Mikroorganismen, sondern auch von pflanzlichen Zellen. Sie besitzen keine Zellwand. Der Grund dafür liegt ebenfalls an ihrem normalerweise sehr behüteten und nicht dem Umweltstreß ausgelieferten Standort im Körper. Schnelle Druckveränderungen, Beschleunigungen, große Scherkräfte und direkte Zusammenstöße im Bioreaktor vertragen sie deshalb sehr viel schlechter als ihre bewandeten Vettern. Statt der für die Durchmischung von Bakterien benutzten scheibenförmigen Rührer verwenden die Zellkulturspezialisten Propeller, die ähnlich wie Schiffsschrauben aussehen. Sie schonen die empfindlichen Zellen, aber mischen sie trotzdem gründlich.

Die schonende Durchmischung erreicht man auch ohne mechanische Kochlöffel. Im Fall der Air-Lift-Reaktoren wird von unten ständig so viel Luft eingeblasen, daß die Zellen stets in Bewegung sind. Sauerstoffversorgung und Durchmischung werden auf diese Weise sinnvoll miteinander kombiniert. Allerdings versagt dieses System in sehr großen Reaktoren, weil dann die Druckunterschiede wieder so groß werden, daß sie die Zellen schädigen. Inzwischen gibt es allerdings auch einige Zellinien, die speziell für den Einsatz in Bioreaktoren abgehärtet wurden und die deshalb die Scherkräfte besser vertragen.

Tierische Zellen haben meist Schwierigkeiten, frei in einer Lösung zu wachsen, wie dies die meisten Mikroorganismen tun. Sie benötigen einen Halt. Denn auch im Körper schwimmen sie mit Ausnahme der Blutkörperchen nicht frei herum, sondern bilden kompakte Gewebeverbände. Lediglich krankhaft veränderte Zellen, Krebszellen, haben jede Hemmung verloren und gedeihen auch in Lösung. Um auch die oberflächenabhängigen Zellen in flüssiger Kultur züchten zu können, bieten ihnen die Biotechnologen winzige Kügelchen an, an die sie sich klammern können. Die Wahl dieser Kügelchen ist allerdings nicht einfach. Denn jeder Zelltyp hat wieder andere Vorlieben. Deshalb müssen jedesmal wieder viele verschiedene Trägermaterialien durchprobiert werden, ehe die Anzucht optimal klappt.

Trotz aller Schwierigkeiten gelang es mittlerweile, auch tierische Zellkulturen im 10000-Liter-Maßstab zu kultivieren. Dessenungeachtet werden ständig neue Reaktorkonzepte entwickelt, die mit dem klassischen Rührkessel nichts mehr gemein haben. Ein vielversprechendes System besteht aus einem Bündel von Hohlfasern, die schwammartige Poren besitzen. Die Zellen können in diese weitverzweigten Kammern einwachsen und werden dann von dem Medium durchströmt. Das Verhältnis von Oberfläche zu Volumen ist dabei außerordentlich günstig, und auch die Scherkräfte sind sehr gering. Allerdings sind solche neuentwickelten Systeme noch schwierig in der Handhabung und erfordern weitere Vereinfachungen.

Trotz aller Einschränkungen und Vorbehalte ist Prof. R. E. Spier, Zellkulturexperte an der Universität Surrey, fest davon überzeugt, daß »vieles von der Mythologie der tierischen Zellkulturtechnik unbegründet« sei. Die technologischen Probleme seien weitgehend überwunden. Damit biete diese Methode enorme Chancen für neue Konzepte und Entwicklungen. Die Zellkulturtechnik sei in vielen Bereichen sogar bereits fortschrittlicher als die mikrobielle Biotechnologie. Neue Verfahren aus dem Bereich tierischer Zellen könnten deshalb den Mikrobenforschern wertvolle Impulse geben.

Die Entwicklung kommerzieller Pflanzenzellkulturen hinkt der Verwirklichung von Verfahren für tierische und menschliche Zellinien etwas nach. Denn die pflanzlichen Produkte lassen sich nicht so teuer vermarkten wie die tierischen Hormone, Regulatorstoffe und monoklonalen Antikörper. Zudem besteht meist die Möglichkeit, solche Pflanzenstoffe auch herkömmlich aus großflächig angebauten Kulturen zu gewinnen. Dies haben die Japaner über Jahrhunderte mit einer Pflanze getan, aus deren Wurzeln sie den Arznei- und Farbstoff Shikonin isolierten. Das Kilo derart mühsam geernteter Pigmente kostete immerhin runde 4000 $. Dies ließ es lohnend erscheinen, den Prozeß in den Bioreaktor zu verlegen. Tatsächlich ist Shikonin inzwischen der erste Pflanzenstoff, der in großem Maßstab biotechnologisch produziert wird. Als nächster Kandidat steht die Rosmarinsäure auf dem Programm der japanischen Forscher. Allerdings haben sie noch mit allerhand Schwierigkeiten zu kämpfen. Die Pflanzenzellen wachsen nur sehr langsam, sind äußerst anfällig gegen Scherkräfte und neigen zum Verklumpen.

Gelingt es, solche Probleme zu lösen, so sind auch die wirtschaftlichen Chancen für pflanzliche Zellkulturen enorm. Fast jedes vierte verschreibungspflichtige Medikament enthält einen Wirkstoff, der heute noch aus Pflanzen gewonnen wird. Allein in den USA beträgt ihr Marktwert fast 10 Milliarden Mark. Statt solche Wirkstoffe vollständig von Zellkulturen im Bioreaktor produzieren zu lassen, gehen Wissenschaftler der Universität Tübingen zunächst einen etwas einfacheren Weg. Sie nutzen die Zellen zur Umwandlung eines schlecht wirksamen in einen hochwirksamen Stoff. Es ist schon seit vielen Jahrhunderten bekannt, daß der Preßsaft des wolligen Fingerhuts, Digitalis lanata, ein geschwächtes Herz wieder zu höheren Leistungen anspornen kann. Sie längerem weiß man auch, welcher der zahlreichen Inhaltsstoffe des Fingerhuts dafür verantwortlich ist: eine Verbindung namens Digoxin. Nun enthält diese Pflanze aber noch eine weitere Hauptkomponente, das Digitoxin. Es wird zwar ebenfalls in der Medizin eingesetzt, ist aber weniger wirksam. Pro Kilogramm Digoxin enthält die Pflanze bis zu 600 g Digitoxin. Die Tübinger Wissenschaftler haben vor ein paar Jahren herausgefunden, daß Zellkulturen des wolligen Fingerhuts zwar weder die eine noch die andere Substanz produzieren können. Wenn sie die Zellen im Bioreaktor jedoch mit Digitoxin füttern, wandeln sie diesen Stoff in das wirksamere Digoxin um. Dadurch lassen sich nun aus einer Pflanze bis zu 60 Prozent mehr dieses Herz-Kreislauf-Mittels gewinnen. Außerdem kann man auch den heimischen roten Fingerhut, Digitalis purpurea, als Rohstoff einsetzen. Er produziert im Gegensatz zu seinem auf dem Balkan heimischen Bruder lediglich das Digitoxin. Inzwischen wurde dieses Verfahren bereits in den halbindustriellen Maßstab umgesetzt. Ein Problem dabei ist jedoch das ebenfalls langsame Wachstum der Zellkulturen. Die Vermehrung der Zellen aus einem 1-Liter-Laborkolben bis hin zu einem mehrere tausend Liter fassenden Produktionsreaktor dauert über einen Monat. Bakterien schaffen dies in wenigen Tagen. Deshalb gewinnen Methoden zur Immobilisierung für Pflanzenzellkulturen noch stärker an Bedeutung. Ein kontinuierlicher Strom von Digitoxin könnte dann an den festgehefteten Digitaliszellen vorbeiströmen und würde dabei in Digoxin umgewandelt.

Von den über 200 000 Blütenpflanzen unserer Erde sind erst wenige auf ihre Inhaltsstoffe untersucht, und erst von einem verschwindend geringen Bruchteil gibt es heute schon Zellkulturen. Genauso wie in der Welt der Mikroben schlummern in diesen Pflanzen noch ungeahnte Reserven, die es zu entdecken und zu nutzen gilt. Nicht alle dieser neuen Stoffe werden in pflanzlichen Zellkulturen hergestellt werden. Genauso, wie man tierische Baupläne in die anspruchsloseren Mikroben gesteckt hat, wird man auch manche Erbinformationen für pflanzliche Stoffwechselprodukte in Bakterien und Hefen übertragen. Außerdem wird man Enzyme isolieren und sie unabhängig von ihrem zellulären Umfeld für Synthesen und Umwandlungen einsetzen. Allerdings sollte man sich davor hüten, alles, was die Vorsilbe »Bio« oder den Beinamen »pflanzlich« trägt, als unschädlich oder chemischen Präparaten überlegen ansehen. Genauso, wie Bakterien die schlimmsten Giftmischer sein können, gibt es auch viele Pflanzenstoffe, die krebserzeugend sind.

Zellkulturen können Pflanzen und Tiere natürlich nicht in jedem Fall ersetzen, sondern nur, wenn man es auf ein spezielles Stoffwechselprodukt abgesehen hat. Sehr viel größere Bedeutung wächst der Zellkulturtechnik bei der Züchtung von ganzen Pflanzen oder Tieren zu. Bei einigen Pflanzen ist es schon seit mehreren Jahren möglich, aus den isolierten Einzelzellen wieder völlig intakte Pflanzen zu züchten. Sehr gut funktioniert dies vor allem bei Tabak. Die Anzüchtung aus Einzelzellen geht sehr viel schneller und liefert lauter völlig gleichartige Pflanzen. In einigen Fällen ist es sogar bereits gelungen, den Einzelzellen bestimmte Leistungen einzupflanzen, zum Beispiel die Unempfindlichkeit gegen einen Unkrautvertilger. Man muß dann diese Zellen einfach wieder zu kompletten Pflanzen heranreifen lassen und erhält damit ohne umständliche und langwierige Kreuzungszüchtungen beliebig viele Pflanzen mit gleichen Eigenschaften.

Stickstoff ist einer der begrenzenden Faktoren im Pflanzenbau. Deshalb setzten Land- und Forstwirte in den vergangenen Jahrzehnten mehr und mehr Kunstdünger ein, um die wachsenden Pflanzen optimal mit diesem wichtigen Nährstoff zu versorgen. Diese Praxis ist aber mit zwei Problemen behaftet: einem wirtschaftlichen und einem Umweltproblem.

Zunächst das wirtschaftliche. Es ist bislang noch nicht so gravierend, erhält aber bei steigenden Energiekosten zunehmende Bedeutung. Denn die Herstellung von Nitrat, derjenigen Form des Stickstoffs, die die Pflanzen aufnehmen können, ist sehr aufwendig. Gasförmiger Stickstoff ist zwar zu fast vier Fünfteln in unserer Umgebungsluft enthalten, aber die Pflanzen können ihn nicht direkt nutzen. Er ist chemisch sehr reaktionsträge. Selbst den Chemikern gelingt es nicht, direkt aus dem gasförmigen Stickstoff den Nährstoff Nitrat zu machen. Sie müssen zunächst einen Umweg über Ammoniak beschreiten. Dieser Prozeß der Ammoniakherstellung, den die beiden deutschen Chemiker Fritz Haber und Carl Bosch bereits Anfang des Jahrhunderts entwickelten, verschlingt aber enorme Energiemengen. Denn das Stickstoffgas ist nicht bereit, sich mit Wasserstoff zu Ammoniak zu verbinden, wenn es nicht bei mindestens 500 °C unter einen Druck von 200 bar gesetzt wird. Trotzdem ist dieser Prozeß bis heute mit einer Jahresproduktion von 100 Millionen Tonnen eines der wichtigsten technischen Verfahren überhaupt. Denn nur über diesen Umweg läßt sich aus Luftstickstoff Stickstoffdünger gewinnen. Hans Rudolf Christen stellt deshalb ins einem Lehrbuch der anorganischen Chemie fest: »Ohne die Entwicklung der Ammoniaksynthese wäre die Menschheit wohl bereits zum größten Teil verhungert.«

Dem kann heute die etwas provokative These gegenübergestellt werden: »Wenn die Landwirtschaft weiterhin so riesige Mengen Kunstdünger einsetzt, wird die Menschheit vergiftet.« Von diesem Zustand sind wir zwar glücklicherweise noch weit entfernt, und die Landwirte beginnen umzudenken. Wo sie früher blindlings riesige Düngermengen nach dem Motto »viel hilft viel« ausgebracht hatten, düngen sie heute zunehmend nach Bedarf. Denn kein Baum kann in den Himmel wachsen, und jede Pflanze hat ihren Höchstbedarf an Düngern, der nicht überschritten werden kann. Trotzdem wird auch heute noch etwa doppelt soviel Dünger auf die Felder gekippt, wie die Pflanzen aufnehmen können. Denn der Dünger läßt sich am einfachsten dann ausbringen, wenn die Pflanzen noch klein sind. Sind die Pflanzen erst einmal in der Wachstumsphase, so kann man nicht mehr so einfach mit dem Traktor übers Feld fahren. Also muß zuvor schon eine ausreichende Portion deponiert worden sein.

Was zuviel im Boden ist, wird aber mit dem Regenwasser in Flüsse und Seen gespült, führt dort zur Massenentwicklung von Algen, die den Fischen den Sauerstoff wegnehmen. Die Gewässer »kippen um«, werden biologisch tot und verlieren dadurch ihre biologische Selbstreinigungskraft. Ein Teufelskreis. Aber es kommt noch schlimmer. Die Nitrate sickern nach und nach in das Grundwasser ein, aus dem wir unser Trinkwasser beziehen. Viele Wasserwerke können aber bereits heute die vorgeschriebene Höchstmenge von 50 mg/l nicht mehr einhalten und müssen Wasser aus noch sauberen Quellen zumischen.

Gelangen doch einmal zu viele Nitrate ins Trinkwasser, so führt das bei Säuglingen zur sogenannten »Blausucht«. Denn das an sich ungefährliche Nitrat wandelt sich im Körper zu dem aggressiven Nitrit um, das sich an den roten Blutfarbstoff anlagert und dort den Sauerstoff verdrängt. Dies kann bis zum Ersticken der Babys führen. Die langfristigen Wirkungen des Nitrats sind bislang noch gar nicht hinreichend aufgeklärt. Es steht aber in dem Verdacht, an der Bildung der krebserregenden Nitrosamine beteiligt zu sein.

Dem Ersatz des mineralischen Stickstoffdüngers durch umweltschonendere Methoden kommt also hohe Priorität zu. Die Landwirte würden dadurch vom Image des Umweltsünders befreit und obendrein noch viele Millionen Mark sparen. Genau das ist aber auch der Grund, weshalb die Industrie bei der Erforschung biotechnologischer Verfahren zur Stickstoffdüngung noch sehr zurückhaltend ist. Sie würde einen riesigen Absatzmarkt verlieren. Im Gegensatz dazu wird diesem Forschungszweig in staatlichen Instituten weltweit viel Aufmerksamkeit geschenkt. Auch die Entwicklungsländer könnten möglicherweise profitieren. Statt Hunderte neuer Ammoniakanlagen zu bauen, die jährlich mehrere hundert Millionen Tonnen kostbares Erdöl verschlingen, käme sie ein höherer Grad biologischer Stickstoffdüngung langfristig wahrscheinlich billiger zu stehen. Das bislang schon nutzbare Potential sollte dabei nicht unterschätzt werden. Denn die Natur produziert jährlich 122 Millionen Tonnen Nitrat aus der Luft, die Chemiemultis schaffen dagegen »nur« 40 Millionen Tonnen.

Zwei unterschiedliche Strategien lassen sich unterscheiden: eine mikrobiologische und eine pflanzenkundliche. Zunächst die mikrobiologische, denn sie erscheint einfacher und in naher Zukunft erfolgversprechender. In den USA werden damit sogar schon Millionenumsätze getätigt. Ein Blick in die Natur lehrt, wie Pflanzen schon seit Jahrmillionen ihren Stickstoffbedarf mit Hilfe von Bakterien decken. Beide Arten, Bakterien und Pflanzen, leben miteinander in Symbiose. Das heißt, jeder der beiden Partner gibt dem anderen etwas, was dieser braucht, und erhält dafür etwas, was er selbst benötigt. Ein perfektes Handelsgeschäft nach alter Kaufmannsregel, daß keiner den anderen übervorteilt. Die Pflanzen bieten den Bakterien Schutz in ihren Wurzelhaaren und versorgen sie mit bestimmten Nährstoffen. Die Bakterien liefern dafür den gebundenen Stickstoff. Denn Bakterien sind als einzige Lebewesen auf der Welt in der Lage, etwas bei Normaldruck und Bodentemperatur zu vollbringen, wozu die Chemiker hohe Drücke und Temperaturen brauchen: die Bildung von Ammonium und Nitrat aus Luftstickstoff.

Das Dumme an der Sache ist nur, daß es bloß wenige Pflanzenarten gibt, die so harmonisch mit den Bakterien zusammenleben. Es sind vor allem die Hülsenfrüchtler, also Bohnen, Erbsen und Linsen, aber auch Klee. Sie beherbergen in kugeligen Verdickungen ihrer Wurzeln Bakterien der Gattung Rhizobium, die ihnen bis zu 500 kg Stickstoff pro Hektar und Jahr liefern. Dies ist mehr, als selbst eine intensive Düngung mit Kunstdüngern bieten kann. Aus diesem Grund betrieben die Bauern früher die Vielfelderwirtschaft. In einem Jahr wurde Getreide angebaut, im anderen dann Bohnen. So konnte sich der Boden immer wieder mit den natürlichen Düngern aus den Bakterien anreichern. Seit es Kunstdünger gibt, geriet diese auf Erfahrung beruhende bäuerliche Tugend zunehmend in Vergessenheit und wurde durch maschinengerechte Monokulturen ersetzt. Im integrierten Landbau, der biologische und chemische Verfahren sinnvoll kombiniert, findet die Vielfelderwirtschaft inzwischen wieder neue Freunde.

Daneben hat sich in den vergangenen Jahren vor allem in den USA ein großer Markt für nichtsymbiontische, freilebende stickstoffbindende Bakterien entwickelt, die in riesigen Bioreaktoren gezüchtet und dann auf die Felder ausgebracht werden. Dadurch konnte der Verbrauch an Kunstdüngern in einigen Fällen beträchtlich eingeschränkt werden. Je nach Bodenverhältnissen sparen die Landwirte bis zur Hälfte der etwa 150 kg Stickstoffdünger pro Hektar. 15 Millionen $ geben amerikanische Farmer jährlich für die Mikroorganismen aus, vor allem auf den Sojabohnenplantagen. Marktanalysen schätzen das Potential sogar auf bis zu 350 Millionen $ ein. Für viele Landwirte lohnt sich diese Methode bislang allerdings noch nicht, da die Kulturpflanzen mit den ausgestreuten Stickstoffbakterien kein Verhältnis eingehen. Die Stickstoffspezialisten verhungern schon nach kurzer Zeit und werden von anderen Bakterienarten verdrängt. Deshalb müssen die Landwirte die Bakterienbrühe ähnlich wie den Kunstdünger mehrmals im Jahr auf die Felder sprühen. Und die Bakterien sind bei einem Hektarpreis von 10 bis 15 $ bislang kaum billiger als der Kunstdünger. Doch wenigstens funktioniert diese Methode auch bei anderen Pflanzen als nur bei Hülsenfrüchtlern. Die freilebenden Azospirillen sorgen beispielsweise auch bei Getreide für höhere Erträge. Dabei scheint der Beitrag der Bakterien nicht nur auf die Stickstoffixierung beschränkt. Die Pflanzen entwickeln unter ihrem Einfluß größere Wurzeln und nehmen deshalb auch Wasser und andere Mineralstoffe besser aus dem Boden auf. Die freilebenden Stickstoffixierer können allerdings nur etwa ein Zehntel des Stickstoffs liefern, den ihre symbiontischen Kollegen bilden. Denn ihnen fehlt es im Boden meist selbst an genügend Nährstoffen.

Die einzige Ausnahme bilden die blaugrünen Algen, die in Japan zum Beispiel intensiv in Reisfeldern kultiviert werden. Dazu bepflanzt man das Reisfeld zusätzlich mit Wasserfarnen. Sie leben mit den blaugrünen Algen ähnlich harmonisch zusammen wie die Hülsenfrüchte mit den Rhizobien. Für ihr Wachstum benötigen sie aber Sonnenlicht. Deshalb sind sie zur Verbesserung des Ackerbodens wenig geeignet. Doch selbst die japanischen Reisbauern sind gerade dabei, sich dieser natürlichen Helfer zu berauben, die ihnen täglich 3 kg Stickstoff pro Hektar liefern. Denn die blaugrünen Algen sind äußerst empfindlich gegen hohe Konzentrationen von Schädlings- und Unkrautbekämpfungsmitteln. Japanische Forscher versuchen zwar, ihren Landsleuten auf den Reisfeldern aus der Klemme zu helfen. Dazu ersannen sie zwei Konzepte. Das eine ist die Züchtung von Blaualgen, die gegen die Pestizide widerstandsfähig sind. Doch diese Methode ist äußerst fragwürdig, da sie zu einer weiteren Verseuchung der Umwelt einlädt. Besser ist dagegen der zweite Ansatz, den Mikroben beizubringen, die Gifte abzubauen. Dieses Verfahren ist im Freiland allerdings noch nicht einsatzbereit.

Wesentlich eleganter und kostensparender wäre dagegen ein Verfahren, bei dem man Stickstoffixierer dazu bringt, ständig mit Nutzpflanzen wie Hafer und Gerste zusammenzuleben. Das entscheidende Problem dabei ist, den Bakterien beizubringen, auch in die Wurzeln dieser Getreidepflanzen einzudringen und dort die Entstehung von Knöllchen zu veranlassen, in denen sie dann ihr Werk vollbringen könnten. Auf der Oberfläche der Rhizobien gibt es biochemische Schlüssel, und auf der Oberfläche von Hülsenfrüchtlerwurzeln sitzen die entsprechenden Schlösser. Passen Schlüssel und Schloß zusammen, so können die Bakterien in die Wurzeln der Pflanzen eindringen und dort ihr segensreiches Werk vollbringen. Die Wissenschaftler versuchen deshalb, die Bakterienoberflächen so zu verändern, daß sie auch in die Schlösser anderer Pflanzen hineinpassen.

Eine andere Möglichkeit besteht darin, die Informationen für die Stickstoffixierung in mikroskopisch kleine Pilze zu verpflanzen, die bereits mit den verschiedensten Pflanzen zusammenleben. Dieser Ansatz ist vor allem für die Forstwirtschaft interessant, da vor allem Bäume sehr viele solcher für sie nützlicher Pilze in ihren Wurzeln zu Gast haben.

Sehr viel weitergehender und auch wissenschaftlich anspruchsvoller sind dagegen die Anstrengungen der Pflanzengentechnologen. Sie wollen sich von den Mikroorganismen unabhängig machen und den Pflanzen direkt zur Stickstoffbindung verhelfen. Das ist allerdings nicht so einfach. Denn die Erbinformation zum Bau der stickstoffbindenden Zellmaschinerie liegt auf mehreren Bauplänen verteilt. Es geht also nicht nur darum, einen kleinen Bauplan aus einem Bakterium in eine Pflanze zu übertragen, sondern viele Baupläne, deren korrekte Ausführung überdies noch von einem leitenden Architekten koordiniert werden müßte. Der Ertrag dieser Pflanzen würde zudem sinken. Denn nicht nur Chemiker brauchen für die Stickstoffbindung viel Energie, sondern auch die Natur. Solange Bakterien diesen Teil übernehmen, kümmert dies die Pflanze wenig. Muß sie jedoch selbst die aufwendige Arbeit leisten, so geht diese an anderen Stellen verloren. Die Kluft zwischen dem genetischen Wissen über Bakterien und über Pflanzen ist noch immer gewaltig. Waren 1980 bereits über 800 der geschätzten 3000 Bauplaneinheiten von E. coli bekannt, so kannte man erst 247 Gene der bestuntersuchten Nutzpflanze, der Tomate. Außerdem ist die Zellmaschinerie höherer Lebewesen wie der Pflanzen wesentlich komplizierter als diejenige von Bakterien.

Auf einem anderen Gebiet sind die Wissenschaftler bereits ein gutes Stück weitergekommen. Der kalifornischen Gen-Firma Calgene gelang es, einem Bakterium die Erbinformation für seine Widerstandsfähigkeit gegen ein Pflanzenvertilgungsmittel zu entlocken. Diesen relativ einfachen Bauplan konnten sie dann erfolgreich in eine Tabakpflanze einschleusen. Damit ertrug auch diese Tabakpflanze Mengen des Totalherbizids »Glyphosphat«, bei denen normaler Tabak längst eingegangen wäre. Für den Hersteller des Glyphosphats, der diese Arbeiten auch in Auftrag gegeben hatte, eröffnen sich damit profitable Aussichten. Denn der amerikanische Chemiekonzern Monsanto kann nun seine chemische Keule überall dort einsetzen, wo der gentechnologisch veränderte Tabak angebaut wird. Pflanzenbau kann also noch brutaler als bisher nach dem Prinzip der biologischen Kriegführung betrieben werden: Der Freund, in diesem Fall die Tabakpflanze, wird geschützt, alles andere wird ausgerottet. Dabei ist die Manipulation der Tabakpflanze nur ein erster Schritt. Schon liegen andere Pflanzen wie zum Beispiel Mais und

Baumwolle auf den Operationstischen der Genchirurgen. Die Folgen einer solchen Entwicklung sind kaum absehbar. Auf jeden Fall wird die Landwirtschaft noch weiter konzentriert und industrialisiert. Schon heute erzielen in den Vereinigten Staaten weniger als 1 Prozent der landwirtschaftlichen Betriebe, die 25 000 sogenannten Superfarmen, mehr als zwei Drittel der Einkünfte.

Bislang verhinderte der biologische Charakter von Pflanzen, daß neben weiten Bereichen der Landwirtschaft auch die Saatgutherstellung industrialisiert wurde. Dies wird sich bald ändern. Ähnlich wie die Handarbeit seit Ende des 18. Jahrhunderts von kapitalintensiver – und damit kapitalistischer – Fabrikation abgelöst wurde, öffnen biotechnologische Strategien zur Saatgutverbesserung dem multinationalen Kapital Tür und Tor. So könnte es bis in ein paar Jahren ein Kartell aus wenigen Chemiekonzernen geben, die nicht mehr nur das Monopol auf Agrochemikalien haben, sondern gleichzeitig das entsprechende Saatgut anbieten. Die Saatguthersteller – sie werden nicht nur in den USA, sondern auch in der Bundesrepublik zunehmend von Chemiekonzernen aufgekauft – werden Pflanzensorten entwickeln, die von den Agrochemikalien der Muttergesellschaften völlig abhängig sind. Kein Landwirt zwischen Nord- und Südpol könnte mehr seine eigenen, wilden Pflanzen anbauen. Denn sie würden alle mit der chemischen Sense vernichtet. Die Monopolkonzerne könnten den Bauern deshalb jegliche Bedingungen diktieren. Weltweit würden nur noch wenige Pflanzenarten angebaut, die jeweils völlig identisch wären. Nicht auszumalen, wenn diese hochempfindlichen Sorten, die nur mit allen chemischen Tricks am Leben gehalten werden, plötzlich von einem neuen, noch nicht erforschten Schädling heimgesucht würden. Sie wären für ihn eine fette Beute, er könnte sich explosionsartig auf der ganzen Welt ausbreiten und die gesamte Erde vernichten.

Doch so weit muß es gar nicht kommen. Allein schon die Belastung der Umwelt und die Folgen für den Naturhaushalt wären verheerend, käme es zu einem großflächigen Einsatz solcher Pflanzen im Verbund mit den brutalen Pflanzenvernichtern. Prof. Jozef Schell, einer der führenden bundesdeutschen Pflanzengentechnologen, lehnt diese Art von Forschung deshalb ab. Er fordert die Entwicklung neuer umweltfreundlicherer Herbizide, statt den Einsatz der schlechten auf diese Weise auszudehnen. Dagegen argumentiert zum Beispiel Dr. Peter Kraus, Leiter des Instituts für Biotechnologie im Geschäftsbereich Pflanzenschutz der Bayer AG, daß die gentechnologisch gestärkten Pflanzen dem Landwirt sogar helfen könnten, seine Pflanzenschutzmittelrechnung zu verringern. Denn statt den Boden schon vorbeugend vor Erscheinen der Kulturpflanzen von Unkräutern zu befreien, könnten die Bauern erst mal abwarten, ob die Unkrautbekämpfung überhaupt nötig ist. Und dann die Herbizide einsetzen, wenn die widerstandsfähigen Kulturpflanzen schon sprießen. Doch lohnt es sich, Milliarden zu investieren, nur um die eigenen Absatzchancen zu verschlechtern?

Auch Schell und seine Kollegen Heinz Saedler, Klaus Hahlbrock und Peter Starlinger arbeiten am Kölner Max-Planck-Institut für Züchtungsforschung und am Institut für Genetik der Universität zu Köln mit denselben Techniken wie ihre kalifornischen Kollegen – übrigens mit der Unterstützung von Bayer. Doch ihre Zielsetzung ist tatsächlich anders. Sie haben es etwa geschafft, den Gehalt an hochwertigen Eiweißstoffen in Kartoffeln zu erhöhen. Außerdem versuchen sie, die Pflanzen selbst gegen Schädlinge widerstandsfähig zu machen. Dann könnte man auf pflanzenschützende Schädlingsbekämpfungsmittel verzichten, statt noch mehr Pestizide in die Umwelt zu bringen. Dieses Unterfangen ist jedoch bereits wieder schwieriger und gleicht dem Versuch, den Pflanzen die Kunst der Stickstoffbindung beizubringen.

Einem belgischen Forscherteam ist unlängst allerdings ein erster Durchbruch gelungen. Die Mitarbeiter des Gentechnikunternehmens »Plant Genetic Systems« konzentrierten sich bei ihrer Arbeit auf einen Stoff, der bereits seit Jahren in der biologischen Schädlingsbekämpfung eingesetzt wird, das Toxin des Bakteriums Bacillus subtilis. Ihm sind wir bereits im 2. Kapitel begegnet. Bisher wurden die abgetöteten Bazillen mit ihrem nur für bestimmte Insekten tödlichen Inhalt auf die Kulturpflanzen gespritzt. Da die Baupläne für dieses Toxin in den Labors der biologischen Schädlingsbekämpfer bereits gut untersucht waren, lag es nahe zu versuchen, diese Baupläne in Pflanzen einzuschleusen. Dies gelang nun den belgischen Forschern.

Insektenlarven, die sich über die solcherart veränderten Tabakpflanzen hergemacht haben, mußten dies innerhalb von drei Tagen mit ihrem Leben bezahlen. Doch bis auf sämtliche Pflanzenschutzmittel verzichtet werden kann, wird noch einige Zeit verstreichen. Denn es gibt sehr viele verschiedene Organismen, die es auf Pflanzen abgesehen haben. Das fängt bei kleinsten Viren an und reicht über Bakterien und eine Vielzahl von Pilzen hin bis zu Insekten. In den meisten Fällen ist den Pflanzenschädlingen nicht so einfach beizukommen wie den Schmetterlingsraupen. Denn die Tricks, Pflanzen zu befallen und zu zerstören, sind zahlreich, kompliziert und erst in wenigen Fällen untersucht. Außerdem mag die Widerstandskraft, die nur auf einer einzigen Bauplanänderung beruht, die Pflanzentechniker wohl nur kurze Zeit erfreuen. Schädlinge sind bekanntlich äußerst anpassungsfähig und werden schnell lernen, die gegen sie errichteten Hürden zu umgehen. Zudem ist das Interesse der Industrie an dieser Art von Forschung verständlicherweise nicht allzu groß.

Doch selbst die Sache mit dem Bacillus-thuringiensis-Toxin läßt sich bislang nur auf wenige andere Pflanzen übertragen. Den Gentechnologen kam nämlich beim Tabak und ähnlichen – sogenannten zweikeimblättrigen – Pflanzen ein natürlicher Verbündeter zu Hilfe. Dieser Verbündeter ist ein Bakterium namens Agrobacterium tumefaciens. Wie dessen Name dem Lateinkenner schon nahelegt, verursacht es bei einer Reihe von Pflanzen Tumoren. Dabei schmuggelt es eigenes Erbmaterial in die Baupläne der Pflanzenquelle und befiehlt ihnen damit, es mit bestimmten Nährstoffen zu versorgen. Diesen natürlichen Gentechnologen mißbrauchen seine menschlichen Kollegen seit einigen Jahren, um noch weitere Baupläne in die Pflanzen zu befördern, zum Beispiel eben die Information für die Widerstandskraft gegen Schmetterlingsraupen oder Glyphosphat. Sehr zum Ärger der Forscher ließen sich die kleinen Helfer aber bislang nicht dazu bewegen, auch bei einkeimblättrigen Pflanzen einzusteigen. Dazu zählen jedoch fast alle wichtigen Nahrungspflanzen, allen voran die verschiedenen Getreidesorten.

Einer Basler Forschergruppe im Friedrich-Miescher-Institut des Chemiekonzerns Ciba-Geigy gelang es inzwischen, diese Barriere niederzureißen. Dabei verzichteten die Biologen ganz auf die Hilfe des Agrobacteriums und spickten die Pflanzenzellen mit nackten Erbmolekülen. Daß die Zellkerne der Pflanzen diese Erbinformation in ihre eigenen Baupläne aufnehmen, war schon seit längerem bekannt. Doch war es bis vor kurzem unmöglich, die Pflanzen dazu zu bewegen, die in den Plänen enthaltenen Anweisungen auch zu befolgen. Sie stellten sich stur, egal, wie gut ihnen die Forscher auch zureden mochten. Die Basler Wissenschaftler konnten die Pflanzenzellen jedoch überreden, ihnen diesen Gefallen zu tun und den erteilten Befehl zum Bau von Enzymen zu befolgen. Dazu war es nötig, daß sie die aus Bakterien isolierten Baupläne auf die Baupläne der Pflanzen abstimmten. Genauso wie häufig verschiedene Computersysteme ohne einen speziellen Übersetzer nicht miteinander reden können, verstehen die Pflanzen die Anweisungen auf bakteriellen Bauplänen nicht so recht und befolgen sie deshalb auch nicht. Die Basler Gruppe um Dr. Ingo Potrykus klebte daher ein passendes Steuersignal an den bakteriellen Bauplan, und schon waren die Verständnisschwierigkeiten behoben. Damit ist die Wissenschaft einen beträchtlichen Schritt weiter auf dem Weg zur gezielten Veränderung von Getreidepflanzen. Doch der Weg ist lang und sein Ende noch schwer abzusehen.

Getreidepflanzen besitzen nämlich noch eine weitere Eigenart, die den Biologen das Leben schwermacht. Die nackten Erbstücke kann man nicht einfach auf ausgewachsene Pflanzen kippen. Nur aus Sproß oder Blättern isolierte einzelne Pflanzenzellen sind bereit, die fremden Baupläne in sich aufzunehmen. Bei Tabak, Kartoffeln oder Tomaten ist das kein Problem. Diese Pflanzen kann man in einzelne Zellen zerlegen und aus den Zellen wiederum beliebig viele Pflanzen heranwachsen lassen. Langwierige Pflanzenzuchtprogramme lassen sich auf diese Weise auch ohne gentechnologische Methoden erheblich abkürzen und außerdem teilweise vom Feld ins Labor verlagern. Statt Hunderttausende Pflanzen auf vielen Quadratkilometern anzubauen und mindestens eine Vegetationsperiode lang zu warten, säen die grünen Biotechnologen nun eine noch viel größere Zahl isolierter Pflanzenzellen auf wenigen Quadratmetern Laborfläche. Die Zellen mit der gewünschten Eigenschaft – etwa Widerstandskraft gegen Viren und Pilze, gegen Hitze oder hohen Salzgehalt – werden ausgewählt und wieder zu einer intakten Pflanze hochgepäppelt. Bei Kartoffeln und Tomaten gelang es sogar, deren Zellen zu verschmelzen und daraus eine »Karmate« oder »Tomoffel« zu züchten. Allerdings war dies lediglich ein Scherz für Wissenschaftler. Bei Getreidepflanzen schlugen dagegen solche Wiederbelebungsversuche fehl. Sind die Zellen aus ihrem Gewebeverband erst einmal gelöst, so zeigen sie keinerlei Neigung wieder zu einer vollständigen Pflanze auszuwachsen.

Die Möglichkeiten der grünen Gentechnologie sind vielfältig und noch längst nicht zu überblicken. Doch soviel ist sicher: Sie können sowohl zum Wohle als auch zum Schaden der Menschheit eingesetzt werden. In welche Richtung die Weichen gestellt werden, ist eine der wichtigsten sozialen Fragen im vor uns liegenden Jahrzehnt.

Trotz der gegenwärtigen Aktualität gentechnologischer Methoden in der Landwirtschaft sollten diese nicht den Blick auf Verfahren verstellen, die auch ohne Gentechnik noch wesentlich verbessert werden können. Seit Jahrhunderten diente den Bauern Heu als Winterfutter für ihre Tiere. Moderne Rinder bekommen jedoch immer weniger Heu zu Gesicht. Denn in den vergangenen zwei Jahrzehnten vollzog sich ein Wandel hin zu fermentiertem Viehfutter, sogenannter Silage. Statt das Gras zu trocknen, überlassen es die Bauern anaeroben Mikroorganismen in luftdichten Silos (daher der Name »Silage«). Die Bakterien produzieren daraus ein Futter, das mehr Nährstoffe enthält und den Rindern besser schmeckt als Heu. Außerdem kann das Gras naß geerntet werden, was gerade in unseren Breiten von großem Vorteil ist. Nachdem das Gras im Silo ist, machen sich erst einmal gewöhnliche aerobe Bakterien und Pilze darüber her. Bald ist jedoch der Sauerstoff verbraucht, und die anaeroben Mikroorganismen wie etwa Milchsäurebakterien kommen zum Zuge. Sie vergären den Zucker aus den Pflanzen zu organischen Säuren. Dadurch wird das Gras so sauer, daß allen anderen Mikroben der Appetit vergeht und selbst die Säuregärer bald ihre Tätigkeit einstellen.

Damit ist das Futter konserviert und sehr lange haltbar. Die Herstellung von Sauerkraut, grünen Oliven und anderen fermentierten Nahrungsmitteln verläuft nach exakt demselben Schema. Häufig laufen die Gärungen jedoch nicht so vollständig ab. Dann nehmen andere Bakterien, etwas Clostridien, überhand und laben sich an dem Futter. Der Nährwert sinkt. Gleichzeitig scheiden sie übelriechende Stoffe wie die Buttersäure aus, die den Rindern den Geschmack verdirbt. Eine lohnende Aufgabe für Wissenschaftler ist es deshalb, solche unvollständigen Gärungen zu verhindern. Dies geschieht im einfachsten Fall dadurch, daß Melassen – nährstoffreiche Abfälle aus Zuckerraffinerien – in den Silo gekippt werden. Dadurch erhalten die Milchsäurebakterien und ihre Kollegen genügend Futter, um daraus die konservierenden Säuren zu produzieren. Modernere Verfahren setzen Enzyme ein, die schwerabbaubare Pflanzenfasern aufschließen und den Bakterien als leichtverdauliche Zucker präsentieren. Inzwischen gibt es sogar komplette Mischungen unter Handelsbezeichnungen wie »Super Sil Plus«, die ausgewählte Bakterienstämme, celluloseabbauende Enzyme und wichtige Nährstoffe für die Startphase enthalten.

Neben der »grünen« Biotechnologie erweckt auch die »rote« Biotechnologie immer mehr das Interesse der Medien. Supermikroben mit phantastischen Stoffwechselleistungen sind eben weit weniger fotogen und publicityträchtig als Riesenmäuse und Hochleistungsrinder. Doch die Fortschritte in der Biotechnologie sind bei Mikroorganismen wesentlich größer als in der Tierzucht. Dies liegt vor allem daran, daß Mikroben eben sehr viel einfacher gebaut sind als hochentwickelte Tiere und sich deshalb auch wesentlich einfacher manipulieren lassen. Eigentlich umfaßt die engere Definition der Biotechnologie auch gar nicht mehr die modernen Methoden der Tierzucht. Da sich die Tierzüchter jedoch zunehmend gentechnologischer Methoden bedienen, sei der Stand des Wissens kurz skizziert.

Das erst technische Verfahren fand Anfang der vierziger Jahre Einzug in die Tierzucht. Es war die künstliche Besamung, die heute in 93 Prozent aller kuhhaltenden Betriebe der Bundesrepublik Deutschland praktiziert wird. Eingeführt wurde sie zunächst, um die infektiösen Geschlechtskrankheiten zu bekämpfen. Inzwischen erwies sich die künstliche Besamung als wertvolles Mittel zur Weitergabe ganz bestimmter hochwertiger Eigenschaften, wie sie nur einer Handvoll Zuchtbullen eigen sind. Eine Weiterentwicklung der künstlichen Besamung ist die künstliche Befruchtung. Dabei wird nicht nur der künstlich gewonnene Samen den weiblichen Tieren eingespritzt, sondern es werden auch den Kühen die Eizellen entnommen. Die Befruchtung, also die Verschmelzung von Samen- und Eizelle, findet außerhalb des Tieres in einem Reagenzglas statt. Der in den ersten paar Tagen ebenfalls im Reagenzglas heranwachsende Embryo wird dann in die Gebärmutter speziell dafür geeigneter Ammentiere eingepflanzt.

Dies bringt den Vorteil, daß man die Eigenschaften der Nachkommen noch besser bestimmen kann. Denn die im Reagenzglas gezüchteten Embryonen geben bereits Auskunft über viele verschiedenen Merkmale, die das Tier einmal haben wird. Sind die Eigenschaften unerwünscht, wandert der Embryo in den Mülleimer. Ein einfaches Beispiel ist die Wahl des Geschlechts. Will man Milchrinder züchten, so ist es natürlich günstiger, Kühe statt Stiere zu produzieren. Geht man normalerweise von einer natürlichen Geschlechtsverteilung von 50:50 aus, so bringt die mittels Embryotransfer erhöhte Trefferquote theoretisch bis zu 100 Prozent. Das heißt, jedes Rind wird eine Milchkuh sein. Allerdings werden diese Werte in der Praxis noch nicht erreicht. Denn die Geschlechtsbestimmung bei Tieren im frühen Embryostadium ist immer noch keine völlig zuverlässige Routinemethode.

Noch sehr weit von einer möglichen Anwendung entfernt ist das in der Öffentlichkeit häufig diskutierte »Klonen«. Damit ist die Herstellung beliebig vieler, völlig identischer Mehrlinge gemeint. Am interessantesten wäre es, die Tiere erst dann zu klonen, wenn sie bereits ausgewachsen sind und ihre besondere Leistungsfähigkeit unter Beweis gestellt haben. Dies ist jedoch sehr schwierig und bislang noch nicht einmal in Ansätzen gelungen. Berichte über geklonte Frösche und Mäuse beziehen sich auf frühe Teilungsstadien; auf Entwicklungsabschnitte also, bei denen über »Wert« oder »Unwert« der Tiere noch nicht ausreichend entschieden werden kann. Beträchtliche Erfolge gab es dagegen seit etwa 1980 auf einem Gebiet, das klar von den Klontechniken unterschieden werden muß. Gentechnologische Methoden, also die Übertragung von Erbbauplänen, gelingen zunehmend auch bei Tieren. Dabei wird die Erbsubstanz mit feinsten Kanülen unter dem Mikroskop in die befruchtete Eizelle gespritzt. Bislang war der Übergang von Erbinformationen recht einseitig. Zunächst konnten Baupläne nur zwischen Bakterien ausgetauscht werden. Dann gelang der Transfer menschlicher Baupläne in Mikroorganismen. Und nun wird auch der umgekehrte Weg möglich: die Übertragung mikrobieller Baupläne in Tiere.

Wichtiger erscheint dagegen zunächst die Übertragung von Erbinformationen zwischen einzelnen Tierrassen. Das spektakulärste Ergebnis dieser Versuche sind die 1982 entstandenen Riesenmäuse, denen amerikanische Wissenschaftler die aus Ratten isolierte Erbinformation für ein Wachstumshormon eingepflanzt hatten. 1984 wurden bei Rindern ähnliche Versuche unternommen. Allerdings ohne eindeutigen Erfolg. Für die Zukunft sehen manche Forscher jedoch voraus, daß die gentechnologischen Methoden Wachstum, Milchleistung und Fruchtbarkeit der Tiere beeinflussen und sogar deren Anfälligkeit gegen manche Krankheiten verringern können.

Kapitel 13: Wirtschaftswissenschaft

Die Biologen verlassen den Elfenbeinturm

Ist es möglich, nicht nur technische Erfindungen, sondern auch neuentdeckte oder veränderte Lebewesen patentrechtlich schützen zu lassen? Bereits im Jahre 1899 stand die amerikanische Patentbehörde zum erstenmal vor dieser Frage. Sie entschied sich für ein klares Ja. Allerdings wurde damals der Schutz nicht für ein bestimmtes Lebewesen allein gewährt, sondern für einen gesamten Prozeß, dessen wesentlicher Bestandteil jedoch Bakterien waren. Es ging damals um die Kompostierung von Abfällen mit Hilfe anaerober, also unter Sauerstoffabschluß lebender Bakterien. Mit Beginn der Antibiotikaära setzte ab Mitte der vierziger Jahre weltweit eine hektische Flut von Patentanmeldungen ein. Wiederum ging es nicht nur um den Schutz der antibiotikaproduzierenden Organismen, sondern vor allem um die wissenschaftlichen und technischen Begleitumstände, unter denen diese Organismen ein bestimmtes Antibiotikum produzierten.

Der Fall eines antibiotikaproduzierenden Bakteriums führte in der Bundesrepublik Deutschland im Jahre 1967 nach einem zehnjährigen Rechtsstreit zu einer Änderung der bis dahin üblichen Praxis der Patenterteilung. Der Vorgang: Eine Firma meldete einen Stamm der Gattung Streptomyces zum Patent an, der das Antibiotikum Tetracyclin produziert. Dagegen erhob eine Konkurrenzfirma Einspruch mit dem Hinweis, daß es unmöglich sei, unter den in der Patentanmeldung beschriebenen Kulturbedingungen Tetracyclin als Hauptprodukt herzustellen. Nach ihren eigenen Erfahrungen müsse stets ein größerer Anteil des verwandten Produkts Chlortetracyclin gebildet werden. Folglich forderte die einsprechende Firma die Herausgabe der Bakterienkultur zur Nachprüfung der Angaben.

Das deutsche Patentrecht, das in diesem Punkt auf das Patentgesetz aus dem Jahre 1877 zurückgeht, sah bis dahin jedoch lediglich eine »Beschreibung« des zu schützenden Gegenstandes vor und nicht seine Weitergabe. Doch der Senat des Deutschen Patentamtes bestand auf einer Auslieferung der entsprechenden Kultur und begründete damit den Anspruch, »die Nacharbeitbarkeit des Verfahrens der Erfindung zu prüfen«. Denn, so die Begründung, die oben zitierte Bestimmung sei zu einer Zeit entstanden, in der die zum Patent angemeldeten Erfindungen praktisch ohne Ausnahmen auf dem Gebiet der toten Technik lagen. Die moderne Biotechnologie hatte also eine Lücke im Patentgesetz sichtbar gemacht, die die Patentrichter am 30. Juni 1967 mit dem Urteil schlossen, daß »die Beschreibung einer Erfindung mit Wort, Zeichnung und Formel dann nicht genügt, wenn die Erfindung vom Stoffwechsel eines in der Literatur nicht beschriebenen Mikroorganismus Gebrauch macht«. Damit hat der Einsprechende ein Recht darauf, daß ihm der Anmelder eine entsprechende Kultur übergibt.

Dies geschieht in Form einer Hinterlegung des entsprechenden Mikroorganismus bei einer der dafür vom Patentamt anerkannten Stellen. Solche Stellen sind zum Beispiel die Deutsche Sammlung von Mikroorganismen (DSM) in Göttingen oder die amerikanische Stammsammlung ATCC in Rockville, Maryland. Mit der Hinterlegung bei einer dieser Organisationen erklärt der Patentanmelder gleichzeitig vorbehaltlos und unwiderruflich, daß er Dritten den Zugang zum hinterlegten Mikroorganismus freigibt.

Das geschah schließlich auch in dem strittigen Fall. Die einsprechende Firma mußte nach Prüfung des Stammes eingestehen, daß der neuangemeldete Streptomycet in der Lage war, unter den beschriebenen Bedingungen reines Tetracyclin zu produzieren. Damit hatte sie aber einen leistungsfähigen Stamm in der Hand, den sie nun selbst zu eigenen Forschungen einsetzen konnte. Denn durch eine weitere Veränderung eines ohnehin schon sehr guten Stammes kann dieser zusätzliche Eigenschaften erhalten, die ihn dann patentrechtlich von dem ursprünglichen Stamm unterscheiden. Dadurch kann eine Firma ohne großen Forschungsaufwand zu eigenen Patenten kommen. Die Herausgabe der betreffenden Mikroorganismen wird allerdings in fast allen Industrienationen unterschiedlich gehandhabt. Übereinstimmung besteht lediglich darin, daß ein Mikroorganismus spätestens dann der Allgemeinheit (sprich: der Konkurrenz) zur Verfügung gestellt werden muß, wenn das Patent erteilt ist und der Patentinhaber den entsprechenden Schutz genießt. In den USA braucht ein Mikroorganismus erst zu diesem Zeitpunkt öffentlich zugänglich zu sein. Dagegen fordern die japanischen Bestimmungen, daß der Organismus auch schon vor der Patenterteilung verfügbar ist. Im einzelnen ist die Herausgabe jedoch so kompliziert, daß ein Konkurrenzunternehmen in der Regel keinen Nutzen daraus ziehen kann. In vielen europäischen Ländern ist es dagegen so, daß der Mikroorganismus schon zum Zeitpunkt der Anmeldung frei verfügbar sein muß – also noch bevor der Anwender einen wirksamen Schutz genießt oder überhaupt weiß, ob er jemals ein Schutzrecht darauf erhalten wird. Manche Patentrechtler sehen in dieser Praxis »eine silberne Platte, auf der man einem Nachahmer eine Fabrik im Westentaschenformat« überreiche.

Aus diesem Grund melden manche Firmen bestimmte Stämme, die mit Beträgen von bis zu 100 000 $ gehandelt werden, erst gar nicht an. Sie sind der Meinung, daß ihr wissenschaftlicher Vorsprung so groß sei, daß ihn die Konkurrenz ohne die Angaben in einer Patentschrift und ohne den entsprechenden Stamm zu kennen nicht aufholen könne. Diese Philosophie ist allerdings bei den Japanern wenig verbreitet. Wie in manchen Bereichen der »toten« Technik sind sie auch bei der Patentanmeldung von mikrobiellen Prozessen seit Jahrzehnten ungeschlagen Weltmeister. In einer Analyse von 2400 biotechnologischen Patenten, die zwischen 1977 und 1981 angemeldet worden waren, verteilten sich 60 Prozent auf japanische Antragsteller, 10 Prozent auf Anmelder aus den USA, und lediglich etwa 2 bis 4 Prozent stammten aus europäischen Ländern wie etwa der Bundesrepublik.

Bislang ging es lediglich darum, die Verwendung bestimmter Mikroorganismen im Rahmen eines Herstellungsverfahrens für ein Produkt zu schützen. Könnte man aber auch ein Lebewesen selbst, unabhängig von einem genau festgelegten Produktionsprozeß, patentrechtlich schützen? Die Antwort lautet: Nein. Aber es gibt Ausnahmen, die immer bedeutsamer werden und an die die Richter bei einer Entscheidung im Jahre 1975 sicher noch nicht gedacht haben. Damals konnten selbst die kühnsten Molekularbiologen die Entwicklung der Gentechnologie noch nicht vorhersagen. Grundsätzlich, so der Bundesgerichtshof, sollen alle »in der Natur vorkommenden Organismen für jedermann verfügbar bleiben«. Dadurch sei ein Schutz auch für solche Organismen ausgeschlossen, die durch eine nicht wiederholbare induzierte Mutation oder eine nicht wiederholbare Züchtung erzeugt worden sind. Dies trifft für die meisten industriell eingesetzten Mikroorganismen zu. Denn diese Mutagenese ist ein »Glückspiel«, wie die Richter treffend formulieren, und das Ergebnis ist nicht mit hoher Wahrscheinlichkeit nachvollziehbar.

Etwas anderes ist es dagegen, wenn »der Erfinder einen nacharbeitbaren, d. h. mit hinreichender Aussicht auf Erfolg wiederholbaren Weg aufzeigt, wie der neue Mikroorganismus erzeugt werden kann« (Beschlüsse des Bundesgerichtshofes von 1969 und 1975). Dann ist ein Sachschutz gewährbar. Ein »nacharbeitbarer Weg« ist aber vor allem mit gentechnologischen Mitteln zu erreichen, bei denen hauptsächlich rationale, nachvollziehbare Schritte unternommen werden. Die Isolierung des Insulin-Gens aus einer menschlichen Bauchspeicheldrüse und dessen Verpflanzung in ein Bakterium dürfte also grundsätzlich den Anforderungen des Patentrechts gerecht werden. Grundsätzlich schützbar sind nach dem neuen Patentgesetz vom 3. Januar 1981 nicht nur Mikroorganismen, die »ein Fachmann wiederholbar herstellen oder isolieren« kann, sondern auch Viren, Zellinien, natürliche Proteine und sogar Baupläne mit der Erbinformation (Gene oder einzelne DNA-Moleküle). Wie dies allerdings im konkreten Einzelfall aussieht, ob das Patent zum Beispiel nur für eine ganz bestimmte Genanordnung und für ein ganz bestimmtes Bakterium gilt, ist derzeit noch nicht abschließend geklärt und wird die Gerichte wohl noch einige Zeit beschäftigen.

Noch komplizierter wird das biologische Patentwesen auf internationaler Ebene. Zwar gibt es seit dem 1. Juni 1978 ein Europäisches Patentamt, das seinen Sitz in München hat. Seit seiner Gründung haben sich die Mitgliedsländer auch auf viele gemeinsame Vorgehensweisen geeinigt. Doch gerade bei der Frage nach der Patentierbarkeit von lebenden Organismen unterscheidet sich das europäische Recht sehr stark von dem bundesdeutschen. Denn das Europäische Patentamt gewährt den Schutz auch dann, wenn es sich um einen aus der Natur isolierten Organismus handelt, der nicht oder nur zufällig wieder auffindbar ist. Eine weiter bestehende Rechtsunsicherheit ist deshalb vorprogrammiert.

Nicht nur die Erteilung von Patenten, sondern auch die Dauer des Patentschutzes erhitzt die Gemüter – vor allem in der pharmazeutischen Industrie. Sie argumentiert, daß es immer länger dauere, bis eine neue Substanz aus der Grundlagenforschung auf den Markt gelange. Die dann noch verbleibende Zeit bis zum Ablauf des Schutzrechtes sei aber zu kurz, um die hohen Forschungsinvestitionen von 100 bis 200 Millionen Mark aus dem Verkauf der Medikamente wieder hereinzuholen. Zu früh könnten Nachahmer ohne Forschungs- und Entwicklungsabteilungen ihre Billigpräparate auf den Markt werfen.

Riskiert man einen Blick in die Bilanzen auch der forschenden pharmazeutischen Industrie, so entlarven sich solche Überlegungen doch eher als theoretische Vermutungen. Selbst Prof. Jürgen Drews, immerhin Direktor der Pharmaforschung von Hoffmann-La Roche, gesteht: »Solche Maßnahmen wären nützlich; sie sind aber nicht entscheidend für die Rentabilität der Pharmaforschung. Die entscheidenden Anstöße zur Erneuerung von Forschung und Entwicklung müssen aus der Industrie selbst kommen.« Dabei sei es besonders wichtig, daß sich die anwendungsorientierten Wissenschaftler früher und intensiver mit wichtigen Entwicklungen in der Grundlagenforschung auseinandersetzten.

Wenn nun schon für einzelne Moleküle Patente erteilt werden und nicht erst für die Methoden zu deren kommerzieller Produktion, so stellt sich für viele Wissenschaftler in der Grundlagenforschung und in staatlichen Instituten die Frage, ob auch sie sich an dem Rennen um Patentrechte beteiligen sollen. Verdirbt nicht eine Patentierungsflut den freien Austausch der Ideen, der die Wissenschaft stets beflügelt?

Ananda Chakrabarty, Professor an der staatlichen Universität von Illinois, war der erste, der sich als Hochschullehrer in den siebziger Jahren eine lange Reihe von Mikroorganismen, Plasmiden und Erbbauplänen patentieren ließ. Dabei stieß er zunächst auf große Widerstände der Patentgerichte. Er verbündete sich mit dem mächtigen Konzern General Electric, der es ihm ermöglichte, seine Rechte bis zum Obersten Gerichtshof der USA einzuklagen. Dieser entschied im Jahre 1980 tatsächlich positiv und machte somit Mikroorganismen selbst erstmals patentfähig. Damit haben die obersten US-Richter eine neue Dimension in dieses wissenschaftliche Neuland eingeführt. Die Zahl der Patentanmeldungen stieg drastisch an. Bei Chakrabartys erstem Patent handelte es sich lediglich um konventionell genetisch, also nicht gentechnologisch veränderte Pseudomonaden, denen er beigebracht hatte, Ölteppiche abzubauen. Einige seiner giftfressenden Mikroben darf er zwar bislang nicht im Freiland verwerten, doch mit dem Verkauf von Lizenzen an private Unternehmen hat er gutes Geld verdient.

Noch wesentlich größere Summen, wahrscheinlich sogar in mehrstelliger Millionenhöhe, hätte der britische Medical Research Council an Land ziehen können. Diese staatliche Forschungsorganisation unterstützte die Arbeit der beiden Nobelpreisträger Cesar Milstein und Georges Köhler, als sie die Methode zur Herstellung monoklonaler Antikörper ersannen (siehe Kapitel 5). Mit dieser revolutionären Methode werden inzwischen Milliardenumsätze getätigt. Auch die Erfinder selbst hätten sich mit einer Patentierung ein großes Stück von diesem Kuchen abschneiden können. Auf die Frage, ob ihn der eventuell entgangene Geldsegen nie gereut habe, antwortete Georges Köhler dem Wissenschaftsblatt »Bild der Wissenschaft«: »Wir sind Wissenschaftler und keine Geschäftsleute. Wissenschaftler sollten sich nichts patentieren lassen. Wir haben damals nicht lange hin und her überlegt, unsere Entscheidung kam spontan – sozusagen aus dem Herzen. Ich hätte mich ja sonst mit Geld beschäftigen müssen, ich hätte mich mit Lizenzverhandlungen beschäftigen müssen. Ich wäre dadurch ein ganz anderer Mensch geworden. Das wäre für mich nicht gut gewesen.« Dem jugendlich wirkenden Nobelpreisträger hat diese Haltung viel Anerkennung eingetragen. Er hat heute die Möglichkeit, im Freiburger Max-Planck-Institut für Immunbiologie unbehelligt von finanziellen Sorgen seiner Wissenschaft nachzugehen, und braucht sich nicht um die Verwaltung von Millionenbeträgen zu kümmern.

In den USA scheint es dagegen eine ganze Reihe von »anderen Menschen« zu geben, die in erster Linie ans große Geld denken. Daß darunter die Forschung nicht unbedingt leiden muß, bewiesen Leute wie Genentech-Gründer Herbert Boyer, der, obwohl vielfacher Millionär und Mitglied der Genentech-Geschäftsleitung, immer noch die meiste Zeit im Labor verbringt und dort nach wie vor gute Arbeit leistet. Allerdings, so meinen intime Kenner des Nobelkomitees, hat ihn die Firmengründung um die Lorbeeren des begehrtesten aller Wissenschaftspreise gebracht.

Beides sind aber wohl Extremfälle. Eine Expertengruppe der OECD beklagt dagegen die zunehmende Tendenz, daß »Grundlagenwissen in privater Hand verbleibt und viele Universitätsinstitute besondere, exklusive Beziehungen zu Industrieunternehmen aufbauen«. Auch in den USA wurde festgestellt, daß Verträge mit Industrieunternehmen immer stärker zur Finanzierung öffentlicher Forschungseinrichtungen beitragen. Die Gelder werden nun für einen längeren Zeitraum vergeben, sind dafür aber an bestimmte Bedingungen geknüpft. So dürfen etwa Forschungsergebnisse erst dann veröffentlicht werden, nachdem sie vom Geldgeber ausgewertet worden sind. Außerdem verlangen die Finanziers mindestens einen Teil, wenn nicht sogar die gesamten Rechte, die sich aus Patenten ergeben. Nach einer vom Amerikanischen Institut für Biowissenschaften veröffentlichten Umfrage werden sogar zunehmend schon Doktorandenprogramme stromlinienförmig auf die Bedürfnisse industrieller Geldgeber zugeschnitten sowie Waren und Dienstleistungen für die Industrie produziert.

Derartige »Beziehungen« werden von technischen Instituten und auch von angewandten Chemikern teilweise schon seit Jahrzehnten gepflegt. Ein Bonmot besagt, daß jede Chemiefirma, die etwas auf sich hält, sich ihre Chemieprofessoren halte. Sollte das Bild vom radelnden Biologieprofessor, der von den Abgaswolken des im Sportwagen vorbeisausenden Chemikerkollegen eingehüllt wird, nun bald der Vergangenheit angehören? Diese Entwicklung läßt sich wahrscheinlich kaum aufhalten, denn es ist doch zu verlockend, aus dem Elfenbeinturm der Grundlagenforschung herabzusteigen, wenn in den Niederungen der Wirtschaftswelt der Profit reizt. Seit Mitte der siebziger Jahre schießen in den Vereinigten Staaten Biofirmen wie

Pilze aus dem Boden. Typisches Merkmal all dieser Unternehmen ist eine einträgliche Allianz aus staatlichen Forschungseinrichtungen, Hochschule, privaten Investoren und großen Konzernen. Die erfolgreichsten dieser Klitschen haben es inzwischen selbst zu Weltruhm gebracht. Namen wie Genentech, Cetus, Biogen und Genex stehen fast täglich in der Zeitung.

Nach diesem Vorbild wurden – mit etwa siebenjähriger Verzögerung – auch in der Bundesrepublik die ersten Bioboutiquen gegründet. Das Zentrum dieses Biobooms ist eindeutig Heidelberg. Dort gibt es – en miniature – eine ähnliche Ansammlung kreativen Potentials wie in San Franzisco, dem amerikanischen Dorado junger Firmen. Traditionsreiche Universitätszirkel, Max-Planck-Institute, das Europäische Molekular-Biologische Laboratorium, das Deutsche Krebsforschungszentrum und das neugeschaffene Zentrum für Molekularbiologie sind der fruchtbare Boden, auf dem die High-tech-Firmen sprießen. Sieben der inzwischen etwa 20 bundesdeutschen Biounternehmen haben ihren Sitz in Heidelberg. Sie tragen mehr oder weniger phantasievolle Namen wie Progen, Organogen, Denagen, Fermigen. Nicht ganz in diese klangliche Reihe passen Gen-Bio-Tech, Testimmun, IBL und Oxo-Chemie. Fügsam wäre dagegen wieder Diagen, doch diese Firma arbeitet ebenso wie Rheinbiotec lieber mit Zuschüssen aus Nordrhein-Westfalen. Düsseldorf gilt denn auch als Geheimtip für Unternehmensgründer dieser Branche.

Während etwa Progen und Rheinbiotec von etablierten Professoren gegründet wurden, entsprechen Gen-Bio-Tech und Diagen eher dem Ideal jungen, dynamischen Unternehmensgeistes nach amerikanischem Strickmuster. Ihre Chefs waren zum Zeitpunkt der Firmengründung alle kaum älter als dreißig und deshalb noch nicht in bürokratische Bahnen gebettet. Chemieingenieur Metin Colpan und die Biologen Karsten Henco und Jürgen Schumacher faßten den Beschluß zur Firmengründung schon während ihres gemeinsamen Studiums im Jahre 1976 – getragen von der prickelnden Stimmung, die die spektakuläre Genentech-Gründung entfacht hatte. Systematisch bereiteten sie sich auf dieses Ziel vor. Karsten Henco etwa verbrachte seine Lehr- und Wanderjahre zunächst in Zürich bei Prof. Charles Weissmann. Weissmann legte die wissenschaftlichen Grundsteine für die kommerzielle Produktion von Interferon und war selbst einer der Wegbereiter der schweizerisch-amerikanischen Firma Biogen. Bei ihm konnte sich Henco also nicht nur wissenschaftliche Tips erhoffen. Dennoch wagte er nicht sofort den Schritt zur Selbständigkeit, sondern sah sich erst noch einige Zeit bei der BASF in Ludwigshafen um. Mit diesem Rüstzeug war es schließlich nicht mehr schwierig, geeignete Finanziers zu finden. Am Stammkapital beteiligten sich Firmen ebenso wie Risikokapitalgesellschaften. Und selbst Charles Weissmann war von seinem Schüler so überzeugt, daß auch er einen Teil zuschoß. Der größte Coup war jedoch, daß die Diagen-Gründer den kalifornischen Wagnisfinanzier Moshe Alafi für ihr Projekt gewinnen konnten. Denn sein Geld steckt in den bedeutendsten amerikanischen Biofirmen. So wird er sorgfältig darauf achten, daß sich seine Schützlinge nicht untereinander das Geschäft verderben.

Inzwischen scheint auch der deutsche Kapitalmarkt seine Scheu vor solchen Firmen verloren zu haben, die dem Investor kein handliches Modell und keine eingängige Konstruktionszeichnung bieten können. Dr. Klaus Nathusius, Geschäftsführer der Risikokapitalgesellschaft IVCP, zeigte sich auf dem »1. Biotechnologie-Finanzforum« anläßlich der »Biotechnica 85« auf dem Messegelände Hannover sogar etwas enttäuscht. Er hatte dort auf »neue Deals guter Qualität« gehofft. Doch auf 1400 Aussendungen hatten sich lediglich vier Interessenten gemeldet. Sein Kommentar: »Nicht die Investoren fehlen, sondern die Biotechnologiefirmen.«

Trotz all dieser verlockenden Aussichten sollten die Wissenschaftler selbst die ihnen sich jetzt bietende Gelegenheit nutzen und Richtlinien aufstellen, nach denen sie sinnvoll mit der Industrie zusammenarbeiten können, ohne sich zu verraten und zu verkaufen. Nur so können sie ihre innere und äußere Unabhängigkeit bewahren, um bei fragwürdigen Projekten nein zu sagen. Und über eine mangelnde Zahl fragwürdiger biotechnischer Projekte werden wir uns in den nächsten Jahren wohl kaum zu beklagen haben.

Kapitel 14: Ver-rückte Gene

Gefahren, Möglichkeiten, Grenzen

Was ist noch gut – was ist schon böse? Diese uralte Frage wird für die Biotechnologie mit atemberaubendem Tempo immer aktueller. Zwei Extreme verdeutlichen das riesige Spektrum dieser Wissenschaft: Mikroorganismen produzieren Antibiotika, die – in den Händen von Ärzten – schon Millionen von Menschen das Leben gerettet haben. Mikroorganismen produzieren aber auch die schlimmsten Gifte, die – in den Händen von Militärs – Millionen von Menschen das Leben kosten könnten. Gentechnologen wiederum haben die Möglichkeit geschaffen, Mikroorganismen und inzwischen auch Zellen von Pflanzen und Tieren gezielt zu manipulieren, zu verändern und Lebewesen mit teilweise völlig neuartigen Eigenschaften hervorzubringen.

Diese Entwicklungen schärften das Interesse an möglichen Gefahren der Biotechnologie in einer breiteren Öffentlichkeit. Verschiedene nationale und internationale Gremien wie die Weltgesundheitsorganisation (WHO), die Europäische Gemeinschaft, die Europäische Föderation für Biotechnologie (EFB), die Bundesregierung und erst kürzlich die OECD erarbeiteten deshalb Richtlinien für den sachgemäßen Umgang mit solchen Zellen. Der Report der EFB teilt die spezifisch biotechnologischen Gefahrenquellen in folgende Gruppen ein:

- Pathogenität: die Fähigkeit lebender Organismen oder Viren, Menschen, Tiere oder Pflanzen zu infizieren und krank zu machen;

- Toxizität und Allergenität: die Fähigkeit der von Organismen produzierten Stoffe, Menschen, Tiere oder Pflanzen krank zu machen:
- andere medizinisch wichtige Effekte: zum Beispiel Zunahme solcher Mikroorganismen, die gegen Antibiotika widerstandsfähig sind und deshalb bei einer Infektion nicht mehr bekämpft werden können;
- Probleme, die sich aus der Beseitigung von Zellmasse und der Reinigung von Abwasser aus biotechnologischen Prozessen ergeben;
- Sicherheitsaspekte durch Verunreinigung oder Veränderung eines Produktionsstammes;
- spezielle Sicherheitsaspekte, die sich aus der Verwendung von gentechnologisch veränderten Mikroorganismen ergeben.

Dr. M. Küenzi, Sicherheitsexperte des Schweizer Pharmakonzerns Ciba-Geigy, erweitert die Gefahrenliste noch um einen in diesen Gremien bislang wenig beachteten Punkt: die Gefahr negativer Effekte auf die Umwelt durch lebende Mikroorganismen, die nicht krankheitserregend sind, aber zum Beispiel das ökologiche Gleichgewicht stören könnten. Auch der Münchner Ordinarius für Biochemie und Leiter des Genzentrums der Universität München, Prof. Ernst-Ludwig Winnacker, wünscht sich eine verstärkte Forschungsförderung »auf dem bislang so vernachlässigten Gebiet der mikrobiellen Ökologie«. Er gibt zu Bedenken, daß 90 Prozent des Gewichtes an Leben auf dieser Welt in Form von Bakterien existiert.

Von den gentechnologisch veränderten Organismen werden heute diejenigen als unbedenklich angesehen, bei denen der Wirtsorganismus selbst in jeder Beziehung ungefährlich ist, die fremde Erbinformation nur den Bauplan für ein ungiftiges Produkt enthält und die genetische Konstruktion unbedenklich ist, sich also nicht selbständig unkontrolliert vermehren kann. Laut Küenzi fallen die meisten der für die industrielle Produktion vorgesehenen gentechnologisch veränderten Mikroorganismen in diese Kategorie. Er betont, daß die Gentechnologen nicht nur die möglichen Gefahren der Biotechnologie erweitert haben, sondern es auch möglich machten, »Mikroorganismen so zu verändern, daß sie nur noch unter künstlich geschaffenen Bedingungen lebensfähig sind«. Zusätzlich zu organisatorischen und technischen Maßnahmen können somit heute auch gezielte Begrenzungen eingesetzt werden. Da die Sicherheitsanforderungen mit zunehmender Gefährlichkeit sehr stark zunehmen, erwartet Sicherheitsexperte Küenzi, daß die Firmen schon aus Gründen der Wirtschaftlichkeit, wo immer möglich, harmlose Organismen einsetzen.

Dem hält die Biologin Dr. Regine Kollek, wissenschaftliche Mitarbeiterin des Freiburger Öko-Instituts, entgegen: »Es gibt kein biologisch wasserdichtes Sicherheitssystem.« Regine Kollek arbeitete mehrere Jahre in verschiedenen Forschungslabors und kam dabei zu dem Schluß, daß derzeit niemand in der Lage sei, die Gefahren der Gentechnologie abzuschätzen. Niemand weiß, ob die Gene nicht eines Tages verrückt spielen, weil sie verrückt wurden. Deshalb würden die möglichen Risiken den unbestreitbaren Nutzen bei weitem überwiegen. Ebenso wie die Grünen und verschiedene andere Gruppen fordert sie deshalb den Ausstieg aus der Gentechnologie.

Bereits ganz zu Anfang der Entwicklung gentechnologischer Arbeitsmethoden trafen sich besonnene und besorgte Wissenschaftler im Februar 1975 zur berühmt gewordenen »Konferenz von Asilomar«. Dort beschlossen sie, von staatlichen Vorschriften noch völlig unbeeinflußt und von der Öffentlichkeit kaum beachtet, bestimmte Forschungen so lange zu unterbrechen, bis gewisse Fragen geklärt sind. Sie vereinbarten auch weitreichende Sicherheitsmaßnahmen. So dürfen manche Experimente nur mit solchen Bakterien ausgeführt werden, die außerhalb des Labors, in freier Wildbahn, nicht überleben können. Viele der damals befürchteten Probleme haben sich inzwischen als harmlos herausgestellt. Dagegen sind wieder neue Gefahren und neue Grenzen aufgetaucht.

Die Gefahr, daß gentechnisch veränderte Lebewesen versehentlich aus Labors oder Produktionsstätten entkommen und in der Umwelt großen Schaden anrichten, mag ziemlich gering sein. Die Sicherheitsmaßnahmen, die dies verhindern sollen, sind zumindest sehr streng. Ob sie ausreichen, kann heute wahrscheinlich noch niemand mit absoluter Gewißheit beurteilen.

Doch kaum ist die Diskussion über dieses Thema etwas abgeebbt, so erschrecken Wissenschaftler die verdutzte Öffentlichkeit mit neuen Plänen. Sie wollen nun die Ausbreitung veränderter Mikroorganismen in der Umwelt gar nicht mehr verhindern, sondern sogar gezielt Mikroben auf die Felder sprühen. In den USA entwickelte sich daraus ein gewaltiger Rechtsstreit, der von allen Seiten mit harten Bandagen und teilweise auch unlauteren Mitteln betrieben wird. Fast hundert Projekte zur gezielten Freisetzung von Bakterien stehen derzeit auf der Antragsliste der amerikanischen Genehmigungsbehörden. In einem Fall war die Erlaubnis bereits erteilt, wurde aber wegen der Verletzung vereinbarter Abmachungen wieder zurückgezogen. Die Rede ist von dem Vorhaben der amerikanischen Firma »Advanced Genetic Sciences« (AGS), auf einem Erdbeerfeld ihre manipulierten Bodenbakterien zu testen. Eine bestimmte Art der Gattung Pseudomonas produziert normalerweise eine Substanz, die einem Eiskristall sehr ähnlich ist. Solche Bakterien wirken auf Pflanzen wie Kristallisationskeime, die die Eisbildung auf Pflanzenblättern begünstigen und auf diese Weise einen enormen wirtschaftlichen Schaden anrichten. Mit diesen Pseudomonaden befallene Pflanzen erfrieren schon bei einer Temperatur von 0 °C. Gesunde Pflanzen dagegen werden erst ab etwa −7 °C geschädigt. Der Sinn für die Bakterien liegt vermutlich darin, daß sie in erfrorene und damit abgestorbene Pflanzen besser eindringen und sich dann über deren Nährstoffe hermachen können.

Wissenschaftlern an der Universität von Kalifornien in Berkeley gelang es schon vor mehreren Jahren, Vettern dieser Pseudomonaden herzustellen, die genau dieselben Eigenschaften besitzen. Mit einer Ausnahme: Sie haben verlernt, das Eisprotein zu bilden. Denn die Gentechnologen haben ihnen die Information dazu geklaut. Die Idee ist nun, diese »Eis-Minus«-Bakterien massenweise im Labor zu züchten und sie dann zum Beispiel auf ein Erdbeerfeld zu sprühen. Dort sollen sie ihre natürlichen Vettern verdrängen und damit die Eisbildung verhindern. Die Wissenschaftler hoffen, dadurch vier Wochen früher als bislang mit der Pflanzung und der Ernte der Erdbeeren beginnen zu können.

Wie bereits erwähnt, hatte die Firma AGS die Genehmigung für dieses Experiment bereits erhalten. Das war Ende 1985. Dann stellte sich jedoch heraus, daß die Firma, ohne die Aufsichtsbehörden zu informieren, auf ihrem Dachgarten unter freiem Himmel die veränderten Bakterien unter Baumrinden gespritzt hatte. Die Firma bestritt, daß dies eine unerlaubte Freisetzung gewesen sei. Die Gerichte haben den Fall auch noch nicht endgültig geklärt. Doch die Aufsichtsbehörden waren verärgert und zogen flugs die Erlaubnis für den bereits geplanten offiziellen Freilandversuch zurück.

Eine ganz andere Anwendung konnten die Behörden dagegen nicht verhindern. Dabei wird allerdings nicht das veränderte, sondern gerade das natürlich vorkommende Bakterium eingesetzt, sehr zur Freude der Wintersportler. Die findigen Verkaufsstrategen der Firma AGS waren der ständigen Verzögerungen beim Einsatz ihrer »Eis-Minus-Bakterien« so sehr überdrüssig, daß sie auf die Idee kamen, den Spieß einfach umzudrehen und statt Eis zu verhindern Eis zu produzieren. Sie mischten deshalb die ganz normalen Pseudomonaden mit Wasser in einer Schneemaschine. Solche Geräte sind in Wintersportorten längst bekannt und bei vielen Wettkämpfen unverzichtbar. Sie beruhen auf dem Prinzip, daß die feinverteilten Wassertröpfchen nach dem Verlassen der Schneekanone in der Luft gefrieren und als Schnee zu Boden sinken. Je höher die Temperatur, desto schlechter gefriert das Wasser auf seiner kurzen Reise, und desto wäßriger wird der Schnee. Mit Hilfe der Eisbakterien läßt sich nun auch noch bei Temperaturen um den Gefrierpunkt hochwertiger Schnee erzeugen.

Auch wenn Leute wie der amerikanische Gentechnologiegegner und Rechtsanwalt Jeremy Rifkin die Freisetzung genetisch manipulierter Bakterien bislang erfolgreich verhindern konnten, mehr als eine Verzögerung wird dies nicht sein. Die gutgemeinten Bemühungen grüner Visionäre in allen Ehren – angesichts des wissenschaftlich-industriellen Komplexes in Verbindung mit der menschlichen Trägheit, Selbstzufriedenheit und Bequemlichkeit ist der Widerstand zum Scheitern verurteilt. Schon bald werden die ersten gentechnologisch veränderten Mikroben das Labor verlassen und ihre neuen Eigenschaften in der freien Wildbahn unter Beweis stellen müssen.

Aber sollten wir nicht trotzdem versuchen, »innezuhalten«, wie dies Bundespräsident Richard von Weizsäcker nach der Reaktorkatastrophe von Tschernobyl auch für die Nutzung der Kernkraft gefordert hat? Sollten wir nicht versuchen, die Mikroorganismen und deren vielfältige Beziehungen zur natürlichen Umwelt erst besser verstehen zu lernen, bevor wir sie – sei es aus Profitsucht, sei es aus wissenschaftlicher Neugierde – hemmungslos in großem Maßstab einsetzen? Werden wir die Geister, die wir heute rufen, wieder los? Es mag sein, ja, es ist allem naturwissenschaftlichen Augenschein zufolge sogar wahrscheinlich, daß gentechnologisch veränderte Mikroorganismen weder für die menschliche Gesundheit noch für die Umwelt eine Gefahr bedeuten. (Außer man tut es absichtlich wie im Falle der biologischen Kampfstoffe.) Doch ausschließen kann dies niemand.

Der von dem Philosophen Hans Jonas formulierte Imperativ für das technologische Zeitalter lautet: »Handle so, daß die Wirkungen deines Handelns nicht zerstörerisch sind für die Permanenz echten menschlichen Lebens auf Erden!« Dies wird immer schwieriger. Atomkraftwerke kann man notfalls abschalten, auch wenn sie dann schon einen riesigen Schaden angerichtet haben. Aber lebende Organismen, die sich selbständig vermehren, sind der menschlichen Kontrolle weitgehend entzogen, wenn sie erst einmal in die Umwelt gelangt sind. In den siebziger Jahren lief in Deutschland eine kurze Reihe von Fernsehspielen, die sich mit wissenschaftlichen Themen befaßte. In einer Folge dieser Reihe »Das blaue Palais« entkamen zum Schluß Fliegen, die von Wissenschaftlern unsterblich gemacht worden waren. Der Zuschauer durfte sich die Auswirkungen selbst ausmalen: unsterbliche, gefräßige Fliegen, die sich auf alles Eßbare stürzen und sich hemmunglos vermehren. Eine Horrorvision. Vor fünfzehn Jahren noch ein Hirngespinst wie achtzig Jahre davor der Traum von der Weltraumfahrt eines Jules Verne. Auch heute noch sind wir vermutlich weit von der Verwirklichung solcher Szenarien entfernt. Doch die moderne Biologie lieferte in den beiden vergangenen Jahrzehnten zumindest die grundlegenden Werkzeuge für solche Vorhaben. Ob sie eines Tages Realität werden, vermag heute niemand abzuschätzen. Um so mehr gilt es, die weitere Entwicklung auf diesem Gebiet der Biotechnologie aufmerksam und sachkundig zu verfolgen.

Ein genereller Stopp der Gentechnologie erscheint jedoch inzwischen äußerst unrealistisch. Die Nutzung der Kernenergie könnte vielleicht eines Tages von der Erde verbannt werden – obwohl auch diese Forderung nur geringe Aussicht auf Erfolg hat. Aber die Gentechnologie wird sich nicht mehr verbannen lassen. Sie ist inzwischen zu einer solch einfachen Technik geworden, daß sie von jeder hinreichend motivierten Garagenfirma beherrscht werden kann. Damit wird sie zunehmend unkontrollierbar. Dies ist das eigentliche Problem.

Die modernen Naturwissenschaften und speziell die molekulare Biologie werden also mehr und mehr aus ihrem Elfenbeinturm herabgeholt. Sie müssen sich gesellschaftlichen, politischen und moralischen Fragen stellen. Vor allem Theologen und Philosophen diskutieren aber die neuen Probleme auf einer vielen Naturwissenschaftlern fremden Ebene. Sie interessiert nicht so sehr der Sicherheitsaspekt. Sie rühren vielmehr an die Grundfragen menschlichen Handelns. Denn die Gentechnologie ist eine Biologie der Kerne, eine Kernbiologie. Noch mehr als bei der Kernenergie stellt sich die Frage nach den ethischen Maßstäben unserer Gesellschaft. Dürfen wir die Natur in immer kleinere Bestandteile zerhacken? Wie verändern sich dadurch unser Naturverständnis und das Verhältnis zu uns selbst? Jeder Wissenschaftler, Anwender und Nutznießer der Gentechnologie muß sich im klaren darüber sein, ob er solch fundamentale Eingriffe in den Kern des Lebens mit seinem Gewissen vereinbaren kann.

Heute dreht sich die Diskussion vor allem um die genetische Veränderung des Menschen. Dabei stellt sich die Frage, ob es gelingt, den Übergang von mikrobieller zu menschlicher Genchirurgie zu vermeiden, dem Versuch zu widerstehen, selbst Schöpfer zu spielen. Oder darf zwischen Mensch und Mikrobe gar kein Unterschied gemacht werden? Bis zu welcher Grenze dürfen wir in den Bauplan des Lebens eingreifen? Kommt dem Menschen dabei eine Sonderstellung zu? Diese Fragen gehören eigentlich nicht mehr zum engeren Bereich der Biotechnologie, sondern berühren die ärztliche Ethik. Doch die Biotechnologie, speziell deren Teilbereich Gentechnologie, lieferte die Werkzeuge. Deshalb sollen in diesem Abschnitt deren Möglichkeiten und Konsequenzen angedeutet werden. Vier in ihren Auswirkungen unterschiedliche Eingriffe am Menschen lassen sich unterscheiden:

- die Erforschung genetischer Defekte mit dem Ziel, sie schon vor der Geburt zu erkennen;
- die Heilung dieser Krankheiten beim bereits geborenen Kind oder erwachsenen Menschen;
- die Veränderung der Keimzellen; sie kann an die Nachkommen übertragen werden;

– die Klonierung, also die Herstellung beliebig vieler eineiiger Mehrlinge, die sich alle bis aufs Haar gleichen.

Die Diagnose, also das Erkennen von genetischen Defekten ist bereits weit fortgeschritten und in den einfachsten Fällen auch ohne Gentechnologie möglich. So läßt sich die Anlage für Mongoloismus bereits in der Fruchtwasserprobe einer Schwangeren problemlos nachweisen. Da diese Methode vor allem bei den stärker gefährdeten älteren Frauen auf Wunsch routinemäßig angewandt wird, ist die Zahl neugeborener mongoloider Kinder in der Bundesrepublik fast auf Null zurückgegangen. Denn bei einer so starken, mit absoluter Sicherheit zu diagnostizierenden Behinderung entschließen sich die meisten Eltern zu einer Schwangerschaftsunterbrechung.

In Kürze wird es auch Schnelltests für eine ganze Reihe weiterer Erbkrankheiten geben, etwa die Phenylketonurie oder die Duchennesche Muskeldystrophie (DMD). Fast täglich entdecken Wissenschaftler neue Bauplanabschnitte, die für weitere Erbkrankheiten verantwortlich sind. Es ist nur eine Frage der Zeit, bis jeder Arzt sie alle mit einfachen Schnelltests in jedem Provinzkrankenhaus nachweisen kann. Diese Tests funktionieren alle nach demselben Prinzip. Ist der entsprechende Bauplanabschnitt erst einmal erkannt, so bleibt der Rest nur noch Routine. Die Gensonden, wie man solche Schnelltests auch nennt, werden nach dem folgenden Schema gebaut: Zunächst benötigt man den »falschen« Bauplan, der für die Erbkrankheit verantwortlich ist. Dies ist das schwierigste Problem. Es ist ungefähr vergleichbar mit der berühmten Suche nach der Stecknadel im Heuhaufen. Aber genauso, wie man dazu heute einen Magneten oder sogar ein modernes Metallsuchgerät verwenden könnte, kennt auch die Wissenschaft Tricks, nicht den ganzen molekularen Heuhaufen Stück für Stück durchstöbern zu müssen. Ist der falsche Bauplan gefunden, so wird er in Bakterien vermehrt und gekennzeichnet. Für diese Markierung verwendet man radioaktive Stoffe, die sich leicht nachweisen lassen. Zu diesem radioaktiven Bauplan mischen die Wissenschaftler dann die aus Blutzellen isolierten Baupläne des Patienten. Gleiche Baupläne haben die Eigenschaft, aneinander zu haften. Bleibt die radioaktiv markierte Gensonde an dem zu untersuchenden Bauplan kleben, so besitzt der Patient ebenfalls den defekten Bauplan. Verbinden sie sich nicht, so ist der Patient gesund.

Bei dieser künftigen Vielfalt frühzeitig erkennbarer Krankheiten stellt sich in zunehmendem Maße die Frage: »Welches Leben ist noch lebenswert?« Sollen Eltern ihren noch ungeborenen Nachwuchs auf den Weg in das krankenhäusliche Krematorium schikken, nur weil er nie würde sehen, hören oder sprechen können? Sollten sie es statt dessen nicht lieber noch einmal probieren? Und dabei sich und dem Kind Unheil ersparen. Bislang mußten Eltern die Geburt eines behinderten Kindes als Gottesurteil hinnehmen. In Zukunft werden sie mehr und mehr selbst darüber entscheiden können, welche Eigenschaft es nicht haben soll. Damit sind wir vom Menschen nach Maß gar nicht mehr sehr weit entfernt, obwohl wir noch überhaupt nicht Hand an die menschliche Erbsubstanz gelegt haben.

Diese Entwicklung wird sich langsam, aber unaufhaltsam und leise wie eine Katze in unsere Krankenhäuser einschleichen. Unter dem Banner des medizinischen Fortschritts erleben wir gegenwärtig eine Revolution des menschlichen Selbstverständnisses, ohne sie überhaupt wahrnehmen und ihre Konsequenzen begreifen zu können. Die Soziologieprofessorin und Frauenrechtlerin Maria Mies warnt in diesem Zusammenhang vor einem neuen Rassismus, vor dem Ausmerzen der Rasse der Behinderten. Ihrer Meinung nach werden Behinderte noch stärker auf Ablehnung stoßen, wenn es gelingt, einen großen Teil der Behinderten zu verhindern.

Die amerikanische Wirtschaftszeitschrift »Business Week« hebt dagegen die Kosten hervor, die uns die unvollkommene Natur aufbürdet: »Die Erbkrankheiten laden uns eine gewaltige wirtschaftliche Last auf. Die Kosten für alle genetischen Krankheiten gehen in die Milliarden – die verlorengegangene Produktionskraft dieser Menschen noch gar nicht eingerechnet. Die Zystische Fibrose, die häufigste Erbkrankheit, kostet die Opfer und Steuerzahler allein 200 Millionen $ pro Jahr.«

Gerade Behinderte und andere Menschen, die von den Idealvorstellungen des herkömmlichen Menschenbildes weit entfernt seien, bedürften des rechtsstaatlichen Schutzes um so mehr, meint Prof. Ernst Benda. Der ehemalige Präsident des Bundesverfassungsgerichts leitete eine nach ihm benannte Kommission, die im Auftrag der Bundesministerien für Forschung und Technologie sowie der Justiz

»Empfehlungen zu rechtlichem Handeln« im Bereich der Gentechnologie und Reproduktionsbiologie erarbeitet hat. Der Artikel 1 Absatz 1 des Grundgesetzes spielte dabei eine bedeutende Rolle. Darin heißt es: »Die Würde des Menschen ist unantastbar. Sie zu achten und zu schützen ist die Aufgabe aller staatlichen Gewalt.« Daraus folgert Benda unter anderem: »In dieser Sicht sind alle neuartigen Techniken zu verwerfen, die über die medizinische Hilfe für den leidenden Menschen hinaus den Anspruch erheben, menschliche Unvollkommenheit zu überwinden, sei es durch gezielte Auslese oder durch Veränderung der genetischen Ausstattung.« Trotzdem erhebt der Abschlußbericht der Benda-Kommission »keine grundsätzlichen Bedenken« bei der vorgeburtlichen Gendiagnose. Gerade sie birgt jedoch die Gefahr, »menschliche Unvollkommenheit durch gezielte Auslese zu überwinden«.

Vor allem eine Krankheit verdeutlicht die Gefahren einer falsch verstandenen Diagnose in geradezu beängstigender Klarheit: die Huntingtonsche Chorea. Der Begriff Chorea leitet sich vom griechischen Wort für »Tanz« ab. George Huntington, ein amerikanischer Arzt, beschrieb diese Krankheit im 19. Jahrhundert zum erstenmal exakt. Doch die Auswirkungen dieses Leidens waren schon im Mittelalter bekannt. Veitstanz nannte man es damals. Denn die mit dieser fürchterlichen Erbkrankheit geschlagenen Menschen können ihre Muskeln nicht mehr kontrollieren, zucken ständig wild umher, schneiden Grimassen und geben im Endstadium nur noch Grunzlaute von sich. Zur erhofften Heilung dieser Tanzwut wallfahrteten im 14. Jahrhundert ganze Menschenscharen zu einer Kapelle nahe Ulm, die dem heiligen Vitus gestiftet war.

Das Schicksalhafte an dieser Erbkrankheit ist jedoch, daß sie selten vor dem 35. und oft sogar erst nach dem 50. Lebensjahr auftritt. Wie sollten sich die Eltern verhalten, wenn sie im zweiten Schwangerschaftsmonat erfahren, daß ihr Kind irgendwann einmal an dieser bislang unheilbaren Krankheit leiden wird? Sollten es die Ärzte den Eltern überhaupt sagen? Denn wenn ein Kind die Erbanlage für diese Krankheit besitzt, so muß sie ja von einem Elternteil stammen. Die Erbanlage ist aber so stark, daß sie mit Sicherheit zum Ausbruch der Krankheit führt. Vater oder Mutter werden folglich mit schrecklichen Nervenkrämpfen enden. Wen von beiden es trifft, könnte mit einem simplen Bluttest entschieden werden. Wenn schon die Eltern ihr Schicksal und das ihres Kindes wissen wollen, haben sie dann auch das Recht, dies ihrem Kind zu sagen, wenn sie es nicht haben abtreiben lassen? Vielleicht stirbt es ja schon vor Beginn der Krankheit bei einem Unfall oder an einer anderen, nicht vorhersehbaren Krankheit. Vielleicht hat dieser Mensch bis dahin ein glückliches und erfülltes Leben geführt. Viele Genies sind nicht älter als 35 Jahre geworden. Wollen wir, wo immer uns dies möglich ist, nur noch gesunde Menschen züchten?

Wo immer uns dies möglich ist – diese Einschränkung sollte man nicht aus dem Auge verlieren. Denn die biomedizinische Forschung ist heute noch weit davon entfernt, alle Erbkrankheiten frühzeitig zu erkennen. Ja, sie weiß heute sogar in vielen Fällen noch überhaupt nicht, welchen Beitrag die Erbinformation zu den häufigsten Krankheiten leistet. Denn die stofflichen Grundlagen der Erbkrankheiten sind so verschieden wie ein kleiner, versteckter Kratzer im Lack eines Autos und ein Totalschaden. Die Fehler in den Bauplänen des Lebens lassen sich in zwei Kategorien einteilen: eine einfache und eine komplizierte. Die einfache Kategorie ist der Einzelgendefekt. Das heißt, nur ein einzelner Strich der vielleicht 100 000 Striche im menschlichen Bauplan ist falsch. 1500 solcher Defekte sind bekannt. Die Gene dafür kennt man bislang in etwa 50 Fällen. Dazu gehören die Gene für die Huntingtonsche Chorea ebenso wie für die Sichelzellanämie und einige Krebsarten. In die zweite Kategorie gehören dagegen Krankheiten, die von mehreren bis vielen kaputten Genen verursacht werden. Dazu zählen unter anderem Bluthochdruck und Schizophrenie. Die Suche nach den dafür verantwortlichen Erbstükken ist aber ungleich schwieriger und wird noch lange Zeit in Anspruch nehmen.

An eine echte Behandlung erblicher Defekte, an eine Gentherapie also, können Mediziner deshalb bislang nur bei diesen 50 gutbekannten Krankheiten denken. Aber auch bei den meisten dieser 50 ist die Sache noch recht kompliziert. Drei davon sind allerdings inzwischen so gut untersucht, daß in den USA verschiedene Forscherteams bereits in den Startlöchern für die erste Genverpflanzung hocken. Diese drei Defekte haben zudem solch schreckliche Auswirkungen, daß sie mit Sicherheit zum Tode führen und den Wissenschaftlern daher der

Versuch einer Gentransplantation bei all ihren Unzulänglichkeiten gerechtfertigt erscheint.

Eine dieser drei Krankheiten ist das Lesch-Nyhan-Syndrom. Bei solchen Patienten ist der Bauplan für ein Enzym defekt, das eine wichtige Rolle im zentralen Nervensystem spielt. Sie sind deshalb geistig stark behindert, neigen zur Selbstverstümmelung und können auch gegenüber ihren Mitmenschen überaus aggressiv werden. Bis zu ihrem Tode beschränkt sich die Behandlung darauf, die Kinder an Armen und Beinen zu fesseln. Wie sieht nun eine solche Genverpflanzung aus, die irgendein Wissenschaftler- und Ärzteteam mit Sicherheit noch in diesem Jahrzehnt wagen wird?

Zunächst werden sie dem Patienten ein Stück Knochenmark aus seinem Oberschenkel entnehmen. Dort sitzen nämlich die Stammzellen, aus denen sich die verschiedenen Arten von Blutzellen entwikkeln. Eine Gruppe dieser Blutzellen bildet bei gesunden Menschen das für die Nervenfunktion wichtige Enzym HPRT. Dann werden der zuvor aus gesunden Zellen entnommene Bauplan im Labor in die defekten Zellen eingeschleust und die so reparierten Zellen wieder ins Knochenmark zurückverpflanzt. Geht alles gut, so produzieren die Blutkörperchen künftig genügend funktionsfähiges HPRT-Enzym, und der Patient ist geheilt. Dies klingt im Prinzip alles recht einfach, ist aber tatsächlich mit einer Fülle von Problemen verbunden, die heute noch gar nicht alle abzuschätzen sind. Doch irgendwann, davon sind die Wissenschaftler überzeugt, werden sie es schaffen.

Dabei steht viel auf dem Spiel. »Wenn's schiefläuft, hat die Presse ein Schlachtfest«, zitierte neulich die Zeitschrift »Bild der Wissenschaft« einen ihrer Pioniere, den Kinderarzt Stuart Orkin von der Harvard Medical School. Er und seine Kollegen sind vorsichtig geworden. Denn bereits 1980 versuchte ein Medizinprofessor, Martin Cline aus Los Angeles, einen Gentransfer bei zwei Patientinnen. Der nicht genehmigte und geheimgehaltene Versuch mißlang. Als die Sache ans Licht kam, enzog das amerikanische Gesundheitsamt dem übereifrigen Forscher die Unterstützung, und seine Klinik feuerte ihn. Aber was passiert, wenn die Verpflanzung zwar zunächst glückt, sich aber nach Jahren vielleicht unabsehbare Folgen herausstellen? Die Übertragung eines genetischen Bauplanes ist etwas ganz anderes als die Übertragung von Organen. Rückschläge und Risiken sind noch gar nicht kalkulierbar, weil wir zuwenig über die Vorgänge in den Zellen wissen.

Bei dieser Art der Gentherapie würde jeweils nur derjenige Mensch geheilt, der die neuen Baupläne erhält. Zeugt er selbst wieder Kinder, dann vererbt er an sie die kaputten Gene weiter. Denn der Austausch fand nicht in Samen- oder Eizellen statt, sondern in den Körperzellen. Der nächste Schritt für die Wissenschaft wäre deshalb die Veränderung der Keimzellen oder, was bei Tieren bereits erprobt wird, die Veränderung von frisch befruchteten Eizellen. Dies hätte zur Folge, daß nicht nur der verbesserte Mensch selbst, sondern auch alle seine Nachfahren von der entsprechenden Krankheit verschont blieben – oder die noch unabsehbaren Folgen zu tragen hätten. Solche Manipulationen sind allerdings noch riskanter. Denn auch hier gilt, daß die Wissenschaftler den genauen Ort nicht vorausbestimmen können, an den sie den Bauplan einfügen. Selbst wenn dies gelänge, könnten sie nicht sicher sein, daß ein Teil des übertragenen Planes zusätzlich noch an eine andere Stelle hüpft und dabei einen anderen Bauplan zerstört. Dies könnte ein Bauplan sein, den der Mensch erst nach zehn oder zwanzig Jahren, in einer bestimmten Phase seiner Entwicklung, benötigt. Die Folgen blieben also möglicherweise lange Zeit verborgen. Aus diesen und anderen Gründen kam die Benda-Kommission zu dem einhelligen Schluß: »Die genetische Keimzelltherapie macht keinen Sinn.«

Derzeit ebensowenig Chancen auf eine Verwirklichung in der Bundesrepublik Deutschland hat die Klonierung von Menschen. Zwei Szenarien sind denkbar. Das erste ist die Herstellung von beliebig vielen, völlig identischen Embryonen – Zwillinge in Massenproduktion. Diese Embryonen könnten tiefgekühlt aufbewahrt werden und der Mutter nach und nach eingepflanzt werden. So könnte sie Jahr für Jahr ein oder mehrere Kinder gebären, die sich wie ein Ei dem anderen gleichen. Oder weniger exotisch: Die Mutter läßt sich nach der ersten Empfängnis gleich mehrere Kopien von ihrem Embryo machen, trägt das erste Kind aus und – »siehe, es war sehr gut« – empfängt dann die anderen aus dem Eisschrank. Das Vabanquespiel, ein krankes oder mißratenes Kind zu erhalten, ist zu einem kalkulierbaren Risiko geworden. Dieser Weg ist heute schon gangbar.

Das zweite Szenario: Statt erst Jahre oder Jahrzehnte zu warten, ob sich ein auf natürlichem Wege hergestelltes Kind auch wunschgemäß entwickelt, kommt ein Mensch auf die Idee, daß er selbst so perfekt sei, um alle seine Nachkommen »zu seinem Bilde« (1. Buch Mose 1,27) zu schaffen. Dazu benötigt er nur ein Stück Haut oder ein paar Tropfen Blut. Die Wissenschaftler isolieren daraus den Zellkern, in dem der gesamte Bauplan verpackt ist, übertragen ihn in eine entkernte Eizelle, vermehren diese in beliebiger Menge und verpflanzen die Zellklümpchen in eine Heerschar Frauen, die dafür angemessen entlohnt werden. Diesen Traum können sich aber nicht einmal exzentrische Milliardäre verwirklichen. Selbst wenn sie sich die Spezialisten dafür einkaufen und auf einer verborgenen Südseeinsel Menschen nach ihrem Ebenbild züchten wollten – es geht nicht. Manche Forscher wie der Münchner Biochemieprofessor Ernst-Ludwig Winnacker spekulieren, daß uns die Biologie hier einen natürlichen Riegel vorschiebt.

Vielleicht gelingt es der Wissenschaft eines Tages aber doch, die heute für unüberwindlich gehaltenen Probleme zu lösen und solche Visionen Wirklichkeit werden zu lassen. Die Forschung daran ist, ohne auf dieses Ziel gerichtet zu sein, in vollem Gange. Die Freiheit der Forschung ist nicht absolut. Wie soll aber die Forschung eingeschränkt und kontrolliert werden? Nur, wie bislang meist der Fall, von der Wissenschaft selbst? Durch selbstauferlegte Beschränkungen oder durch gesetzliche Verbote? Bei einer Umfrage im Herbst 1985 unterstützte die Mehrheit der Befragten die Anwendung gentechnologischer Methoden am Menschen, solange sie der Diagnose und Behandlung von Krankheiten dient. Die Ergebnisse der Gentests dürften jedoch Regierungsstellen, Arbeitgebern und Versicherungsunternehmen nicht zugänglich sein. Business Week faßte dieses Ergebnis so zusammen: »Es ist o. k., Gott zu spielen – aber in Grenzen.«

Ernst-Ludwig Winnacker fordert sich und seine Kollegen auf, »unsere Ziele klar zu definieren und zu sagen, was wir zu tun gedenken und was nicht«. Die modernen Naturwissenschaften und insbesondere die Gentechnologie zwingen uns zu der Aufgabe, nicht nur den Gebrauch der Macht einzuschränken, sondern auch deren Erwerb.

In einem Bereich findet diese Forderung auch innerhalb der Wissenschaft breite Zustimmung. Trotzdem schlugen bislang alle Versuche fehl, diese Forderung auch durchzusetzen. Gemeint sind die B-Waffen, die biologischen Kampfstoffe. Deren Herstellung und Einsatz ist zwar international geächtet, doch die Forschung daran, der Erwerb des Wissens, ist nicht verboten. Folglich beteiligen sich auch alle Großmächte daran. Einigermaßen verläßliche Einblicke sind nur in die Forschungen der Amerikaner zu gewinnen, denn deren Verteidigungsministerium fördert auch gezielt Forschungen an öffentlichen Instituten. Das millionenschwere Budget fließt vor allem in Projekte der Virus- und Membranforschung sowie der Impfstoffherstellung. Die Sowjets sind sicher nicht weniger zimperlich. Sie forschen lieber im dunkeln. Doch es kommt auch gelegentlich vor, daß selbst virologische Arbeitsgruppen in der Bundesrepublik Anfragen aus Moskau erhalten.

Biologische Kampfstoffe können in ihren Anwendungen und Auswirkungen sehr vielgestaltig sein – wie das Leben selbst. Die Methoden der Gentechnologie bieten inzwischen die Möglichkeit, sie zu verfeinern und Unterschiede zwischen Freund und Feind zu machen. Denkbare B-Waffen sind zum Beispiel spezielle Viren, die bestimmte Pflanzen schädigen und so ganze Monokulturen vernichten. So könnte ein Land in eine tiefe Krise gestürzt werden, ohne daß ihm überhaupt der Krieg erklärt wird. Denkbar ist auch die Verbreitung genetisch veränderter, aggressiver Viren, die große Bevölkerungsteile dahinraffen. Die eigene Bevölkerung könnte durch eine Massenimpfung mit einem heimlich entwickelten Impfstoff geschützt werden. Dabei bräuchte die Bevölkerung gar nicht zu erfahren, daß sie geimpft wird. Das amerikanische Verteidigungsministerium betreibt nämlich intensive Forschung mit Aerosolen. Das sind winzige, unsichtbare, fein in der Luft verteilte Tröpfchen oder Teilchen. Der Impfstoff könnte auf diese Weise völlig unbemerkt im ganzen Land verteilt werden. Ob dabei allerdings auch alle Bewohner immun würden, ist eine ganz andere Frage.

Die Verwendung biologischer Waffen in einem künftigen Krieg wäre keineswegs neu. Bereits im 14. Jahrhundert griffen die Tataren aus Verzweiflung zu solchen Mitteln, als sie eine lange belagerte Stadt am Schwarzen Meer nicht einnehmen konnten. Sie katapultierten Pestleichen in die Stadt und brachen damit schnell den Widerstand. Ob sie viel Freude über den Sieg empfanden, ist allerdings nicht überliefert. Jedenfalls forderte daraufhin eine Pestepidemie in ganz Europa über 20 Millionen Todesopfer.

Im Zweiten Weltkrieg begann erstmals eine systematische Erforschung von B-Waffen. Japaner erforschten deren Wirkungen in unvorstellbarer Skrupellosigkeit an chinesischen Kriegsgefangenen. Aber auch die Europäer verhielten sich nicht viel zivilisierter. Aus England ist bekannt, daß dort 1943 eine 1,8 kg schwere Bombe einsatzbereit war, die giftige Milzbrandbakterien enthielt. 5000 davon wären nötig gewesen, so die damalige Schätzung, um das Deutsche Reich zur Kapitulation zu zwingen. Die Atombombe verhinderte indes den Einsatz. Damals erlebte die Atomphysik ihre Blütezeit, heute ist es die Molekularbiologie.

Nachwort des Autors

Es ist unmöglich für eine Einzelperson, sich über alle Ereignisse auf dem riesigen und schnell wachsenden Gebiet der Biotechnologie aus erster Hand zu informieren. Neben zahlreichen Gesprächen mit Wissenschaftlern und der Auswertung von einschlägigen Konferenzen benutzte ich deshalb eine Vielzahl von Informationsquellen, die alle einzeln aufzuführen ebenfalls unmöglich wäre. Die wichtigsten jedoch möchte ich hier nennen.

Mein größter Dank gebührt meinem akademischen Lehrer, Herrn Prof. Dr. Hans Zähner, Inhaber des Lehrstuhls Mikrobiologie I an der Universität Tübingen und Leiter des DFG-Sonderforschungsbereichs »Mikrobielle Grundlagen der Biotechnologie«. Er hat mein biotechnologisches Denken in vielen Vorlesungen und persönlichen Gesprächen wesentlich geprägt. Zahlreiche seiner Ideen und Ansichten haben sich in diesem Buch – bewußt und wohl auch unbewußt – niedergeschlagen. Die Verantwortung für mögliche Fehler und unzutreffende Interpretationen liegt jedoch allein bei mir.

Weiterhin danke ich den Mitarbeitern von »Bild der Wissenschaft« für wertvolle Diskussionen. Ständige nützliche Begleiter während meiner Recherchen waren außerdem »DIE ZEIT« sowie die Mittwochsausgabe der »Frankfurter Allgemeinen Zeitung«. Neben vielen anderen Fachzeitschriften erhielt ich wesentliche Anregungen in »Nature«, »Bio/Technology« und »Trends in Biotechnology«. Weitere Grundlagen bildeten der Bericht »Commercial Biotechnology« des Büros für Technologie-Folgeabschätzung des US-Kongresses, die Denkschrift »A Realistic View on Biotechnology« der Europäischen Föderation für Biotechnologie sowie der OECD-Bericht »Biotechnologie – Internationale Trends und Perspektiven«. Wesentliche Einblicke in die Argumentationsweise von entscheidenden Kritikern speziell der gentechnologischen Methoden konnte ich bei einer Tagung der Evangelischen Akademie Bad Boll in Tieringen gewinnen.

Personen- und Sachregister

A
Abbauprozesse, mikrobielle 146f., 165
Abbauverfahren, biologisches 147, 156f.
Abtrennungsverfahren 143
Acarbose 34
Acetobacter aceti (Essigerzeuger, Bakterium) 12
Acetobacter ylinum 92
Aceton 127f.
Aceton-Butanol-Prozeß 128
Actinoplanes 34
Acyclovir 37
Alpha-Antitrypsin 180f.
Azospirillen 194
Adrenalin 33
Aerosolen 228
Agrobacterium tumefaciens 199
Affinitätschromatographie 143
Air-Lift-Reaktor 93f., 187
Alafi, Moshe 213
Albumin 107
Alcaligenes eutrophus 23
Alconafta 117
Algen 113, 124, 127, 130ff., 170, 192, 194f.
Allergenität 215
Alkaloide 185
Alpha-Interferon 56, 78, 182
Amantiden 36
Aminoacylase 174
Amino-Penicillansäure 163
Aminosäuren 44f., 83, 91, 93, 108, 141, 168f., 173ff., 183
Ammoniaksynthese 191
Amylasen 166
–, stärkezerstörende 170
Androgene 164
Animpfen 147
Anke, Timm 29
Antibiose 24
Antibiotika 9ff., 24–31, 35ff., 40f., 45ff., 63f., 83f., 89, 93, 119, 122, 136, 163, 173, 177, 187, 205, 214
–, halbsynthetische 163, 177
Antigene 77
Antikörper 31, 53, 66–71, 75ff., 90, 181
–, Isolierung von 66
–, monoklonale 19, 39, 66–70, 76–80, 90, 144, 187, 189, 210
–, Herstellung von 13, 77f.
Antikörpertests 69
Anopheles 74f.
Anthranilsäure 135

Antitrypsin 180
Archaebakterien 155
Arginin 92, 175
Arthrobacter 144
Aspergillus niger 123

B
Bacillus subtilis 65, 116, 135, 140, 198
Bacillus stearothermophilus 175
Bacillus thuringiensis 38
Bacillus-thuringiensis-Toxin 199
Bactame 35
Bakterien 10, 12f., 19, 21–32, 31–46, 48ff., 62ff., 71, 74, 77f., 81, 91ff., 97f., 100f., 105, 107f., 113, 116, 120f., 123f., 127, 130ff., 136ff., 145–151, 153–161, 163f., 170f., 175f., 178, 181, 185ff., 190, 193ff., 198, 201–205, 208, 215f., 221
–, abbauende 123
–, anaerobe 29, 201, 205
–, antibiotikaproduzierende 205
–, Bauplan der 183, 196
–, extreme 171
–, fadige 29
–, genetechnologisch veränderte 172
–, isolierte - Baupläne der 200
–, krankheitserregende 136
–, wasserstoffproduzierende 132
Bakterienbrühe 78, 81, 134, 142, 194
Bakteriengenetik 46
Bakterieninsulin 52
Bakteriennahrung 98
Bakterienrasen 25
Bakterienstämme 45
Bakteriensuspension 146
Bakterienzelle 58
batch-Verfahren 120f., 173
Bauplan, defekter 221, 224
–, genetischer 84
Bazillen 107f., 198
Befruchtung, künstliche 202
Benda, Ernst 222f., 226
Berg, Peter 90
Besamung, künstliche 202
Beta-Interferon 174
Bierich, Jürgen 54
Bioalkohol 117ff.
Biobrennstoff 131
Biochips 88ff.
Bioelektronik 87, 92
Bioethanol 112
Bioethanolherstellung 119
Biofet 91
Biofilter 155
Bio-Filtrator 92
Biogas 40, 114, 121, 129, 154f.
Biohochreaktor siehe Air-Lift-Reaktor
Bioinformatik 83
Biolaugung 160
Biologie, molekulare 13
Biomasse, Verflüchtigung von 128
Biopol 24
Biopolysaccharide 122
Bioreaktoren 13, 43, 54, 62, 65f., 66, 80–87, 92–97, 99f., 116f., 120f., 123, 130, 133–140, 142f., 146, 154, 157, 159, 169, 171, 176f., 185–189, 194
Biosensoren 86, 90f.
Biosensorik 86, 88, 90, 92
Biosprit 111ff., 118, 122
Biotechnologie, abbauende 14, 121
–, aufbauende 14
–, Gefahren der 214f.
–, mikrobielle 188
Biotenside 124
Biotransformation 164
Bluteiweiß, menschliches siehe Albumin
Bodenbakterien 148
Bodenentseuchung, biologische 149ff.
Bosch, Carl 191
Boyer, Herbert 57f., 211
Butanol 127f.

C
Cellulase 176, 178

Cephalosporin 83f.
Cephalosporium 83
Cerulenin 45f.
Chaim, Ernst Boris 25
Chakrabarty, Ananda 146, 157, 209f.
Charles, Marvin 135
Cholesterin 164
Chlorobium 22
Chlorogonium 131
Chmiel, Horst 155
Chemoalkohol 118
Chemotherapeutika 26
Cline, Martin 225
Clostridien 201
Clostridium acetobutylicum 127
Chlortetracyclin 206
Christen, Hans Rudolf 191
Christian IV. (Dänenkönig) 12
Chromatographie 143
Chromosom 62
Ciclosporin 27, 34
Citronensäure 122ff.
Citrullin 92
Cohen, Stanley 57f.
Colpan, Metin 212
Computer 82ff., 87, 93, 143, 179, 200
Computermodelle 19, 83ff., 139
Cortison 164
Corticosteroide 164
Corynebacterium 43
Coulson 58
Cytostatika 26, 32
–, antikörpergekoppelte 70

D
Darwin, Charles 146
Daunorubicin 45ff.
Davies, Julian 51
Debus, Dieter 149
Demain, Arnold 31
Denitrifikation, biologische 152, 154
–, mikrobielle 153
Desulfuromonas 22
Dextran 187
Digitalis lanata 189
Digitalis purpurea 190
Digitoxin 189f.
Digoxin 189f.
Diosgenin 164f.
DNA 62
DNA-Moleküle 208
DNA-Synthesizer 179
Domagk, Gerhard 25
Doppelenzym 179
Drews, Jürgen 209
Druckfilter 143

E
E. coli siehe Escherichia coli
Ehrlich, Paul 25
Einzellerprotein (SCP) 98f.
Eisbakterien 218
Eiskristalle 217
Eis-Minus-Bakterien 217f.
Eisprotein 217
Enzyme 11, 16, 30–34, 37, 40, 44f., 48, 50, 60, 63, 81, 86f., 89ff., 107f., 115f., 122, 138, 140f., 143, 146, 163–167, 169–181, 183, 202, 225
–, abbauende 142
–, Bauplan des 178, 180, 200, 225
–, immobilisierte 176
–, industrielle 171
–, isolierte 30, 163, 172, 190
–, proteinspaltende 142
–, stärkespaltende 33
–, synthetische 183
–, trägergebundene 175f.
Enzym-Membran-Reaktor 173ff.
Enzym-Thermistoren 86f.
Enzymanlage 169
Enzymblocker 31, 34
Enzymdesign 177, 179f.
Enzymhemmstoffe 30, 31, 34, 37, 142
Enzymherstellung 37
Enzymtechnologien 171
Enzymtests 32
Eppler (Sohn) 152f.
Eppler (Vater) 152f.

Erbbaupläne, Übertragung von 203
Erbgut 43, 46, 62 ff., 199, 213, 222 f.
–, Manipulation des 10
Erbinformation 50, 58, 62, 108, 190, 196, 199, 203 f., 215, 224
Erbkrankheiten 221–225
–, Schnelltests für 221, 224
Erbsubstanz, rekombinierte 50
Erdöl, Futtermittelproduktion aus 110 f., 126
Ernährung 42, 87, 94, 100
Escherichia coli 29, 57, 62 f., 65, 101, 107, 139 f., 163 f., 196
Ethanol 111, 117 ff.

F
Faktor VIII 54
Fermentation 10 ff., 14, 30 f., 82 f., 85 f., 90, 92, 98, 100, 102, 109, 134, 136 f., 139, 173, 201
Fiechter, Armin 21, 42
Firmen, biotechnologische 9 f., 211, 213
Flachbecken-Biologie 154
Flavobakterien 147
Flemming, Alexander 25 f.
Florey, Howard Walter 25
Forphenicin 31
Foster, Jackson 9
Fortpflanzungsmedizin 17
Frahne, Dietrich 155 f.

G
Gamma-Interferon 55 f., 182
Gene 63, 196, 208, 224, 226
–, Sequenzbestimmung von 58
Genchirurgen 197
Genchirurgie, menschliche 220
–, mikrobielle 220
Gendiagnose, vorgeburtliche 223
Genfirmen 10, 51 ff., 58 f., 61 f., 65, 196, 211 f.
Genmanipulation 65
Gensonden 10, 17
Gentechnologie 13 ff., 19, 42, 46–50, 52, 56, 61, 65 f., 67 f., 73, 76, 80 f., 105, 108, 178 ff., 185, 199 ff., 208, 214, 216, 219–223, 227 f.
–, Gefahren der 216
Gentests 227
Gentherapie 224, 226
Genverpflanzung 224 f.
Gewebekulturmanipulation 16
Gilbert 58
Glucose-Ismerase 115, 166, 176
Glucosidase-Hemmer 33 f.
Glutamat 14, 122
Glutaminsäure 43, 174 f.
Glycin 169
Glyphosphat 196, 199
Goodman, Howard 58
Grass, Günter 54
Greifer-Moleküle 142
Großreaktoren 92, 155
Gutte 182 ff.

H
Haber, Fritz 191
Hahlbrock, Klaus 198
Halogene 170
Halogenierung organischer Stoffe 169
–, technische 169
Harnstoff 182
Hartmeier, W. 138
HCG 68
Hefen 11, 29, 73, 106, 108, 115 f., 120 f., 123, 127, 130, 135 f., 168, 190
Hefepilz 94, 98, 100, 106, 112
Henco, Karsten 212 f.
Herbizide 197 f.
High fructose corn syrup (HFCS) 166
Hirundin 62
–, gentechnologisches 62
Hitzesterilisierung 136, 187
Hochdruckflüssigkeits-Chromatograph (HPLC) 93
Hollenberg, Cornelis 47, 116
Hopwood, Dennis 63
Hormone 48–54, 58, 68, 141, 164, 185, 189

Hormonmangel 64
HPRT-Enzym 225
Huntington, George 223
Hybridomtechnik 67f., 76, 78
Hybridomzellen 187
Hydrierung 128
Hydroxy-Progesteron 164

I
Immobilisierungssystem 173
Immobilisierungstechniken 175
Immunabwehr 27, 31, 73, 75, 77
Immunreaktionen, Unterdrückung von 34
Immunsensoren 90
Immunsuppressiva 27
Immunsystem 40, 53, 55f., 70, 74ff.
Impfstoff 57, 70–76, 78, 109, 228
–, aktiver 76
–, künstlicher 72f.
–, passiver 76
Impfunfall 72
Impfung 109
–, Prinzip der 71f.
Inhibin 59
Insulin 33f., 48f., 51f., 57f., 62f., 73, 78, 185
Insulin-Gen, Isolierung des 208
Integralmethode 42f.
Interferone 54, 55–59, 73, 78, 140, 182, 185f., 212
Isoleucin 175

J
Jenners, Edward 70
Jerne, Niels Kaj 66
Jonas, Hans 219

K
Kälberserum 186f.
Kampfstoffe, biologische 219, 228f.
Keimzellentherapie, genetische 227
Keule, chemische 137
Kiechle, Ignaz 118
Klebstoffe, biologische 57
Kleinreaktor 134
Klonen 203, 221
Klontechniken 203
Köhler, Georges 66f., 210
Kollek, Regine 217
Kombinationspräparate 74
Kraus, Peter 198
Kristallisationskeime 217
Kroos, Hein 150
Küenzi, M. 216f.
Kula, Maria-Regina 175
Kulturbedingungen 133f., 140, 205
Kunststoffe, biologische 22f.

L
Laborreaktor 135f.
Lactobacillus 107f.
Lactobacillus casei 101
Lange, Peter 92
Laugung, bakterielle 161
Lederberg, Joshua 46f., 72, 77
Leuchtenberger, Wolfgang 175
Leistner, Lothar 105
Leucin 175
LH 68
Lichtmikroben 131
Lipasen, fettlösende 170
Lösungsmittel 122, 124f., 127, 142
Low-level-Technologie 159
Lysin 122, 174

M
Makrophagen 27
Man-made microorganisms 48
Massenkulturen 129f.
Massenspektrometer (MS) 93
Maxam 58
Membranfiltersysteme 143
Menschen, Klonierung von 226f.
Mertz 182f.
Meßgeräte 41, 80f., 85–89, 134
Meßsonden, biologische 87
Meßverfahren, 19, 86f., 92, 139
Methan 154f.
Methanbakterien 40, 121
Methangas 111, 155
Methanol 99, 101

Methionin 83, 174f.
Methoden, gentechnologische 203f.
Methyl-Tryptophan 44f.
Methylomonas 100
Methylophilus methylotrophus 101
Mies, Maria 222
Mikroben 9, 11f., 21, 29ff., 40–44, 46, 50, 71f., 85, 89, 91f., 94, 96–101, 108, 112, 121, 124, 131, 134f., 138f., 143, 147ff., 154, 156–161, 163, 169, 171, 178f., 185, 188, 190, 195, 201f., 210, 216, 218, 220
–, Mischung 159
–, salztolerante 141
Mikrobenbrühe 134
Mikrobensensor 91
Mikrobentechnik 160
Mikrochips 50
Mikroorganismen 9ff., 19, 21–24, 30f., 37–43, 48, 50, 61f., 64f., 72ff., 80, 82–86, 89, 91, 93f., 97, 102–106, 108f., 111–115, 117, 121, 123f., 127, 129ff., 135–140, 143, 145, 147, 149f., 152–156, 158f., 163f., 168f., 171–176, 178f., 181f., 185ff., 194, 196, 202f., 206–210, 214, 216, 219
–, abbauende 148f., 155f.
–, alkoholreduzierende 113
–, anaerobe 201
–, antibiotikaherstellende 63
–, antibiotikaresistente 215
–, fädig wachsende 86
–, immobilisierte 128, 154f., 172f.
–, krankheitserregende 40
–, veränderte 219
Milstein, Cesar 66, 210
Milzbrandbakterien 229
Mischenzyme 170
Mischkulturen 98, 101, 105, 158
–, definierte 98, 100, 102, 103
Molekularsiebe 173, 176
Molkeverwertung 167f.
Monobactamen 28
Müller, Hermann 183
Murein 36
Mutagenese 43, 46f., 208
Mutanten 46
–, analogresistente 44
Mutation, induzierte 208
Mycoplasmen 187
Myxobakterien 30f., 157

N
Nährlösungszusammensetzungen 133
Nathusius, Klaus 213
Naturstoffscreening, mikrobiologisches 32
Nebenwirkungen, schädigende 9
Neisseria gonorrhaeae 30
»Neue Biologie« 9, 65
Nikkomycin 37
Nitrobacter 153
Nitrosamine 192
Nitrosomonas 153
NMR 69
NTA 91

O
Ökologie, mikrobielle 216
Online-Biosensorik 86
Organismen, Baupläne der 43, 47ff., 140
–, definierte 104
–, gentechnologisch veränderte 96, 105, 107, 157
Orkim, Stuart 226
Ormosile 87
Östrogene 164

P
Paecilomyces variotii 101
Papain 166
Pasteur, Louis 11, 104, 136
Pathogenität 214
Patentanmeldung 205ff., 210
Patenterteilung 101
Patentwesen, biologisches 208
Pekilo-Prozeß 101
Penicillansäure 176
Penicillase 89

Penicillin 25, 28, 35f., 47, 87, 89, 122, 163
–, Acylase 163, 176
–, Spaltung des 163f.
Penicillium notatum 25
Penicillium-Pilze 194
Pentachlorphend (PCP) 145
Pflanzen, Treibstoffproduktion aus 110–114, 118f.
Pflanzenzellkulturen, Immobilisierung von 190f.
Phenole 185
Phenylalanin 175
Photobakterien 32
Photobioreaktoren 130
Pilze 10, 19, 24ff., 29, 34f., 40ff., 48, 83, 93, 101f., 105f., 115, 137, 145, 176, 178, 185, 187, 195, 198, 200f.
Plasmiden 57, 62ff., 209
Plasminogen-Aktivatoren 60
Plasminogene 60f.
Plasmodium 74f.
Polyglycol 187
Polymere, biologische siehe Biopol
–, natürliche 23
Polypocladium 26
Potrykus, Ingo 200
Proalcool-Programm 113
Produktionsreaktor 134
Produktionssicherheit 97f.
Produzentenzellen 137
Progesteron 164
Protease 170
–, eiweißabbauende 170
Proteinasen 165f., 171
Proteindesign 180
Proteine 56, 63, 118, 140ff., 166, 183, 208
–, Baupläne der 50, 63
–, menschliche 50, 58
Proteingerüst, Reinigung des 140f.
Pseudomonaden 45, 91, 158, 210
Pseudomonas alciligenes 159
Pseudomonas cepacia 148
Puls-Shift-Technik 42, 43
Pyrrolnitrin 45
Pyrolyse 128

R
Radledge, C. 129
Randow, Thomas von 56
Reaktorenkonstruktionen 19
Reichenbach, Hans 29
Reichstein, Tadeusz 62
Reinigungsverfahren 143f., 164
Reinkulturen 25, 91, 97, 100f.
Rekombinationstechniken 50
Reproduktionsbiologie 224
Reproduktionstechnik 17
Resistenz 64
Reuß, Matthias 92
Revolution, biologische 10
Rhizobium 193, 195
RH. nigricans 163
Rifampicin 63
Rifkin, Jeremy 218
Röhm, Otto 165
Rosmarinsäure 189
Rührkesselreaktor 93ff., 134, 136, 138, 188

S
Saccharomyces 108, 115f., 168
Saccharomyces cerevisiae 115
Saedler, Heinz 198
Sahm, Hermann 121
Sanger 58
Säulenreaktor siehe Air-Lift-Reaktor
Säuren, organische 122
Scale-up 133, 135ff., 174
Schädlingsbekämpfungsmittel 21, 37, 74, 129f., 145, 148, 183, 195
–, biologische 38f., 198
–, chemische 38f.
–, pflanzenschützende 198
Schell, Josef 197f.
Scheren, zelleigene 57
Schimmelpilz 25, 29, 47, 104f., 123
Schimmelpilztoxine 104
Schindler, Peter 32
Schlaufenreaktor, propellerbetriebener 94

Schlempe 113
Schmidt-Bleek, Friedrich 147
Schokoplätzchen mit Mikrobenzusatz 99
Schumacher, Jürgen 212
Schwangerschaftshormon 68
Schwangerschaftstest 68f.
Screening 24, 26–30, 32–37, 39ff., 49, 105
–, biologisches 35
–, chemisches 34f.
Serin 169
Sexualhormone 164
Shikonin, Isolierung von 189
Sitosterols 165
Solarbioreaktoren 130
Solargeneratoren 130
Somatostatin 58
Sonden 85
–, optische 85
Spier, R. E. 188
Starlingen, Peter 198
Stammverbesserung, mikrobielle 47f., 178
Stammverbesserungsprogramme 105
Starterkulturen 103ff.
Steiner, Hans 39
Sterilhaltung 98, 136
–, Probleme der 95
Sterilisierung 138
Steriltechnik 96, 136
Steroide 163ff., 177, 185
Stetter, K. O. 171
Stickstoffdünger, biologischer 193
–, mineralischer 192
Streptococcus faecium 91f.
–, lactis 105, 107, 121, 135, 201f.
Streptokinase 60f., 171
Streptomyceten 28, 30, 45, 205f.
Sukatsch, Dieter A. 81
Sulfonamide 25, 35
Swanson, Robert 58

T
Techniken, enzymatische 168
Testsysteme, biologische 94
Tetracyclin 205f.
T-Helfer-Zellen 27
Thomas, Daniel 17
Thiobacillus ferrooxidans 158
Threonin 175
Tiefschachtreaktor siehe Air-Lift-Reaktor
Toxizität 216
TPA (tissue type plasminogen activator) 59ff.
Trichosporon cutaneum 94
Trichoderma reesei 176
Tschernobyl, Katastrophe von 218
Tumor-Nekrose-Faktor (TNF) 59
Turmbiologie 154
Turmreaktor siehe Air-Lift-Reaktor
T-4 Zellen 74

U
Uhlig, Helmut 176
Ultraschall 69
Umezawa, Hamao 31
Umweltanalytik 88
Umweltbedingungen 42f.
Urokinase 60, 171f.

V
Vakuum destillation 142
Valin 175
Verfahren, anaerobe 153
Verfahrenstechnik, biochemische 163
Vergasung 128
Verne, Jules 219
Viren 27, 36–40, 53, 55f., 66, 70ff., 77, 97, 105, 109, 181, 187, 198, 200, 208, 214, 228
Vitamin C, Herstellung von 62
Vitamine 122, 136
Voltaire, François-Marie Arouet 55

W
Wachstumshormon 51ff., 78, 204
–, menschliches 52ff., 57f.
Wandrey, Christian 175

Wasserstofftechnologie, sonnige 132
Wegwerfenzyme zum
Einmalgebrauch 172
Weissmann, Charles 212f.
Weizsäcker, Richard von 218
Widerstandskraft 200
Wilhelm IV. (Herzog von Bayern) 12
Winnacker, Ernst-Ludwig 181, 215, 227
Winogradsky 161

X
Xanthan 124
Xanthomonas Campestris 124

Z
Zähner, Hans 34, 41
Zellen, antikörperbildende 77
–, Bauplanänderung bei 63f.
–, Baupläne der 32, 57f., 64, 108
–, Verschmelzung verschiedener 66
Zellimmobilisierung 42
Zellkulturtechnik 188, 190
Zellkulturwachstum 190
Zellmanipulationen 16, 214
Zellverschmelzung 200f.
Zentrifugen 143
Zoebelein, Hans 125
Züchtungsmethoden 186
Zymomonaden 120, 121, 122
Zymomonas mobilis 29

Bildnachweis:
Bildarchiv Preußischer Kulturbesitz: 1
Bild der Wissenschaft (Bürgle): 1
Damon Biotech: 1
Gesellschaft für biotechnologische Forschung: 2
KFA/Degussa: 2
Science Photo Library/Focus: 11
Verband der Chemischen Industrie: 1
Zentrale Farbbild Agentur: 2